わかりやすい
高周波技術入門

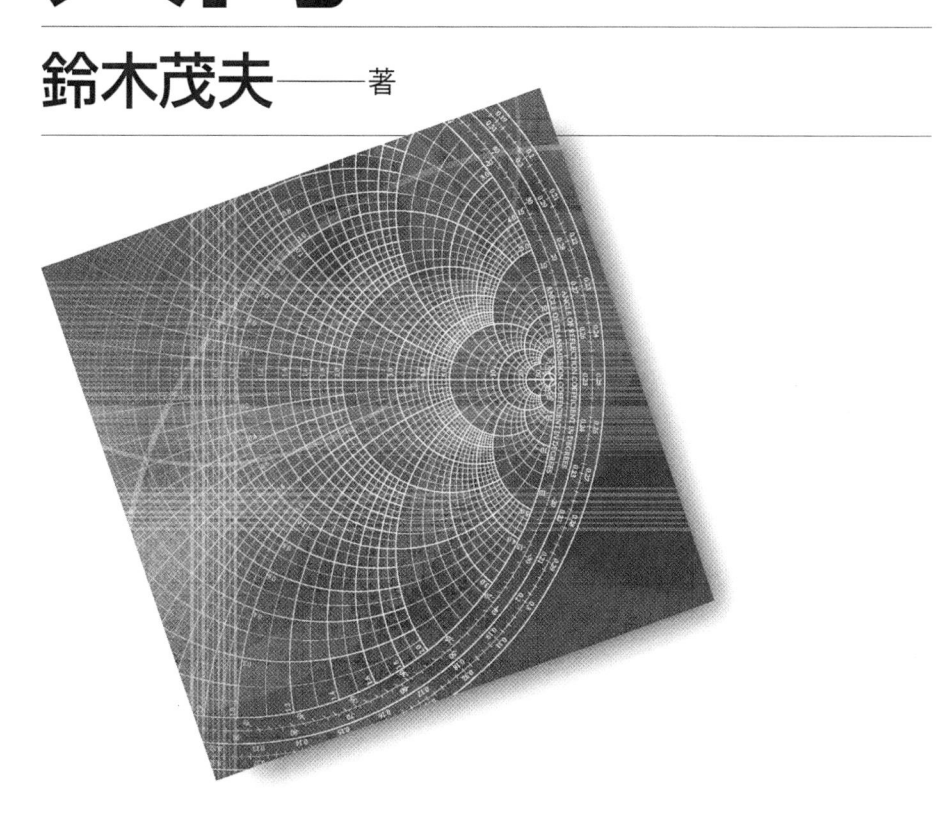

鈴木茂夫——著

日刊工業新聞社

はじめに

　現在、電子機器の機能の向上のみならず、信号処理能力も高速化しています（データ処理スピードの高速化が求められています）。このことは電子機器の信号処理回路系で扱うクロックが非常に高くなってきており、それに対応したICが高速になってきています。例えば、マイクロコンピュータのクロックの高速化、それに伴なうデジタル回路の高速化、従来のアナログ処理からデジタル処理（DSP）への移行、高速デバイスの採用等があります。さらにこれらの技術進歩に合わせた周辺技術の高周波化、使用される電子材料の高周波への対応及び電子材料の高周波における評価技術などますます広い産業分野へと広がってきています。

　こうした高速化の傾向は今後もずっと続くものと考えられます。今まで比較的低い周波数を対象としてきた回路設計者（アナログ回路やデジタル回路又はアナ・デジ混在回路関係）も扱う基本クロックが数十MHz程度以上でも高調波における現象を考慮して設計をしなければならない段階に来ています。

　また現在では回路設計者や機構設計者だけでなく、数百MHzからGHz帯までの周波数を対象とした部品（IC，コネクター等）を設計又は評価する技術者等も同様にこれら高周波に対する知識や技術を必要とします。こうした現状を考えると高周波に対する幅広い知識を知っておく必要性がでてきます。本書で言う高周波とはマイクロ波帯の知識や技術でなく電子機器の処理能力が高速化していく中で集中定数回路と分布定数回路として扱う領域が混在しているような分野です。

　本書の構成は第1章では波についての基本、第2章では高周波とは何かを理解し、第3章では電子部品の高周波での特性の変化、第4章では高周波になると集中定数回路から分布定数回路として扱います。このために分布定数回路についてよく理解することを目的としています。第5章では高周波信号を扱うときのインピーダンスのマッチングについてなぜインピーダンスマッチングを必要とするのか、インピーダンスマッチングがされないとどのような問題が発生するかを詳しく述べています。第6章ではインピーダンスマッチングを視覚的にとらえることができるスミスチャートについて述べています。第7章では高周波のパラメータについて理解することを目的としています。第8章では高周波のパラメータをどのようにして測定することができるか、測定に役立つように解説しています。第9章では高周波の基礎を理解するのに役立つことができる数学の知識を述べています。

　本書は高周波の技術に関して基礎的な内容を初心者でも理解できるように平易に解説することを心がけたものです。

　本書では次のような読者を主として考慮しています。
＊これから高周波に関する回路設計に従事されようとしている技術者
＊これから高周波のデバイスや材料などの評価しようとする技術者
＊数十MHzから数百MHzまでの回路設計を行っているアナログ回路設計者、デジタル回路設計者、これらの設計部門のマネージャー等
＊プリント回路設計（パターン設計）を行っている技術者
＊回路設計者以外の電子デバイス（IC、高周波コネクターのような部品）の設計者及びこれらの高周波特性の評価技術者
＊高周波関連の機器やPCBを評価する品質保証関係や生産技術関係の技術者
＊取扱うクロックが比較的高い電子機器の設計に従事する機構（メカ系）設計者

・通常の専門書のように始めから順次読んで理解しながら進めていくこともできますが、項目ごとに序文、解説、ポイントという構成にしてあるので必要な項目のみに焦点を当てて読んでいくこともできるように配慮しました。

　最後に本書をまとめるにあたり、いろいろと有益なアドバイス、御指導いただきました出版局書籍編集部の花形康正氏に心より感謝します。

　読者の皆様方に本書が少しでもお役に立てれば幸いであると願っています。

2003年9月　　　　　　　　　　　　　　　　　　　　　　　　　　　　著者　鈴木　茂夫

はじめに...1
目　次...3

第1章　波について

1.1　波とは、波はどのように進むのか 8
1.2　波を数式的に表すには 10
1.3　波の周期T、波長λ、速度v、周波数 f の関係 12
1.4　インピーダンスとは 15

第2章　高周波とは

2.1　低周波から高周波まで 18
2.2　誘電率 ε と透磁率 μ について 20
2.3　真空中を進む電磁波の速度と、媒質を進む電磁波（信号の）速度はどのように違うか 23
2.4　波長が短くなる波長短縮とは 25
2.5　媒体を伝搬する電磁波の時間はどのくらいかかるか ...27
2.6　高周波と表皮深度との関係は 30

第3章　高周波における電子部品の特性の変化

3.1　デジタル回路で使用するパルスの周波数スペクトラム 34
3.2　パルスとは周波数の異なる正弦波信号を加算したものである 38
3.3　パルスの立上り、立下りに含まれる周波数成分はどのくらいか ...41
3.4　高周波における電子部品の性能 43
3.5　抵抗の高周波特性 45

3.6 インダクタの高周波特性 48
3.7 コンデンサの高周波特性 52
3.8 コンデンサを並列に接続するとインピーダンスが低くなり、特性が向上する理由 55
3.9 プリントパターンの抵抗、インダクタンス 57
3.10 プリントパターンの容量Cと伝送できる周波数との関係 60
3.11 電子部品の性能と実装上の注意 62
3.12 オシロスコープでは高周波の信号が測定できない 64

第4章 集中定数回路と分布定数回路

4.1 集中定数回路とは何か 68
4.2 分布定数回路とは何か 71
4.3 集中定数回路と分布定数回路における信号伝送条件（インピーダンス）に違いはあるのか 76
4.4 分布定数回路を伝搬する波はどのように表すことができるか 78
4.5 分布定数回路の電圧と電流の関係 80
4.6 分布定数回路に重要な伝搬定数γと特性インピーダンスZ_0 82
4.7 分布定数回路の反射係数ρを求める 85
4.8 電圧の反射係数と電流の反射係数 87
4.9 集中定数回路と分布定数回路の比較（トラップ回路、バンドパスフィルター） 90

第5章 インピーダンスマッチングと特性インピーダンスの関係

5.1 インピーダンスマッチングの条件は何か 96
5.2 インピーダンスマッチングをとる方法 98
5.3 反射が発生することによるさまざまな問題 101
5.4 パルスの立上り時間と伝送回路を往復する時間が短いときと長いときの波形への影響 105

5.5 マイクロストリップラインとストリップラインの特性インピーダンス Z_0 108

5.6 同軸ケーブルの特性インピーダンスとインピーダンスマッチングの方法 112

5.7 差動伝送方式 116

第6章　スミスチャートの使い方

6.1 スミスチャートとは 120

6.2 スミスチャートはどのようにして作成するか 122

6.3 スミスチャートはどのようにして使うか 124

6.4 スミスチャートを使ってインピーダンスマッチングをとる 128

6.5 アドミッタンスチャートの使い方とイミッタンスチャート 131

第7章　高周波のパラメータ

7.1 高周波のパラメータが読めるようになろう 136

7.2 反射係数とは、反射係数とインピーダンスの関係 138

7.3 リターンロスとは 141

7.4 定在波比（SWR：Standing Wave Ratio）とは 144

7.5 Sパラメータ（S行列、Scattering Parameter） 146

7.6 Sパラメータの活用の方法 149

第8章　高周波測定の実際

8.1 高周波の測定はなぜ電圧・電流で測定できないか 154

8.2 高周波信号の測定で使用する単位 157

8.3 ネットワークアナライザとは 160

8.4 ネットワークアナライザによって高周波特性をどのように測定するか 161

8.5 ネットワークアナライザにおける測定誤差の発生 163

第9章　高周波を理解するための数学

- 9.1 複素数と三角関数 168
- 9.2 交流信号の大きさと位相（角度）の表し方 171
- 9.3 フーリエ級数 173
- 9.4 2次微分方程式の解き方 176
- 9.5 回路網の伝達関数を求める 178
- 9.6 ラプラス変換について 180

参考文献..183

1章
波について

　この章では高周波を波として扱うことに対する基礎として波を数式により表すこと、波が異なる媒質で反射すること、波の周期、波長、速度、周波数の関係や波の速度が波の波長と周波数によって決まることなど、波について基本を理解します。

1章 波について

1.1 波とは、波はどのように進むのか

水面に石を投げると波は同心円状に広がっていきます。また波の上に浮かんでいるもの（木の葉など）に注目すると波の振動が大きい場合は上下に大きく（大きな振幅で）揺れて、波の振動が小さい場合は上下に小さく揺れます（図1-1）。

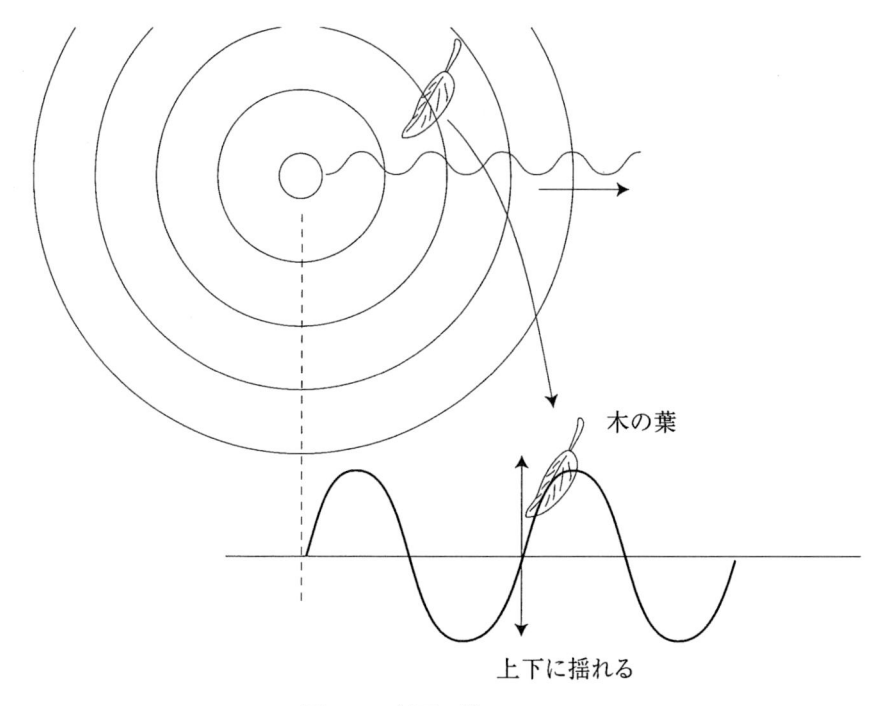

図1-1 水面の波

このように波は時間が経つと遠くに伝搬し、ある時間には波の速度で決まる位置に到達することになります。すなわち波は距離と時間で表すことができます。

波には横波と縦波がありますが、水面を広がっていく波のように波の進行方向と水面の変化する量が直交している波を横波と言います（図1-2）。

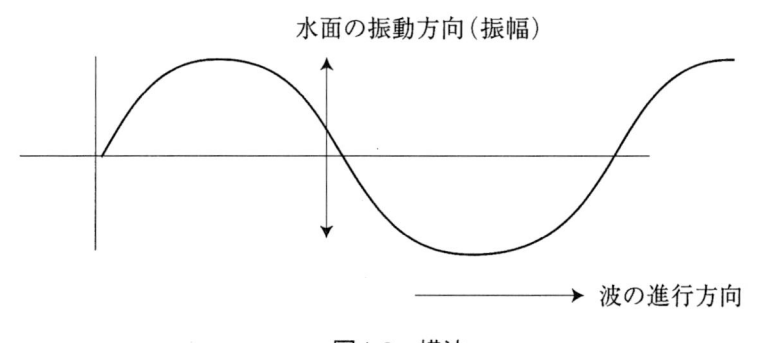

図1-2 横波

1.1　波とは、波はどのように進むのか

　これに対して音波のように空気の振動方向（疎の部分と密の部分）が同じ方向の波を縦波と言います。

　では、波を表すにはどのようにしたら良いでしょうか。

　図1－3は時間 $t=0$ で、ある位置 x にいる波の大きさAを示しています（P_0 点）。この波が速度 v で時間 $t=t_1$ だけ経過したときには図の P_1 点の位置にきます。

　高周波も後に述べるように周波数が高くなると波（信号）の波長は短くなり、高周波の波が伝搬する回路の長さと比べると伝搬する回路の位置によって波の大きさが違ってきます。高周波は波として扱い、波動と同じく時間と位置で表すことができます（時間と距離の関数）。

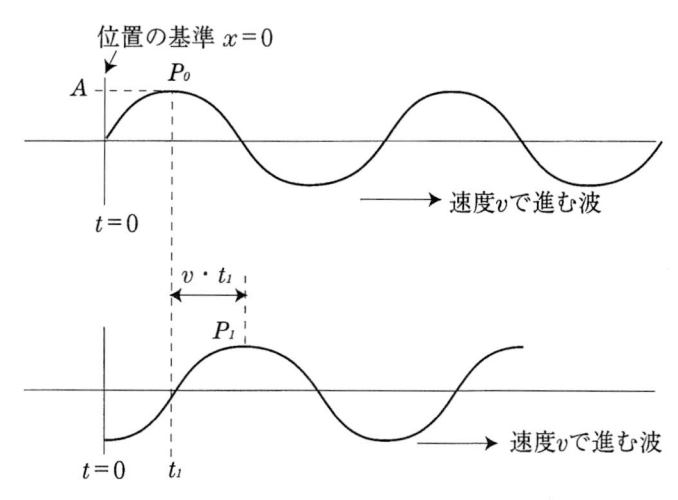

図1-3　ある時刻tの波の位置

1章 波について

1.2 波を数式的に表すには

図1-4に示すように単位区間の長さ（×2π）の中に、ある周波数の波長λがいくつあるかを示すのが波の数（波数）kと言って、k = 2π/λで表します。

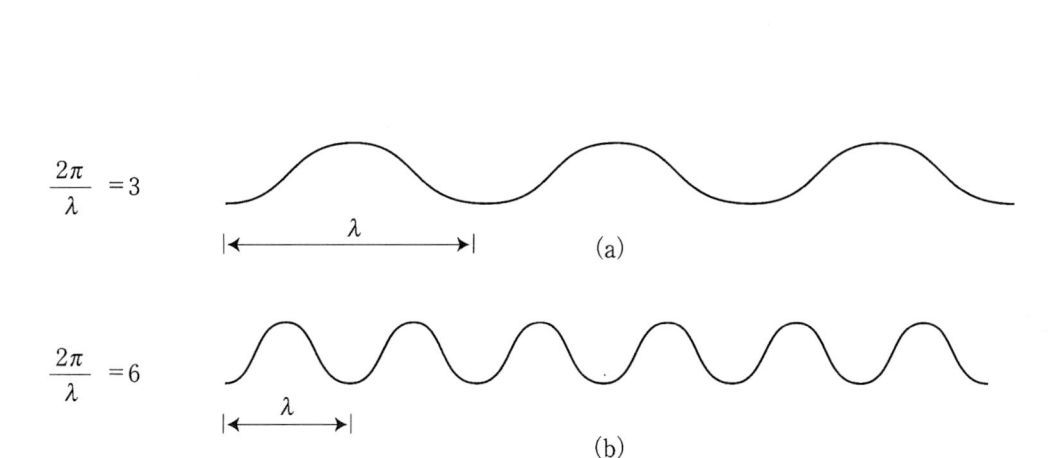

図1-4　波数

図1-4（a）の波は単位区間の長さの中にλが3個入るので波数は3となり、図1-4（b）の波は単位区間の長さの中にλが6個入るので波数は6となります。

次に時間と位相の関係は図1-5に示すように角度θ（位相）が変化する速度を角速度（角周波数）と言ってωで表すと、ある時間tでは角度θ（位相）はθ = ω・tとなります。

ここで角速度ωは1回転（すなわち360°：2πラジアン）する波の時間をTとすれば、$\omega = \dfrac{2\pi}{T}$ となります。また周波数fは周期Tと $f = \dfrac{1}{T}$ の関係があるから角速度ωはω = 2πfと表すことができます。

この式を速度vで進む波で表すと角度θは次のようになります。

$$\begin{aligned}\theta &= \omega \cdot t = 2\pi ft \\ &= 2\pi f \cdot x/v \\ &= 2\pi f \cdot x/(f \cdot \lambda) \quad (なぜならば、v = f \cdot \lambda) \\ &= (2\pi/\lambda) \cdot x \\ &= kx\end{aligned}$$

つまり角度θは波数kと波が進んだ距離xとの積となります。

図1-5から波を表す式は $f(x) = A\sin\theta = A\sin kx$ と表すことができます。ここで速度vで右方向と左方向に進む波を考えると

右方向に進行する波は時間tの後には位置xが波の速度vと時間tの積だけ変化しています。したがって、右方向に進行する波は $f(x) = A\sin\{k(x - vt)\}$

左方向に進行する波は $f(x) = B\sin\{k(x + vt)\}$ と表すことができます。

右方向に進む波と左方向に進む波が重なったときには（ここでは簡単に説明するために波の振幅が等しくA = Bとする）、

合成した波は

$$A \sin(kx - kvt) + B \sin(kx + kvt)$$
$$= 2A \sin kx \cdot \cos kvt$$

これを表示すると図1-6のようになりある点を固定して振幅が変化することになります。この波が固定しているために定在波（Standing Wave）と呼ばれています。

高周波でも同じように反射する波が発生するとこれと同じ定在波が発生します。

波の性質、異なる媒質では反射する

図1-1のように同心円状に水面を伝わった波が池の淵にたどり着くと池の淵では波が戻ってきて、中心部に進んでいきます。よく海岸では時折、大きな振幅となることがあります。これは進んできた波と岸で反射した波がちょうどよい条件になったときには大きな振幅になります。

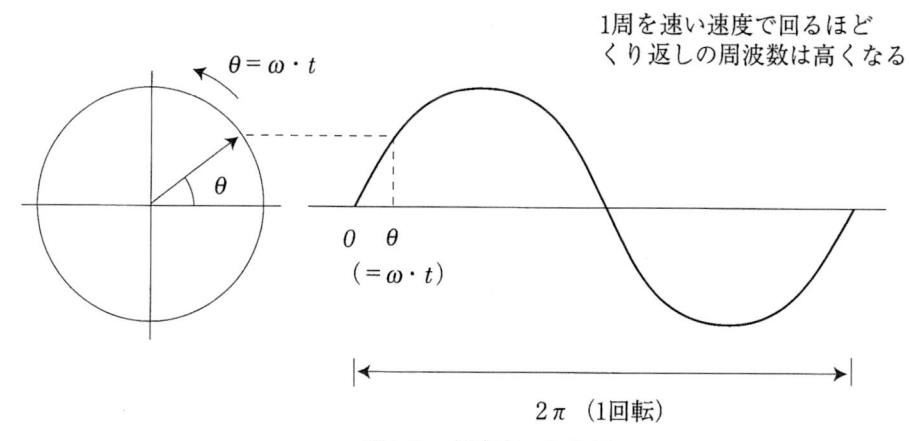

図1-5 角速度ωと位相θ

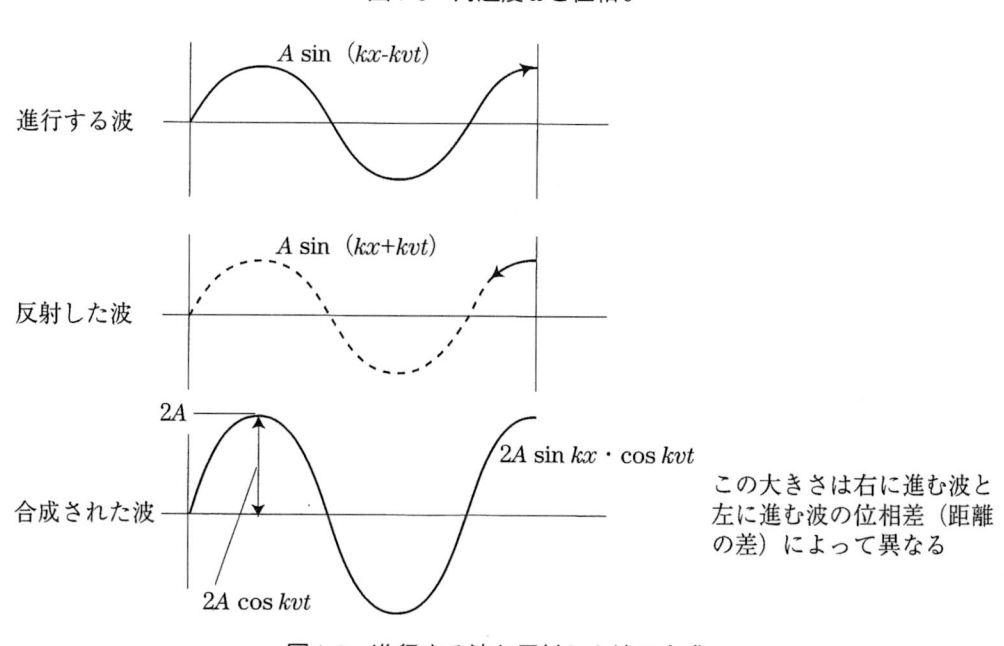

図1-6 進行する波と反射した波の合成

1章 波について

1.3 波の周期T、波長λ、速度v、周波数fの関係

(1) 周波数とは

図1-7に示すように波の周波数をf[Ｈｚ]とする。この周波数とは1秒間に波が何回繰り返すかを言い、例えば、1秒間に2回繰り返すならば、周波数は2Hzであり、1秒間に1000回繰り返すなら1000Hz（1kHz）です。

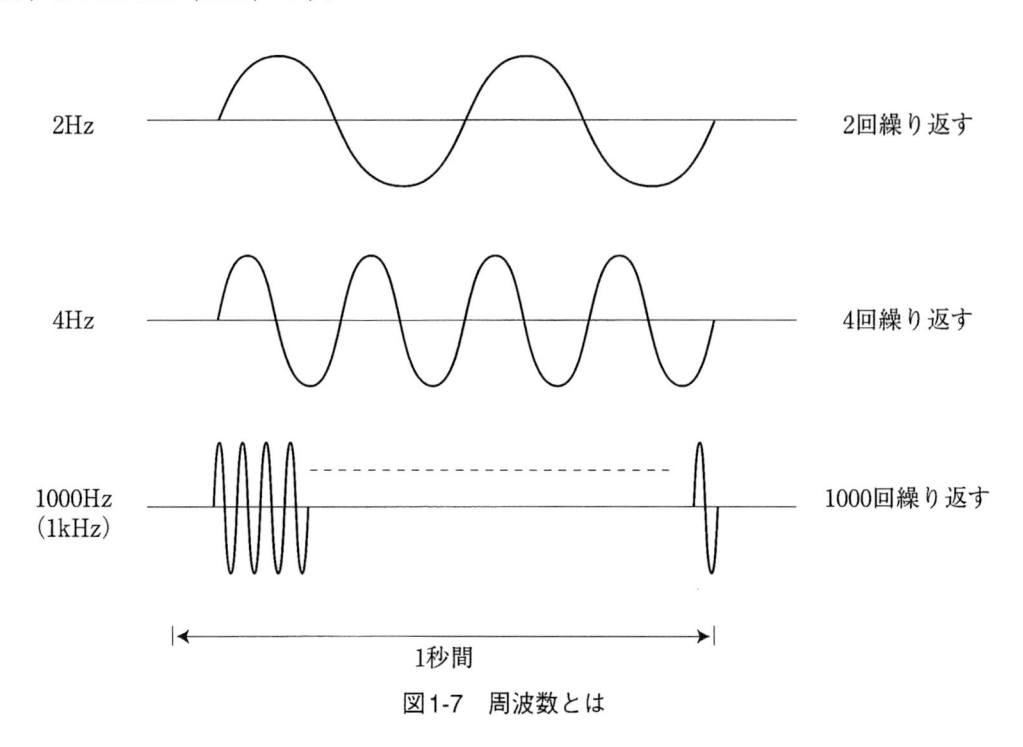

図1-7 周波数とは

周波数の単位は以下のようになります。

$$
\begin{aligned}
&1\text{Hz} \\
&1000\text{Hz} = 10^3\text{Hz} \rightarrow 1\text{kHz} \\
&\qquad\qquad 10^6\text{Hz} \rightarrow 10^3\text{kHz} \rightarrow 1\text{MHz} \\
&\qquad\qquad 10^9\text{Hz} \longrightarrow 10^3\text{MHz} \rightarrow 1\text{GHz} \\
&\qquad\qquad 10^{12}\text{Hz} \longrightarrow\longrightarrow 10^3\text{GHz}
\end{aligned}
$$

(2) 周波数f[Hz]と周期T[s]の関係は

図1-8に示すように正弦波（sin）の1周期（繰り返し）をT[ｓ]とすれば、周波数fは$\frac{1}{T}$ ($\frac{1}{s[秒]}$ ＝Ｈｚ) となります。このことは1秒間に周期Tの正弦波が何個入るかを表していることになり、周波数の単位となります。

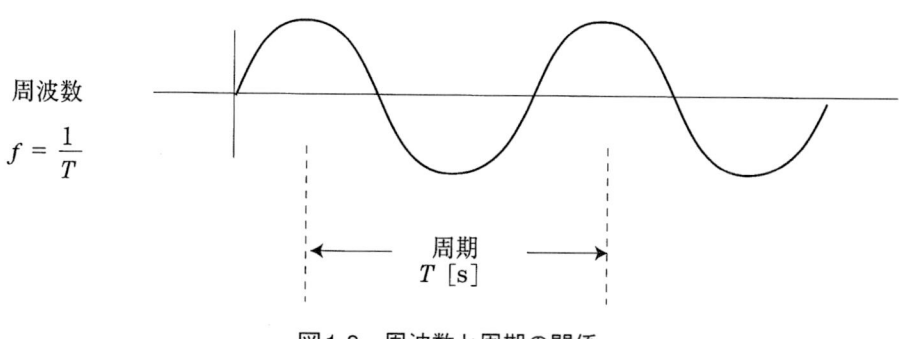

図1-8　周波数と周期の関係

> **例　周期の計算**
> 商用電源の周波数として使用されている周波数50Hzの波は1秒間に50回の繰り返しがあるので周期 T は $1 \div 50 = 0.02$ 秒となります。
> 1MHzの周波数は1秒間に 10^6 回の繰り返しがあるので周期 $T = 1 \div 10^6 = 1\mu s$ となります。

（3）波長とは

波長は**図1－9**に示す正弦波の山から山（または谷から谷）までの距離を言います。したがって、その単位はメートル[m]やセンチメートル[cm]で表すことができます。周波数が高くなるほど、つまり繰り返しが多い波ほど波長は短くなります。これから扱う高周波では周波数が高くなるために波長が短くなっていくことが特徴となります。

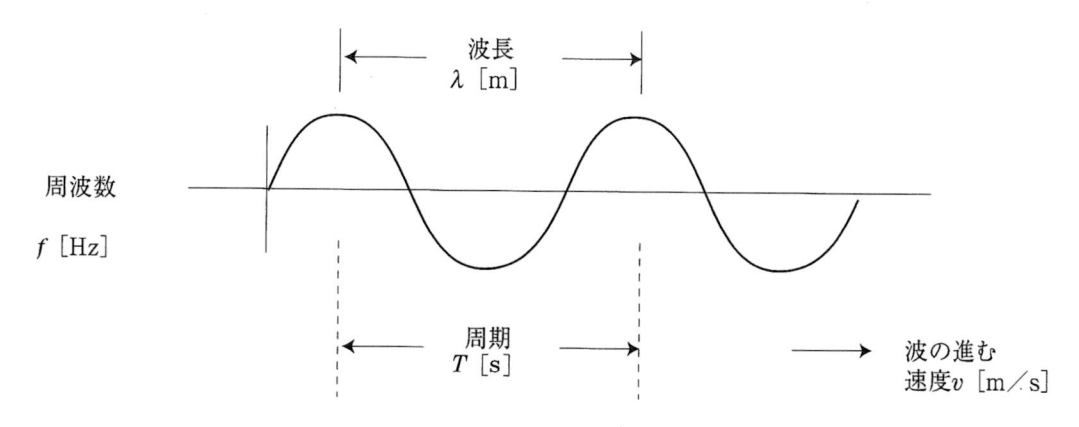

図1-9　波の速度 v と波長 λ 、周波数 f との関係

波の速度 v と波長 λ 、周波数 f との関係はどのように表すことができるか

図1－9に示すように波長 λ [m]、周期 T [s]、周波数 f [Hz]の正弦波が速度 v [m/s]で進んでいるときに、速度は距離（ここでは波長 λ ）を時間（ここでは周期 T ）で割ることによって求めることができるから、

1章 波について

$$速度 v\,[m/s] = \frac{距離}{時間} = \frac{波長\lambda}{周期T}$$

となります。

また、周期Tと周波数fの関係には$f = \dfrac{1}{T}$の関係があるから

$$波の進む速度 v = 波長\lambda \times 周波数 f$$

の関係が成り立ちます。また波長は

$$波長\lambda = 波の進む速度 v \div 周波数 f$$

と表すことができます。

今、波の進む速度vを電磁波が真空中を進む速度$3 \times 10^8\,[m/s]$として周波数に対する波長の関係を求めると図1－10のようになります。

ここで重要なことは、波の進む速度が次章に述べるような理由で波が伝搬する媒質によって変化します。

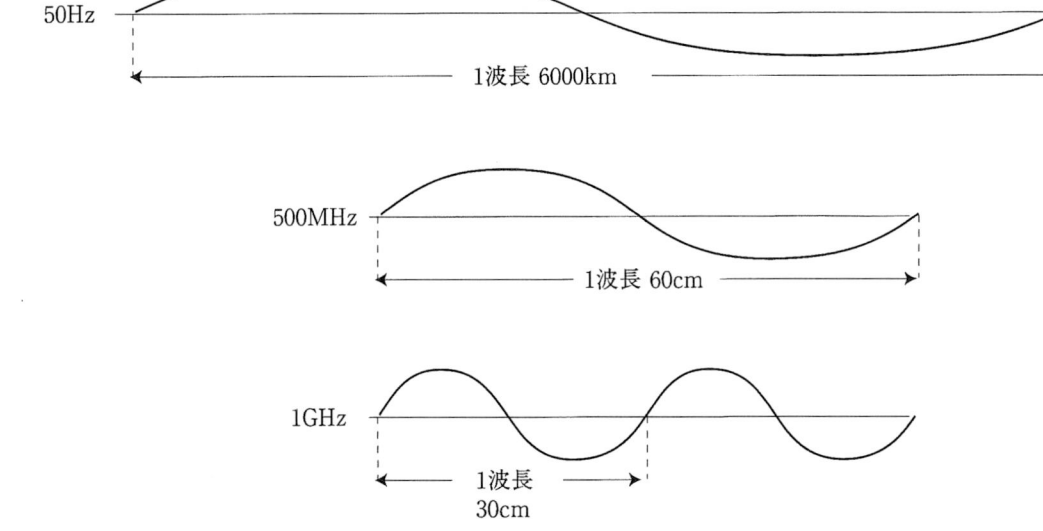

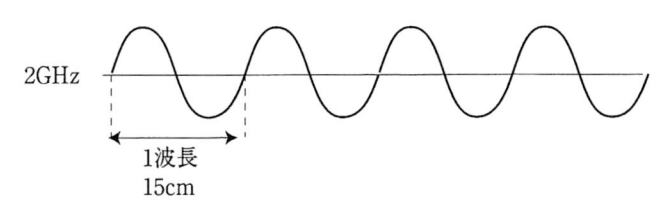

50Hz　1波長 6000km

500MHz　1波長 60cm

1GHz　1波長 30cm

2GHz　1波長 15cm

図1-10　周波数と波長

1.4 インピーダンスとは

(1) 妨げる働きをする

インピーダンスはimpedanceと書かれ、動詞ではimpedeであり「邪魔をする」という意味です。電気回路では抵抗Rは電流Iが流れるのを妨げるように働くため抵抗と呼ばれています。発生する電圧Vはオームの法則より$V = IR$となります。この場合のインピーダンスは抵抗R（実数）となります。

またインダクタLは急激に変化する電流（$\frac{di}{dt}$）が流れるのを妨げるような働きをします。

このインダクタの両端に発生する電圧Vは$V = L \cdot \frac{di}{dt} = j\omega L \cdot i = Z \cdot i$（$\frac{d}{dt} = j\omega$とおける）となり、インピーダンス$Z$は$j\omega L$（複素数）となります。

コンデンサCは急激に変化する電圧（$\frac{dV}{dt}$）に対して電圧がかかるのを妨げる働きをします。コンデンサCにかかる電圧Vと蓄積される電荷量Qの間には$Q = CV$の関係があり、両辺を時間tについて微分すると$\frac{dQ}{dt} = C\frac{dV}{dt}$となります。ここで左辺は電荷$Q$の時間当たりの変化であるから電流$i$となります。つまり$i = C \cdot \frac{dV}{dt} = j\omega C \cdot V$

これよりインピーダンス$Z = V / i = \frac{1}{j\omega C}$（複素数）となります。電気回路ではインピーダンスはこれら抵抗、インダクタンス、コンデンサの組み合わせになることが多い。

(2) インピーダンスはベクトル量である

図1-11（a）には抵抗のインピーダンス$Z = R$、インダクタのインピーダンス$Z = j\omega L$、コンデンサのインピーダンス$Z = \frac{1}{j\omega C} = -j\frac{1}{\omega C}$（$j^2 = -1$、$j = \sqrt{-1}$）

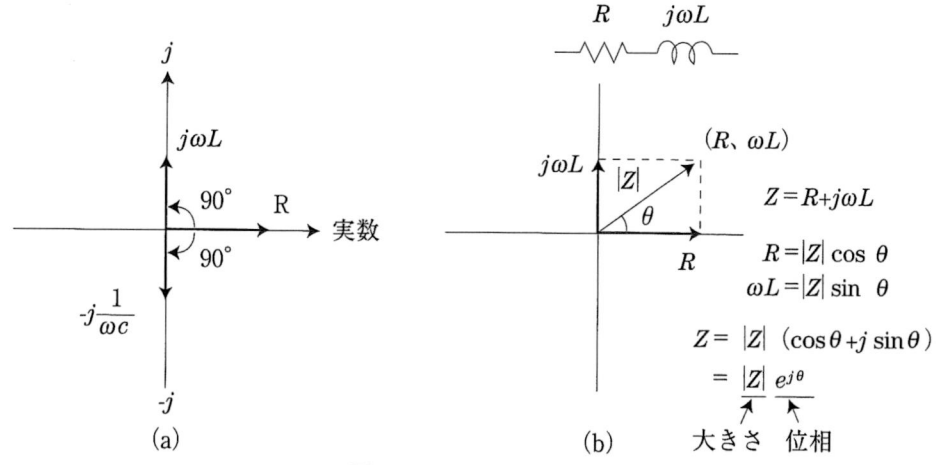

図1-11 インピーダンスの表示

1章 波について

をそれぞれ座標軸上に示しています。また図1-11(b)には抵抗RとインダクタLが直列に接続された回路のインピーダンスZは

$Z = R + j\omega L = |Z|(\cos\theta + j\sin\theta) = |Z|e^{j\theta}$ を座標軸上に示しています。

このようにインピーダンスZは大きさと角度（位相θ）を持った量といえます。

また図1-12には抵抗、インダクタ、コンデンサ、抵抗とインダクタの直列回路にそれぞれ電圧V（実軸上、大きさV、位相0°）を印加したときの流れる電流Iを、電圧Vの位相を中心にどのように変化するかを表示したものです。

これからわかるように電圧を変化させたときの電流の変化量は、インピーダンスがベクトル量で表せるために、ベクトル量となります。

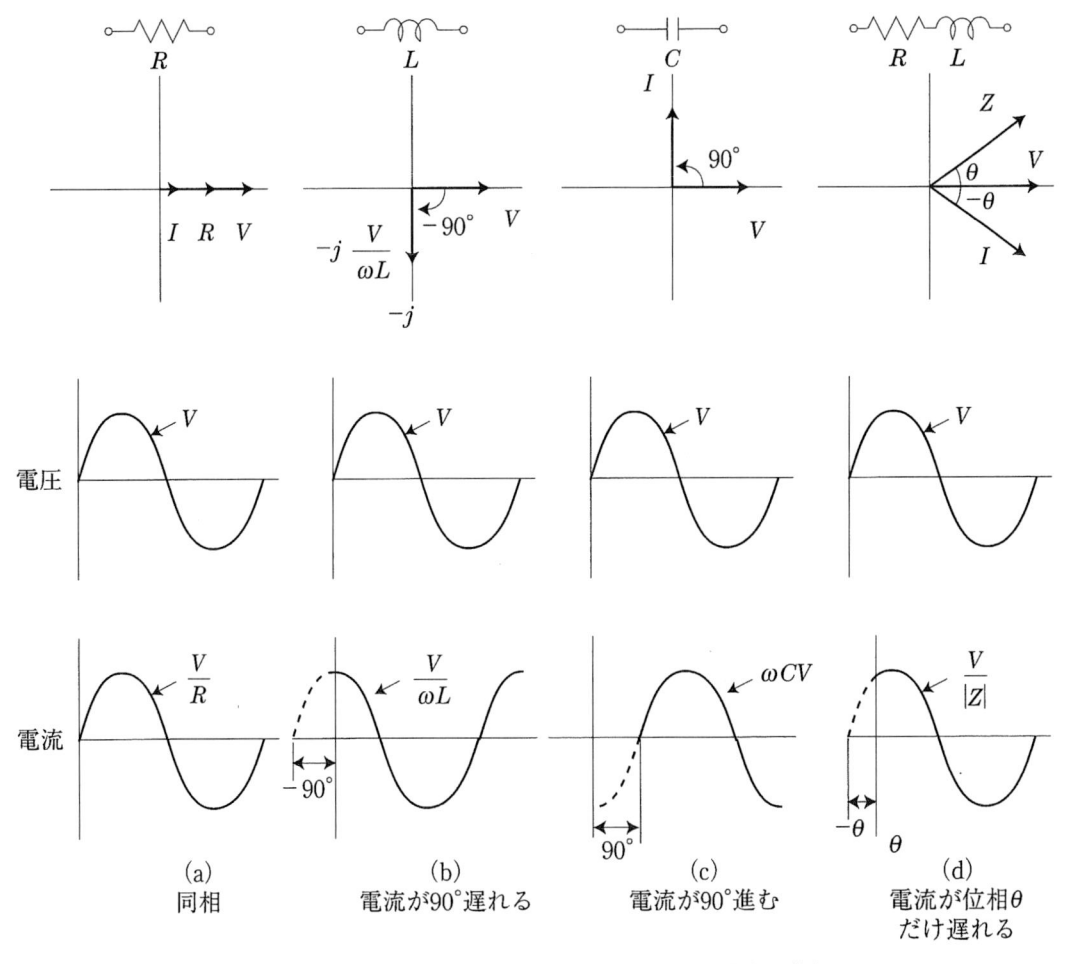

図1-12 インピーダンスによって決まる電圧と電流の位相

〔ポイント〕
・インピーダンスは大きさと位相をもったベクトル量で表すことができます。
・インピーダンスZは$Z = |Z|e^{j\theta}$の形で表すことができ、取り扱いが非常に便利となります。

2章
高周波とは

　パルスが高い周数成分まで含むことや周波数の分類はどのようにされているのか、電磁波の速度が誘電率 ε と透磁率 μ によって決まることを理解し、高周波が誘電体や磁性体の中を進むときには速度が遅くなることによって波長が短くなる波長短縮が起こります。信号が高周波になり波長が短くなるとどんな現象が起きるのか、また高周波による表皮効果について理解します。

2章 高周波とは

2.1 低周波から高周波まで

　1MHzの信号の周波数は低いとか、10MHzの信号の周波数は高いとかいいますが、10MHzのパルスは後述するようにたくさんの周波数の正弦波（sin）が含まれています。
　このことは、10MHzのパルスは下記に示すような多くの周波数の正弦波を加算したものと考えることができます（第9章9.3のフーリエ級数を参照）。10MHzの信号周波数は低いが、10MHzのパルスに含まれる200MHzの周波数は周波数が高いと一般的に言えます。
　パルス波形が特殊な条件（矩形波で言えば、立上り時間0、デューティduty50％［Lo（ロー）レベルとHi（ハイ）レベルの期間が等しい］、波形にリプルを含んでいないなど）では、
　　20MHz、40MHz、60MHz、……
のような偶数次の周波数成分は含まれません。
　このような特殊な条件から外れると、次のように整数倍の正弦波を多く含むことになります（図2－1）。

10MHzのパルス＝10MHzの正弦波＋20MHzの正弦波＋30MHzの正弦波＋……＋100MHzの正弦波＋……無限に続く

　周波数の分類では、空気中の電磁波の速度がほぼ3×10^8m/sであることから（波長$\lambda = 3 \times 10^8 / f$）周波数を3の整数倍にとると波長$\lambda$はちょうどよく10のべき乗（$10^3 = 1000$倍、$10^{-2} = 0.01$倍）となって都合が良くなります。
　これらのことを考慮して、電磁波の周波数帯における名称は次のように分類されています。

- ELF（extremely low frequency） ……………………周波数3kHz以下
- VLF（very low frequency） …………………………周波数が3kHzから30kHz
- LF（low frequency） …………………………………周波数が30kHzから300kHz
- MF（medium frequency） ……………………………周波数が300kHzから3MHz
- HF（high frequency） …………………………………周波数が3MHzから30MHz
- VHF（very high frequency） …………………………周波数が30MHzから300MHz
- UHF（ultra high frequency） …………………………周波数が300MHzから3GHz
- SHF（super high frequency） …………………………周波数が3GHzから30GHz
- EHF（extremely high frequency） ……………………周波数が30GHzから300GHz

　これは周波数帯の分類ですが、これと電磁波の波長λ、電磁波の名称（例えば、中波、短波、マイクロ波など）の関係を表すと表2－1のようになります。
　現在、マイクロコンピュータのクロックが1GHzを超えている状況では、高周波と言われている領域で取り扱う周波数は電磁波の分類では、UHF帯またはSHF帯となると考えられます。また、高周波帯域における特性を測定するためのネットワークアナライザなども50GHzくらいまでの周波数を測定できるものも出現しています。

2.1 低周波から高周波まで

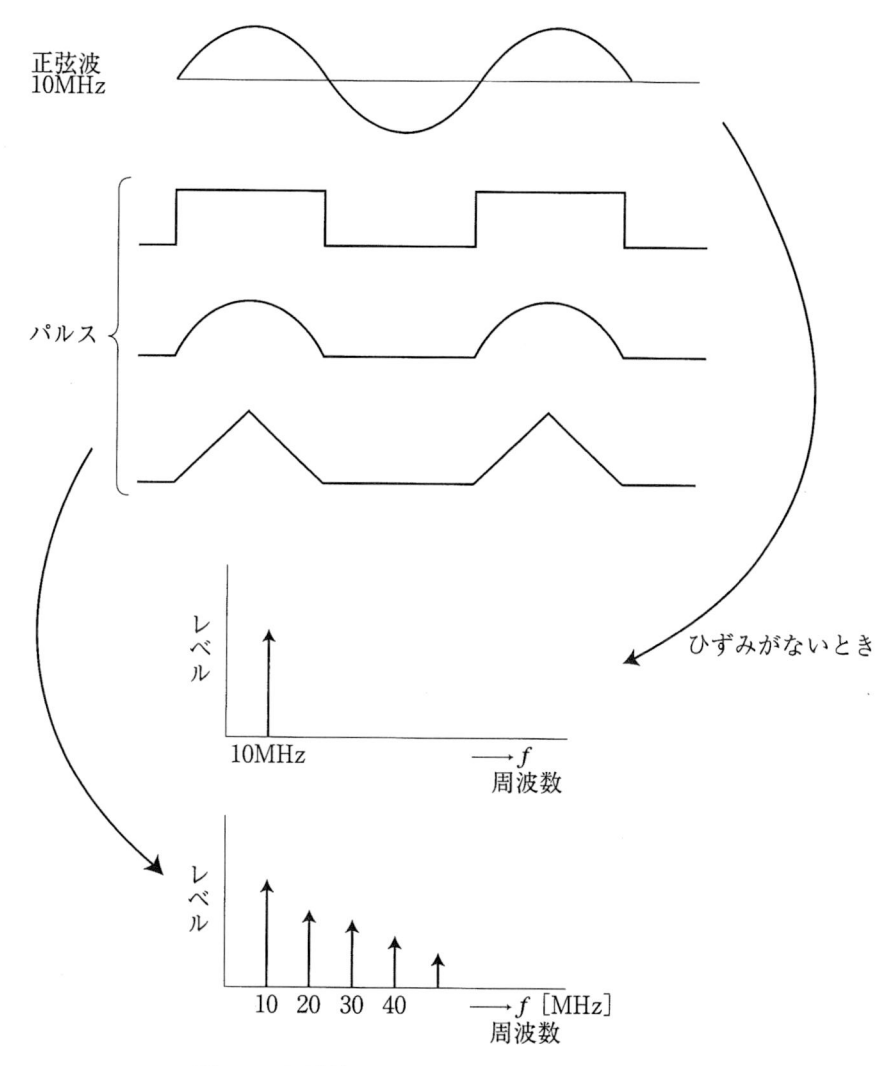

図2-1 正弦波とパルスの周波数スペクトラム

電磁波の分類	周波数範囲	波長 λ	電磁波の名称
ELF	3kH以下	100km以下	長波
VLF	3kHz〜30kHz	100km〜10km	長波
LF	30kHz〜300kHz	10km〜1km	
MF	300kHz〜3MHz	1km〜100m	中波
HF	3MHz〜30MHz	100m〜10m	中短波 / 短波
VHF	30MHz〜300MHz	10m〜1m	超短波
UHF	300MHz〜3GHz	1m〜10cm	極超短波
SHF	3GHz〜30GHz	10cm〜1cm	マイクロ波
EHF	30GHz〜300GHz	1cm〜1mm	ミリ波
	300GHz〜3000GHz	1mm〜0.1m	サブミリ波

表2-1 電磁波の分類と周波数(波長)その関係

2章 高周波とは

2.2 誘電率εと透磁率μについて

(1) 誘電率εと比誘電率ε_rの関係を表わすと

図2-2は誘電体が挿入されたコンデンサを示しています。

今、誘電体の誘電率をε [F/m]、コンデンサに蓄積される電荷の量をQ [C：クーロン]、印加される電圧をV [V] とすれば、これらの間には$Q = CV$の関係が成り立ちます。ここでコンデンサの容量C [F] は誘電体の誘電率εが大きいほど、電極面積S [m^2] が大きいほど大きく、電極間の距離l [m] が短いほどたくさんの電荷を蓄積することができます。

つまり、コンデンサの容量Cは次のように表すことができます。

$$C = \varepsilon \cdot \frac{S}{l}$$

この式より、誘電率εの単位は [F/m] となります。

この誘電率εは、誘電体の比誘電率ε_r、真空中の誘電率$\varepsilon_0 ≒ 8.854187817 \times 10^{-12}$ [F/m] とすれば次のように表すことができます。

$$\varepsilon = \varepsilon_0 \cdot \varepsilon_r$$

上記コンデンサの容量Cは、

$$C = \varepsilon_0 \cdot \varepsilon_r \cdot \frac{S}{l}$$

となります。

ε_rは、真空中の誘電率ε_0に対して何倍であるかの数値を表しており、比誘電率と呼ばれています。したがって、誘電体の媒質によってこの比誘電率はそれぞれ異なります。

比誘電率ε_rの例をあげると、真空1、空気中1.005、ポリエチレン約2.26、テフロン約2.1、プリント基板材料としてよく使用されるガラスエポキシ（FR4）では4.5〜4.9となっています。

コンデンサの容量　C

$Q = CV$

$$C = \varepsilon \cdot \frac{S}{l}$$

$$= \varepsilon_0 \cdot \varepsilon_r \cdot \frac{S}{l}$$

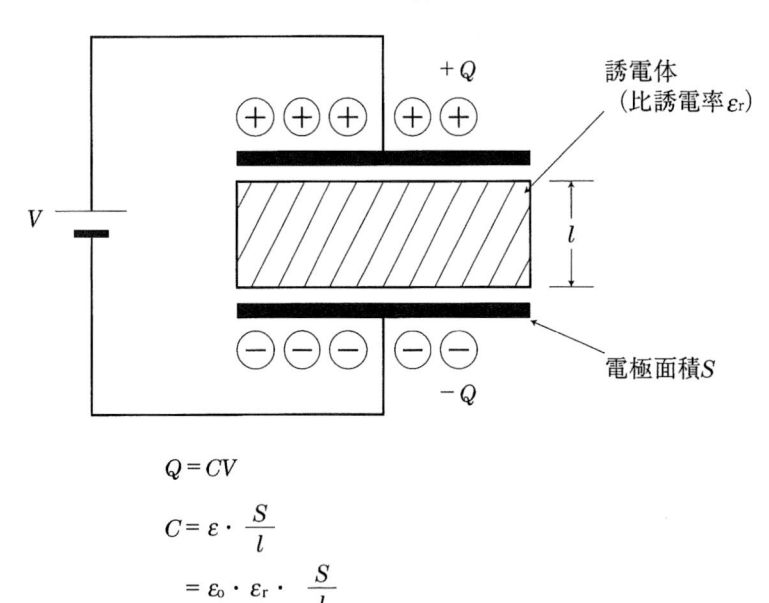

図2-2　誘電体が挿入されたコンデンサ

2.2 誘電率εと透磁率μについて

(2) 透磁率μと比透磁率μ_rは誘電率と同じ関係

磁性体は、図2-3に示すように電流を流して磁界を大きくしていくと、最大に磁化されたところB_s（最大飽和磁束密度）まで行き（aのカーブ）、次に印加する磁界を小さくしていくと元のカーブである初期磁化曲線を通らないで、bのようなカーブを描きます。このような特性をヒステリシス特性と言います。

ここで磁性体の透磁率μとは、初期磁化曲線の磁界Hに対する磁束密度Bの変化（カーブの傾き）を言います（図2-3（b））。

$$\mu = \frac{dB}{dH}$$

磁束密度B〔Wb／m²：単位面積あたりを通過する磁束〕
印加される磁界H〔AT／m〕の単位が使用されます。
ここで磁性体の透磁率μと比透磁率μ_rには誘電率と同じように次の関係があります。

$$\mu = \mu_0 \cdot \mu_r$$

μ_rは、真空中の透磁率μ_0に対して何倍であるかの数値を表しており、比透磁率と呼ばれています。

ここで真空中の透磁率μ_0は、$\mu_0 \fallingdotseq 4\pi \times 10^{-7}$〔H／m〕です。

(3) 透磁率μの単位〔H／m〕を求める

磁束Φの単位は〔Wb〕、磁束密度B（単位面積あたりの磁束：Φ/S）の単位は〔Wb／m²〕、磁界Hの単位は〔AT／m〕であるので、透磁率μは$\mu = \frac{dB}{dH}$から単位は〔Wb／ATm〕となります。

ここでコイルL〔H：ヘンリー〕に電流I〔A〕を流したときに発生する磁束Φ〔Wb〕との間には$\Phi = L \cdot I$の関係があるから、単位で表わすと〔Wb〕＝〔H・A〕となります。

今、簡単にするために$T = 1$ターンとすれば、透磁率μの単位は、〔Wb／ATm〕＝〔HA／Am〕＝〔H／m〕となります。

【ポイント】
- 誘電率εは、電界（コンデンサで発生する電気力線の密度$D = \varepsilon E$）に関係し、比誘電率ε_rと真空中の誘電率εの積となります。
- 透磁率μは、磁界（磁束密度$B = \mu H$）に関係し、比透磁率μ_rと真空中の透磁率μ_0の積となります。

2章 高周波とは

図中ラベル:
- 金属
- 磁束 Φ
- Nターン
- 電流 I
- 磁束密度 B
- 最大飽和磁束密度 Bs
- 残留磁気
- 初期磁化曲線
- 磁界 H [AT/m]
- −Hc 保磁力
- +Hc 抗磁力

単位の変換

MKS	cgs
4π [Wb]	10^4 [G]
1 [A/m]	$4\pi \times 10^{-3}$ [Oe]
$\mu_0 = 4\pi \times 10^{-7}$ [H/m]	

(a)

この傾き $\mu = \dfrac{dB}{dH}$

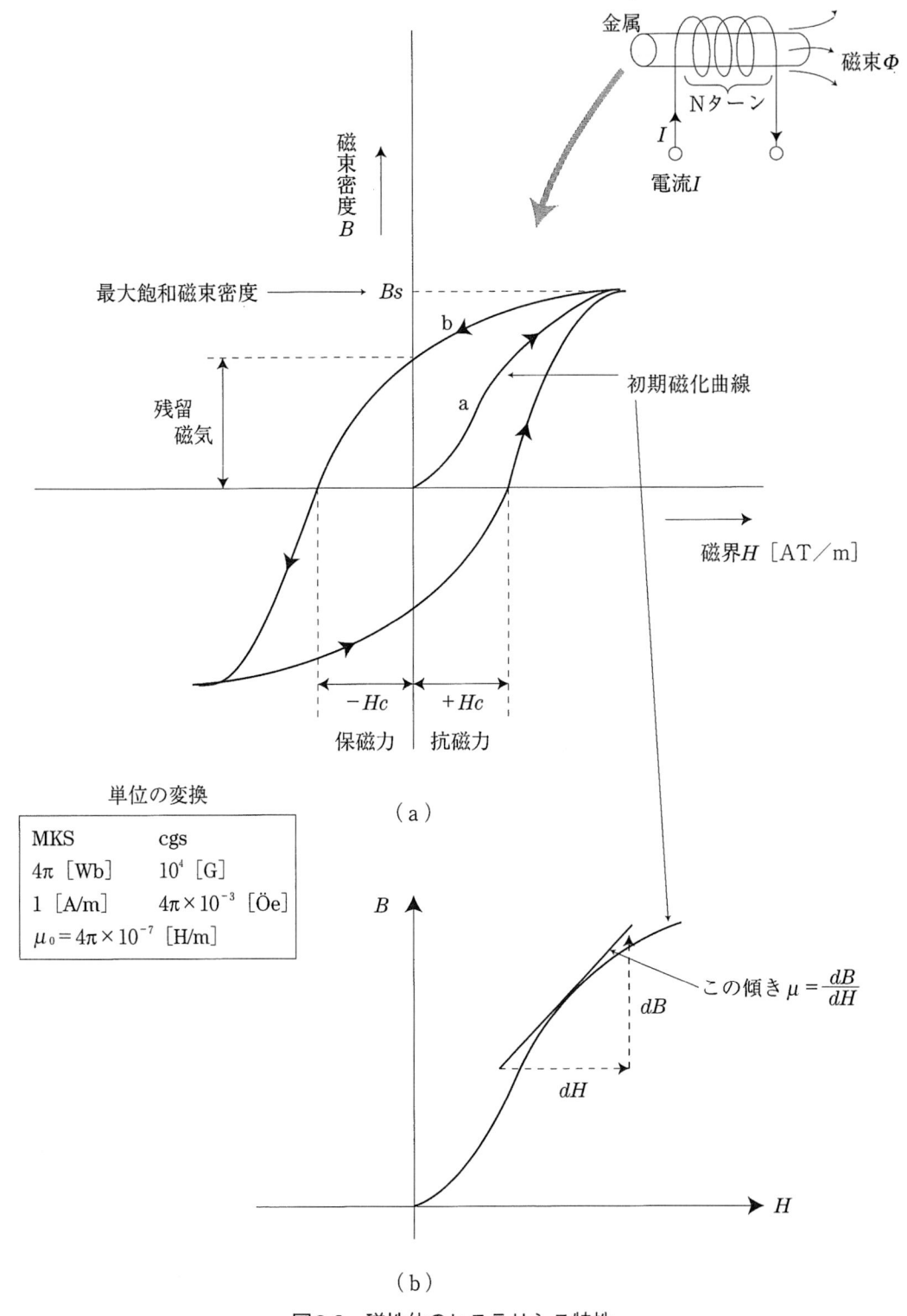

dB, dH

(b)

図2-3 磁性体のヒステリシス特性

2.3 空中を進む電磁波の速度と、媒質を進む電磁波（信号の）速度はどのように違うか

（1）電磁波が一般媒質の中を進むときの速度

一般の媒質を電磁波が伝わるときにはこの媒質の誘電率をε、透磁率をμとすれば電磁波の速度vは次のように表すことができます。

$$v = \frac{1}{\sqrt{\varepsilon\mu}}$$

ここで$\varepsilon = \varepsilon_r \varepsilon_0$、$\mu = \mu_r \mu_0$の関係があるから代入すると

$$v = \frac{1}{\sqrt{\varepsilon_r \mu_r}} \cdot \frac{1}{\sqrt{\varepsilon_0 \mu_0}}$$

$\varepsilon_0 = 8.8542 \times 10^{-12}$ ［F／m］、$\mu_0 = 4\pi \times 10^{-7}$ ［H／m］を代入すると

$$v = \frac{1}{\sqrt{\varepsilon_r \mu_r}} \cdot \frac{1}{\sqrt{8.8542 \times 10^{-12} \times 4\pi \times 10^{-7}}}$$

$$= \frac{3 \times 10^8}{\sqrt{\varepsilon_r \mu_r}} \text{［m／s］となります。}$$

このことから媒質を伝搬する電磁波の速度vは、媒質の比誘電率ε_rと比透磁率μ_rによって決まることがわかります。

（2）誘電率ε_0と透磁率μ_0の単位から速度cの単位［m／s］を求める

誘電率の単位は［F／m］、透磁率の単位は［H／m］であるから、これらの積の単位は［F・H／m²］となります。

ここで図2－2からコンデンサCに電流I［A］がある時間t［s］だけ流れて電荷Q［C］が蓄積されたとすれば、これらの関係には$Q = CV = It$（$C = V／It$）の関係が成り立ちます。$CV = It$より［F］＝［A・s／V］となります。

一方、図2－3に示すようなコイルに電流を流せば、磁束Φ［Wb］が発生しますが、外部から磁束を受けて、磁束が変化した場合（$d\Phi／dt$）にはコイルに誘導電圧vが発生します。この関係には$v = -d\Phi／dt = -L \cdot di／dt$の関係があります。

すなわち、［V］＝［Wb／s］＝［H・A／s］

これより［H］＝［V・s／A］

したがって、誘電率の単位［F／m］と透磁率の単位［H／m］の積である［F・H／m²］は、

［F・H／m²］＝［(A・s／V)・(V・s／A)／m²］＝［s²／m²］

となります。この平方根（$\sqrt{\ }$）をとり、逆数にすると速度の単位になることがわかります。

（3）真空中の速度

比誘電率ε_rと比透磁率μ_rを持った媒質を伝搬する電磁波の速度vは$v = \dfrac{3 \times 10^8}{\sqrt{\varepsilon_r \mu_r}}$［m／s］と表すことができることはすでに述べました。ここで伝搬する媒質が真空中の場合は比誘電率ε_rと比透磁率μ_rともに1となるので、真空中を伝搬する速度をcとすれば

$$c = \frac{3 \times 10^8}{\sqrt{1 \cdot 1}} \text{［m／s］}$$

$= 3 \times 10^8$ ［m／s］となります。

2章 高周波とは

> **例**：電磁波（信号）が誘電体（比誘電率 ε_r=4.5、比透磁率 $\mu_r = 1$）の中を進むときの速度の計算。
> 　電磁波の速度 $v = c / \sqrt{4.5} = 3 \times 10^8 / 2.12 = 1.41 \times 10^8$ ［m／s］となり空気中を伝搬する場合に比べて約半分の速度となります。つまり誘電体の中を電磁波が進むときには速度が遅くなることであり、この速度は誘電体の種類（比誘電率 ε_r）によって異なります。

〔ポイント〕
・電磁波の進む速度は媒質の誘電率 ε と透磁率 μ によって決まります。
・このことは電界と磁界が相互に関連することによります。

2.4 波長が短くなる波長短縮とは

電磁波が真空中を伝搬するときの波長に比べて、誘電体（誘電率ε）や磁性体（透磁率μ）の中を進むときには、進む速度が遅くなって波長は短くなります。このように波長が短くなることを波長短縮と呼んでいます。電磁波の周波数fと電磁波が進む速度v、波長λの間には次の関係があります。

$$v = f \times \lambda$$

この式から波長λが変化するのは電磁波の周波数fは変わらないので電磁波が伝搬する媒質によって速度vが変わるためです。逆にいえば、電磁波の速度vが変化するから波長λが変化すると言えます。

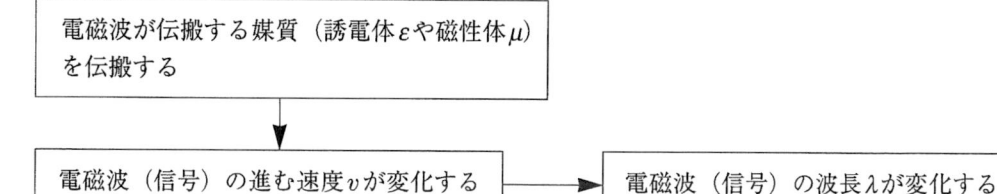

```
電磁波が伝搬する媒質（誘電体εや磁性体μ）
を伝搬する
           ↓
電磁波（信号）の進む速度vが変化する  →  電磁波（信号）の波長λが変化する
```

電磁波の周波数fは変化しない

> **例** 誘電体（比誘電率$\varepsilon_r = 4$、比透磁率$\mu_r = 1$）の場合。
> 1GHzの電磁波（信号）が誘電体（比誘電率$\varepsilon_r = 4$、比透磁率$\mu_r = 1$）のプリント基板の内部を伝搬する場合を考えると真空中を伝搬する場合に比べて$\sqrt{4} = 2$、すなわち1／2だけ波長が短くなります。したがって、信号が伝搬する速度は半分となります。

プリント基板は使用する材質により固有の誘電率εを持っています。通常プリント配線材料の比誘電率ε_rは処理条件を決めて1MHzの値で測定されたものが記載されていますが、最近は高周波への対応も考慮して1000MHzの比誘電率ε_rが記載されているデータシートもあります。

この比誘電率はプリント配線版の処理条件によっても異なるが、ガラスエポキシ基板（FR4）では4.5〜4.9の範囲にあります。この比誘電率の値は周波数が高くなっていくと低下していきます。ここではガラスエポキシ基板（FR4）の比誘電率ε_rを約4.8として計算します。このプリント基板上を信号が伝送するときにはこの比誘電率ε_rにより、伝搬する速度が$1/\sqrt{\varepsilon_r}$倍だけ遅くなります。つまりガラスエポキシ基板上では伝搬する速度vは$3 \times 10^8 \times 1/\sqrt{4.8} \fallingdotseq 1.37 \times 10^8$［m／s］となります。

$v = f \cdot \lambda$の式から速度が$1/\sqrt{4.8}$になると、波長λが$1/\sqrt{4.8}$（約半分）になります(図2−4)。

信号が誘電体で構成された同軸ケーブルを進む場合も、図2−5に示すように同軸ケーブルはさまざまな誘電体で充填されていますので、同軸ケーブルの中を伝送する信号は遅れ、波長短縮が起こります。

〔ポイント〕
・波長が短くなる波長短縮は、媒質の誘電率と透磁率によって伝搬する信号の速度が遅くなることによって発生します。
・速度が遅くなり、波長短くなるが伝搬する信号の周波数は変わりません。

2章 高周波とは

$f = 500\text{MHz}$

$v = 3 \times 10^8\ [\text{m/s}]$
（真空中） a

λ
60cm

$f = 500\text{MHz}$

$v_\varepsilon = 1.5 \times 10^8\ [\text{m/s}]$
（誘電体中）

λ
30cm

速度が半分になるので波長も半分となる

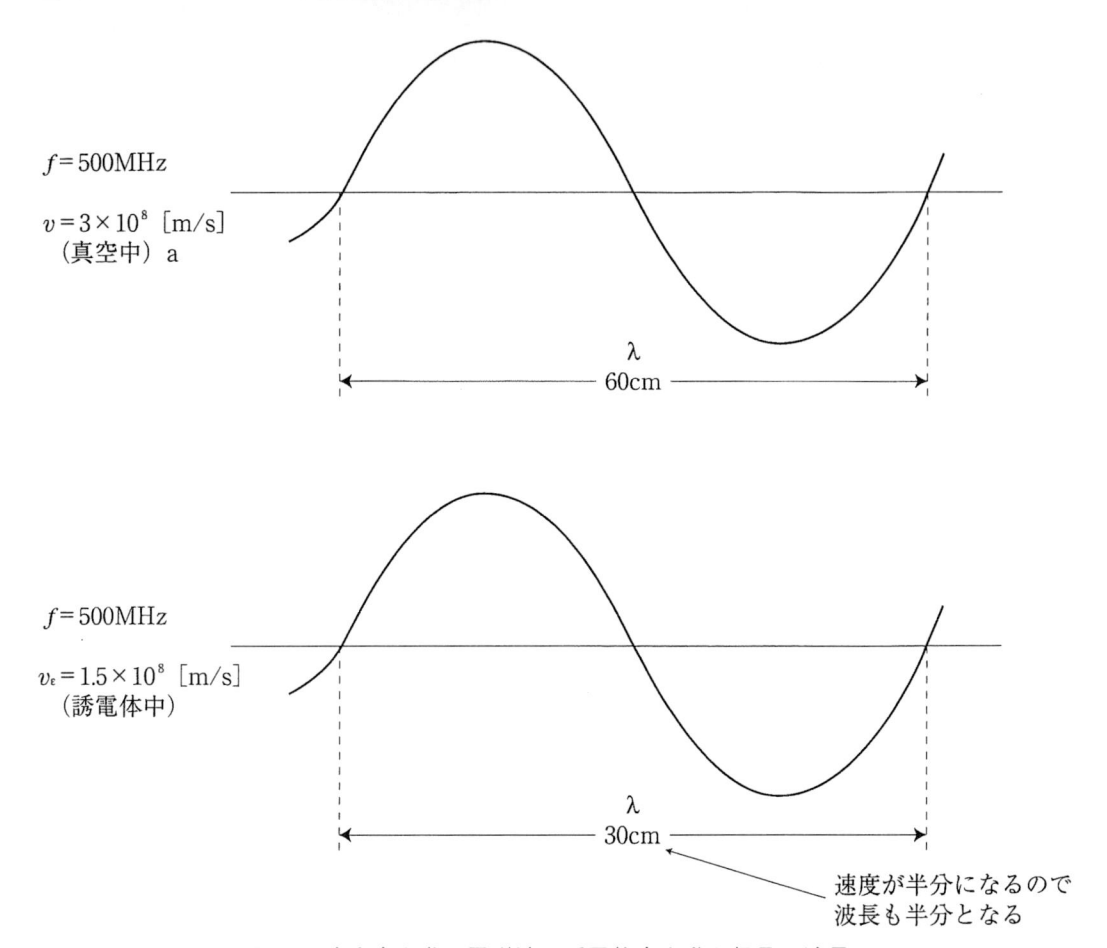

図2-4　真空中を進む電磁波と誘電体中を進む信号の波長

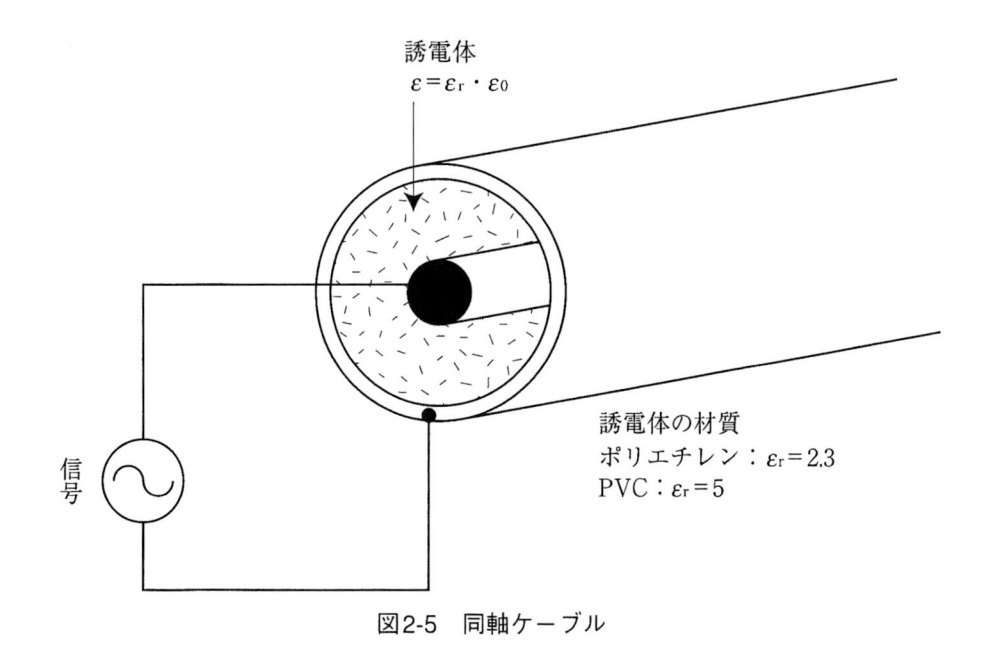

誘電体
$\varepsilon = \varepsilon_r \cdot \varepsilon_0$

信号

誘電体の材質
ポリエチレン：$\varepsilon_r = 2.3$
PVC：$\varepsilon_r = 5$

図2-5　同軸ケーブル

2.5　媒体を伝搬する電磁波の時間はどのくらいかかるか

すでに述べたように電磁波が空間（真空中）を伝わる速度vは$3×10^8$［m／s］です。
このことは電磁波は1秒間に$3×10^8$m進むことです。
今、周波数1GHz（$1×10^9$［Hz］）の電磁波の場合は、波長がどのくらいになるか上式により計算すると、

$$3×10^8 = 1×10^9 \cdot \lambda$$
$$\lambda = 3×10^8 ／ 1×10^9 = 0.3 \text{m}$$

これより1GHzの波長λは30cmということになります。
2GHzの周波数ではその半分の15cm、3GHzの周波数では10cm、500MHzの周波数では60cmとなります。

> **例**　電磁波が空気中とプリント基板を伝送するときの時間。
> 　1GHzの電磁波が空気中を進むとき、1波長進むのにどれくらいの時間がかかるかを計算してみると、電磁波は1秒間に$3×10^8$［m］進むから1ナノ秒［1ns］では$3×10^8 × 1×10^{-9}$ = 0.3m／ns = 30cm／nsとなります。
> 　つまり1GHzの電磁波が空気中を進むときには30cm進むのに、1nsの時間がかかります。
> 　プリント基板では速度が半分になるから、伝搬する時間が2倍の2nsかかることになります（図2－6）。

電子機器等で使用されているプリント基板の大きさや配線パターンも、この波長の長さに近くなってきています。また急速に普及している携帯電話なども、デジタル方式では1GHz程度の周波数が使用されているものもあります。パソコンのMPU（MicroProcessorUnit）のクロックも早くなってきて、2GHzを超えているものも出現しています。
あらゆる電子機器は処理能力（スピード）の向上のため取扱うクロックは高速になってきて

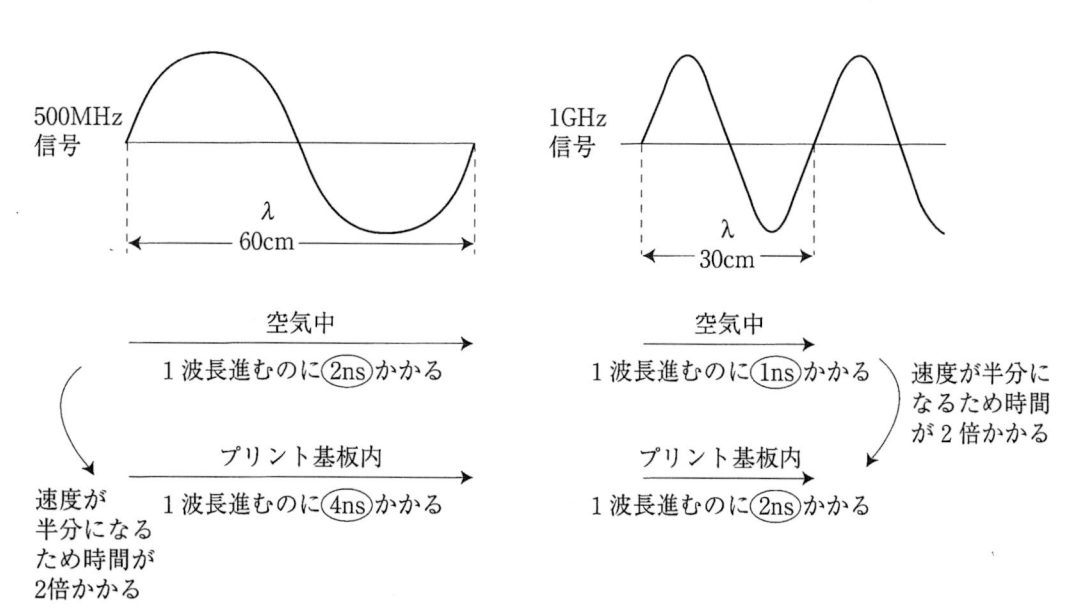

図2-6　電磁波が空気中とプリント基板内を1波長進むのに要する時間

2章 高周波とは

います（周波数が高くなっています）。これからもますます高速化していくものと考えられます。

(1) 伝搬する信号の波長が短くなるとどんな現象が起きるか

電子回路で使用するクロックの周波数が高くなっていくと、たとえば1GHzの信号では図2－6に示したように1波長の長さが30cmとなっています。今、プリント基板をつなぐケーブルの長さが30cmあったとすれば、このケーブルを伝送する状態は**図2－7**の（a）〜（d）ようになります。このことはこの30cmのケーブル上では常に信号の大きさが位置により変化しているような状況が起きていることです。

また10MHzの信号（正弦波信号、波長30ｍ）が同じく30cmのケーブルを伝送する場合を考

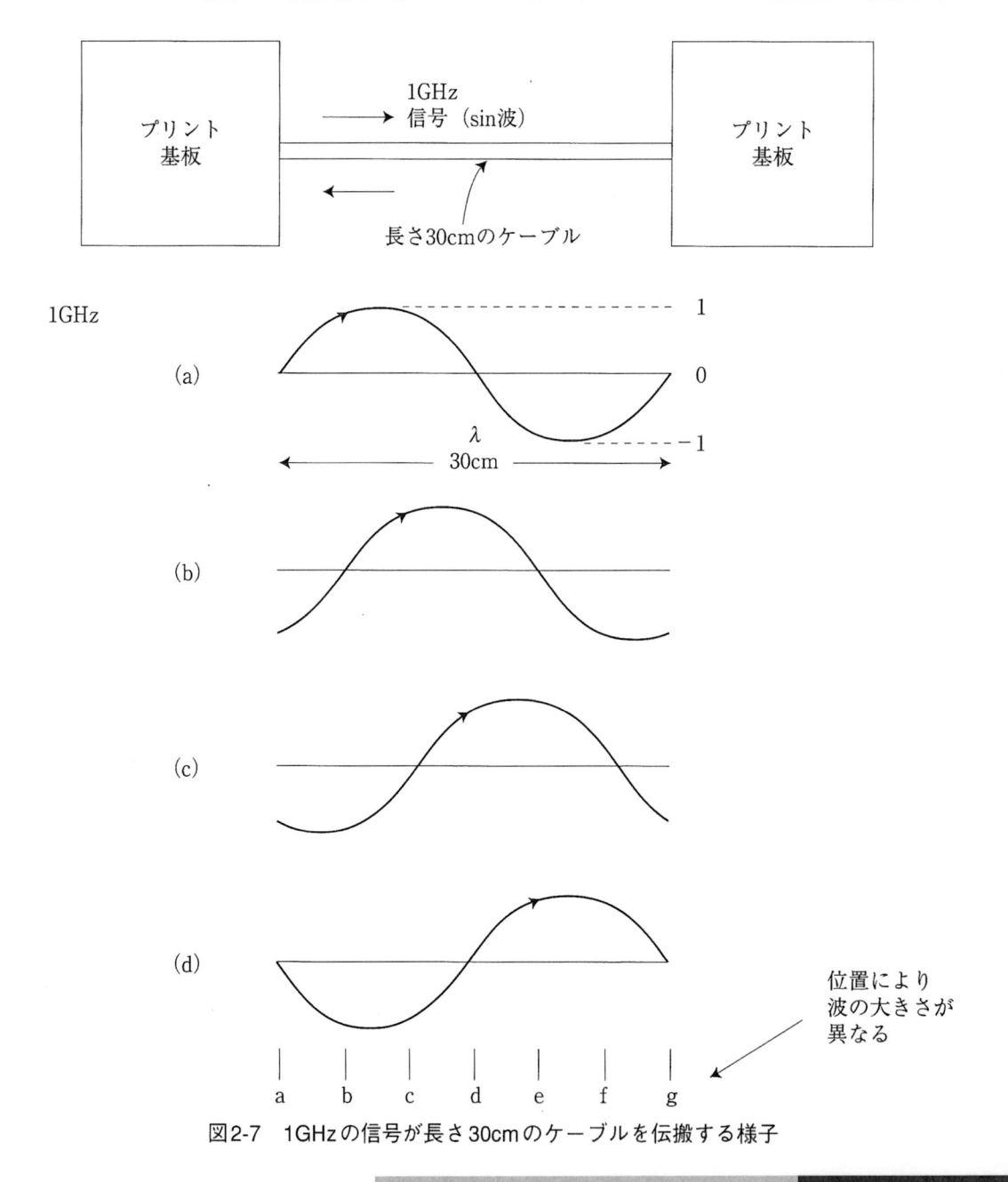

図2-7　1GHzの信号が長さ30cmのケーブルを伝搬する様子

えてみると**図2−8**のようになります。この場合は10MHzの信号の1波長が30 mですから30cmはその1／100になります。角度で言えば360°×1／100＝3.6°です。この時のsinの値（信号が正弦波として）を計算してみると sin3.6°＝0.062となり、最大値の1に比べてほとんど無視できる値となります。この場合はケーブルの位置において信号の大きさはほとんど変化しないことがわかります。

このように有限な長さの伝送回路を伝搬する信号の周波数が高くなっていくと、信号の波長が伝送回路の長さに比べて無視することができなくなってきます（このことがどのような影響を及ぼすかについては第5章で詳述）。

〔ポイント〕
- 1GHzの電磁波が空気中を（30cmの距離を）進むときには1nsかかります。
- 1GHzの信号がプリント基板を（30cmの距離を）進むときには2nsかかります。
- 周波数が高くなると波長が短くなり、伝送する線路の長さに比べて無視することができなくなります。

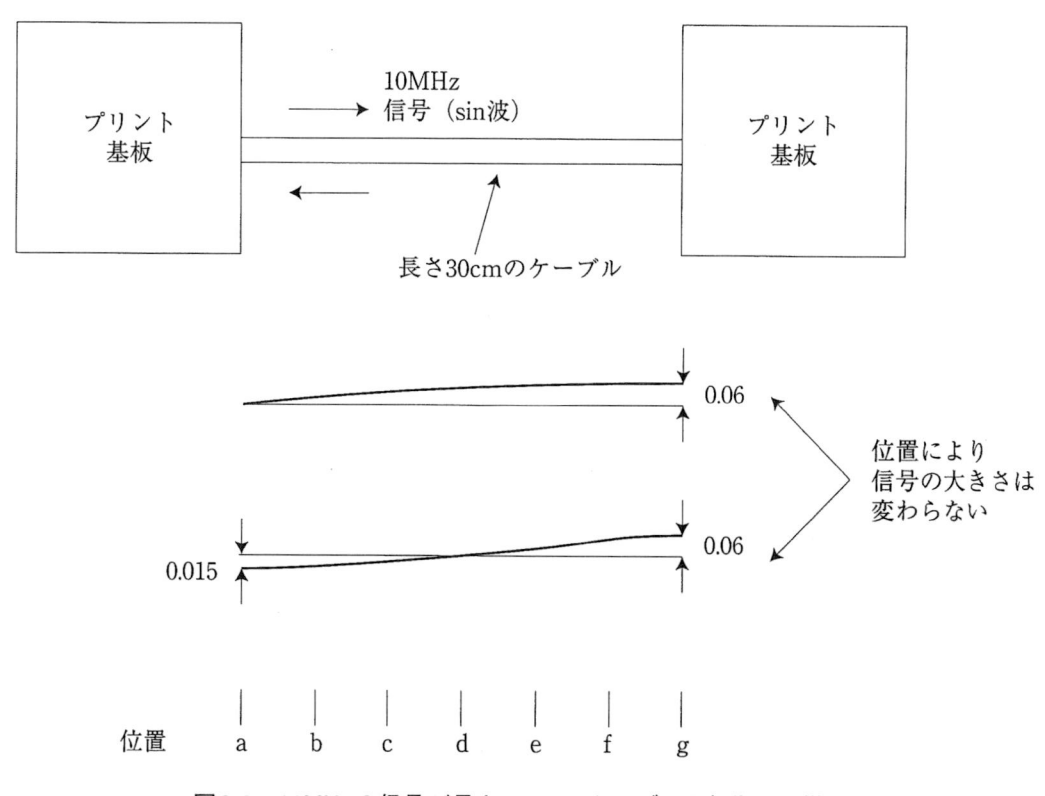

図2-8　10MHzの信号が長さ30cmのケーブルを伝搬する様子

2章 高周波とは

2.6 高周波と表皮深度との関係は

電流は周波数が高くなると、導体の中を一様に流れないで表面だけに流れるようになります。このことを表皮効果といいます。このように周波数が高くなると、導体の表面の電流密度が高くなる（電流が流れる部分の面積が少なくなる）ために導体表面の損失は増加します。導体の内部のどのくらいまでの深さまで電流が流れているかを表すものとして表皮の深さ（表皮深度）があります。この表皮深度 δ [m] は表面を流れる電流の値に比べてその大きさが $1/e$（≒ 0.36）になる点の表面からの距離を言います。

この表皮深度 δ は次の式で表すことができます。

$$\delta = \frac{1}{\sqrt{\pi f \mu \sigma}} = \sqrt{\frac{\rho}{\pi f \mu}}$$

ρ：導体の抵抗率 [$\Omega \cdot$ m]、σ：導体の伝導度（$1/\rho$）、
μ：導体の透磁率（$= \mu_r \cdot \mu_0$）、伝送する信号の周波数 f [Hz]

この式から表皮深度は導体の抵抗率が低いほど小さく、また周波数が高いほど小さく、透磁率が高い（磁性体）ほど小さくなることです。誘電体には電流が流れないので誘電率には無関係となっています。

例 表皮深度 δ の計算。

導体が銅のプリントパターンの場合（通常、銅箔の厚みは 18μm または 35μm）銅の抵抗率 $\rho = 1.72 \times 10^{-8}$ [$\Omega \cdot$ m]、比透磁率 $\mu_r = 1$ であるから透磁率 $\mu = 4\pi \times 10^{-7}$ [H／m]、周波数 f [MHz] として表せば、等価的な導体の層の厚さである

表皮深度 δ は、

$$\delta = \sqrt{1.72 \times 10^{-8}} / \sqrt{\pi f \times 10^6 \times 4\pi \times 10^{-7}} \text{ [m]}$$

$$= \frac{0.066}{\sqrt{f}} \text{ [mm]}$$

50Hz の信号を伝送する場合　$\delta = 9.3$ mm
1kHz の信号を伝送する場合　$\delta = 2.08$ mm
10MHz の信号を伝送する場合　$\delta = 20.8\mu$m
100MHz の信号を伝送する場合　$\delta = 6.6\mu$m
1GHz の信号を伝送する場合　$\delta = 2.08\mu$m

プリントパターンの銅箔の厚みを 18μm とすれば、10MHz の信号はすべての厚さまで、100MHz の信号は表面から 1/3 のところに電流の 6 割くらいが流れることになります。

図 2－9 は周波数 f [MHz] と表皮深度 δ [μm] の関係をグラフで表したものです。

〔ポイント〕
・表皮深度 δ は導体の抵抗率 ρ と導体の透磁率 μ と信号の周波数 f に関係する
・表皮深度 δ は伝送する周波数 f の平方根に反比例する。
・銅箔の厚みが表皮深度 δ の 2 倍もあれば必要なほとんどの電流を流すことができます。

2.6 高周波と表皮深度との関係は

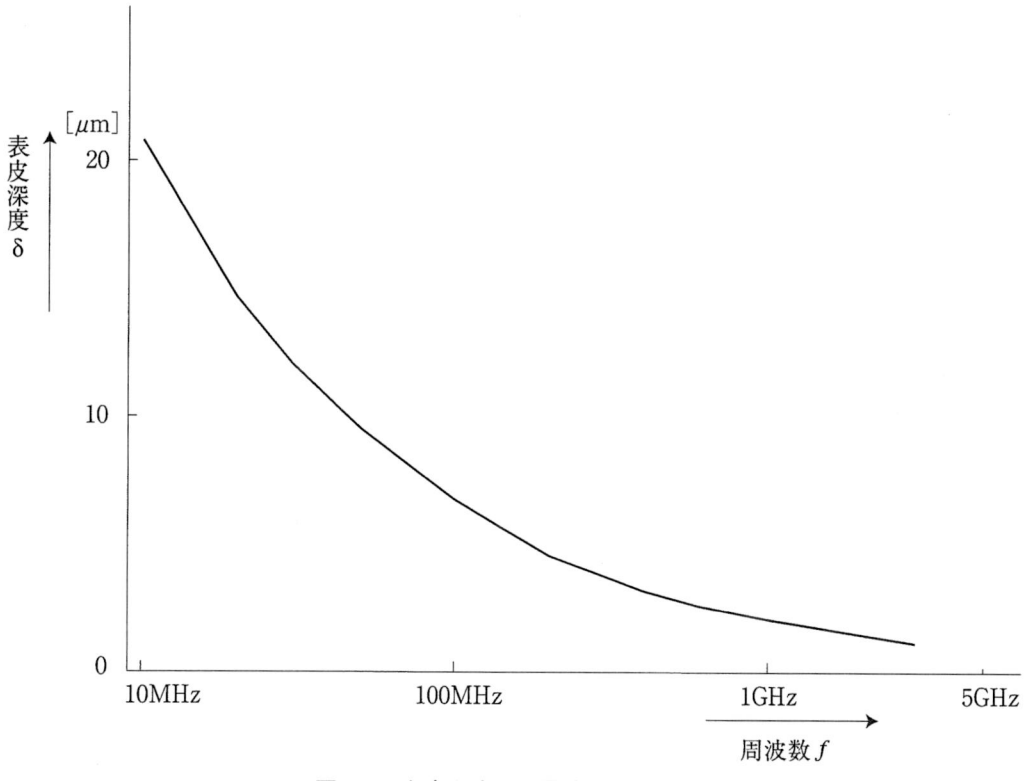

図2-9 表皮深度δと周波数fの関係

3章
高周波における電子部品の特性の変化

　デジタル回路で使用するパルスに含まれる周波数スペクトラム、高周波になると電子部品の性能が変化すること、それぞれの受動部品（抵抗、コンデンサ、インダクタなど）の特性の変化について実測のデータを通して理解します。

3章 高周波における電子部品の特性の変化

3.1 デジタル回路で使用するパルスの周波数スペクトラム

(1) 正弦波とパルスの違い

アナログ回路では正弦波（sin）の信号を扱う場合もあるが、この正弦波信号以外の信号をパルスと呼んでいます。パルスには**図3－1**に示すような矩形波、三角波や台形波があります。デジタル回路では、クロックとしてほとんどの場合が矩形波のようなパルス信号が用いられています。このパルス信号は通常デューティ比（duty：パルスのHi（ハイ）レベルとLo（ロー）レベルの期間の比率をいう。デューティ比50％とはHiレベルの期間とLoレベルの期間が等しい）が50％や25％となっています。

図3－2に示すような理想（ひずみがない）の正弦波の周波数スペクトラムは正弦波の周波数に相当するf_0のみの成分です。これに対してパルスは周期T_0に相当する周波数f_0（基本波という）と2倍の周波数（2次高調波）$2f_0$、3倍の周波数（3次高調波）$3f_0$、それ以上の高次（nf_0）の周波数のスペクトラムを含んでいます。

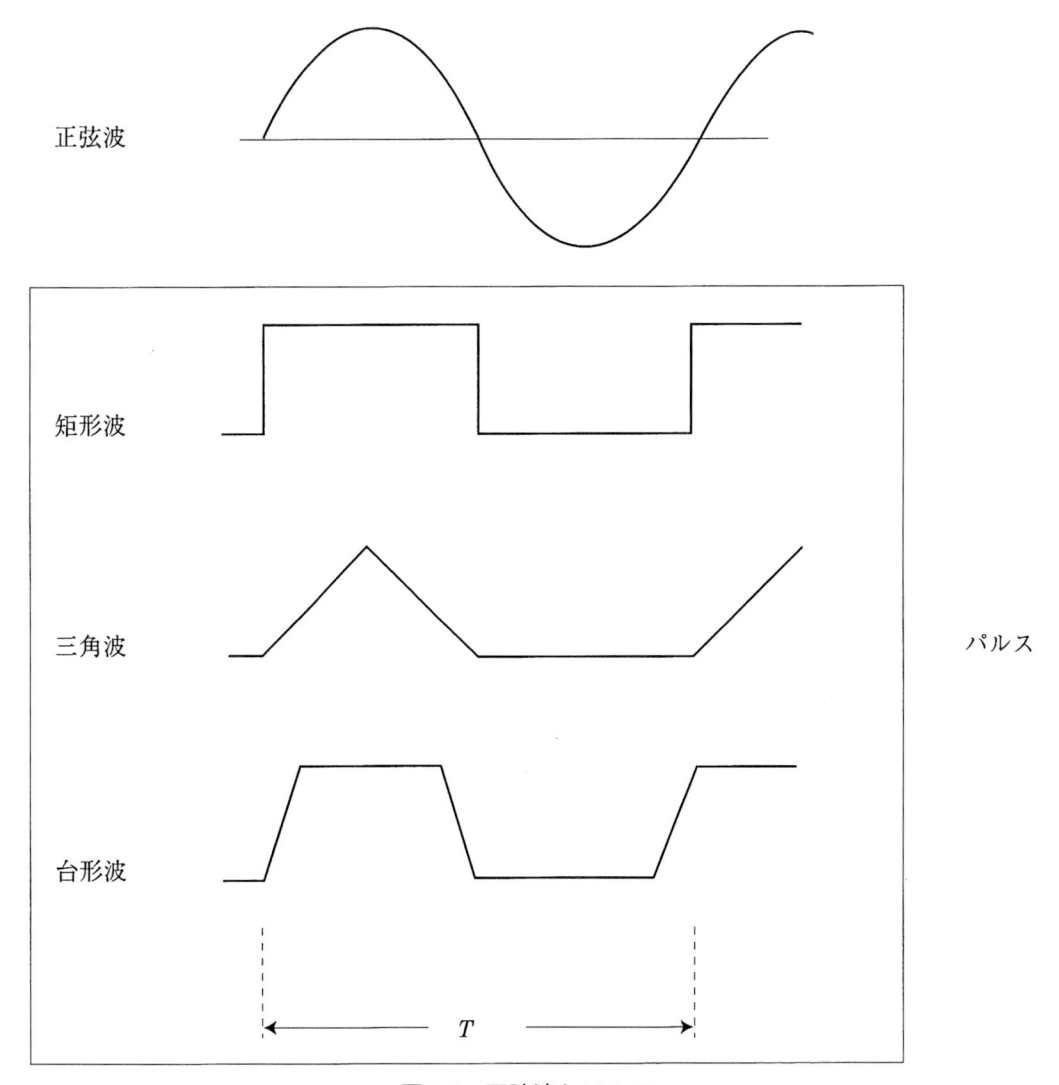

図3-1　正弦波とパルス

3.1 デジタル回路で使用するパルスの周波数スペクトラム

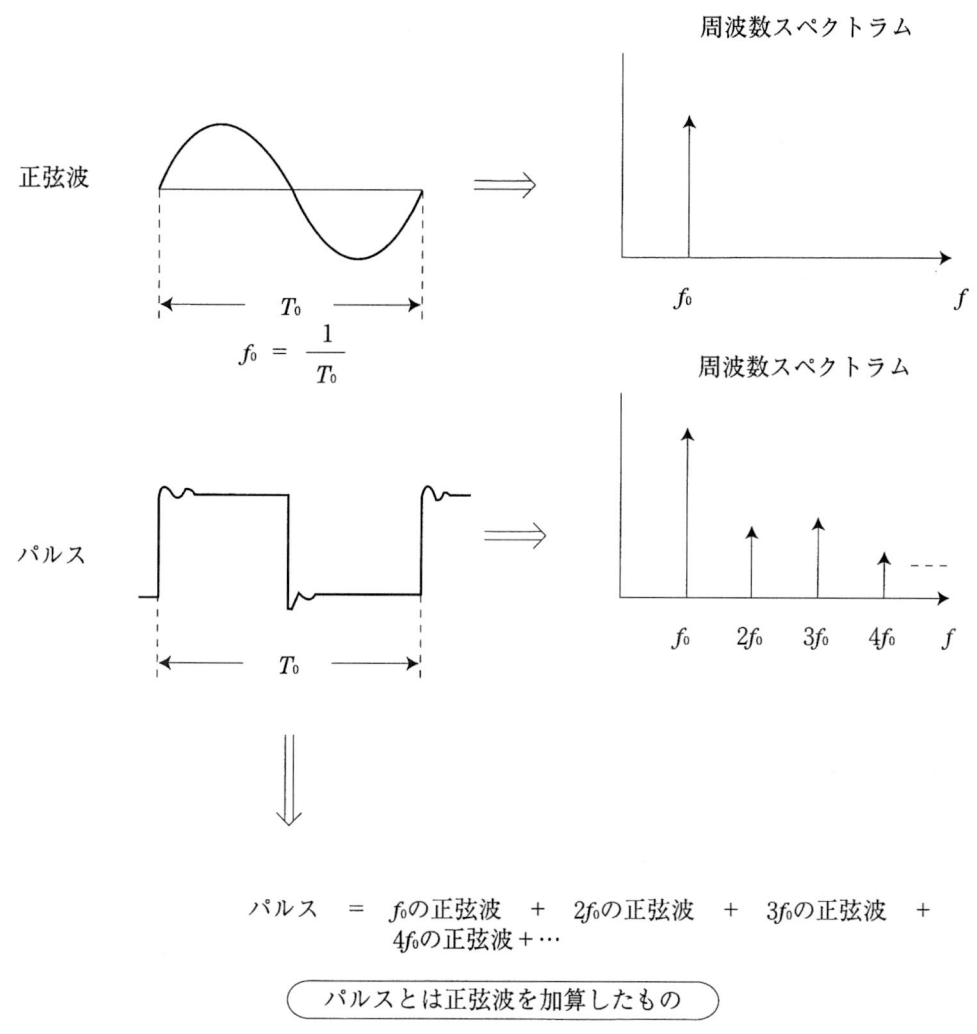

図3-2 正弦波とパルスの周波数スペクトラム

パルス ＝ f_0の正弦波 ＋ $2f_0$の正弦波 ＋ $3f_0$の正弦波 ＋ $4f_0$の正弦波＋…

パルスとは正弦波を加算したもの

(1) パルスの周波数成分はどのように表せるか
①台形波の周波数成分

　台形波は**図3-3**(a)に示すように、周期T、振幅A、波形の立上りと立下りの傾きαを持っています。

　この台形波は、デジタル回路で使用されるクロックである矩形波の立上りと立下りがなまった（立上りと立下りの時間が長い）波形であると考えることができます。

　実際のデジタル回路で使用するクロックは立上りゼロの矩形波ではなく、ある有限な立ち上がり時間をもった台形波となります。このことはパルスが高速（周波数が高くなる）になると、IC内部の回路や信号を伝送する回路の周波数特性により、どうしても波形のなまりを生じて台形波に似たものとなってしまいます。あまりなまりすぎると正弦波に近くなってしまいます。

　この台形波のスペクトラムをフーリエ級数（第9章参照）に展開すると、次のような式が得られます。

$$y(\omega t) = \frac{2A}{\pi\alpha}(\sin\alpha\sin\omega t + \frac{1}{3^2}\sin3\alpha\sin3\omega t + \frac{1}{5^2}\sin5\alpha\sin5\omega t + \cdots\cdots) \text{----------- 式 (3.1)}$$

②矩形波の周波数成分

矩形波はパルスの立上り時間をゼロとした理想的なパルスです。図3-3(a)に示す台形波の立上り時間αを0にすると、図3-3(b)に示すような矩形波を得ることができます。

すなわち、式(3.1)を次のように変形して、

$$y(\omega t) = \frac{2A}{\pi}(\frac{\sin\alpha}{\alpha}\cdot\sin\omega t + \frac{1}{3}\cdot\frac{\sin3\alpha}{3\alpha}\cdot\sin3\omega t + \frac{1}{5}\cdot\frac{\sin5\alpha}{5\alpha}\cdot\sin5\omega t + \cdots\cdots)$$

$\alpha \longrightarrow 0$にすると、$\lim\frac{\sin\alpha}{\alpha} = 1$、$\lim\frac{\sin3\alpha}{3\alpha} = 1$、$\lim\frac{\sin5\alpha}{5\alpha} = 1$ となるから

$$y(\omega t) = \frac{2A}{\pi}(\sin\omega t + \frac{1}{3}\cdot\sin3\omega t + \frac{1}{5}\cdot\sin5\omega t + \cdots\cdots) \text{----------式 (3.2)}$$

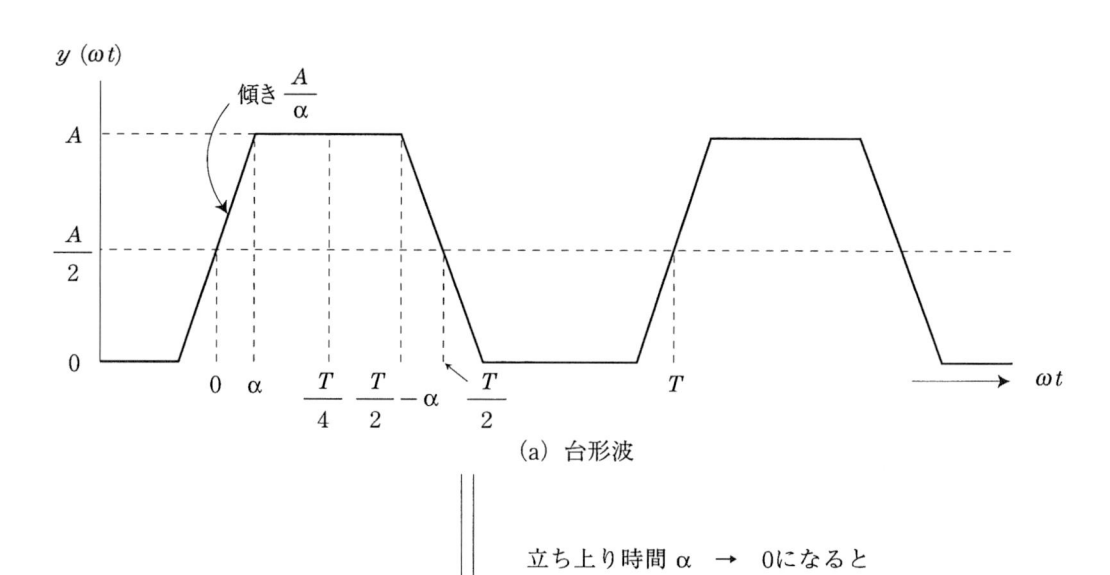

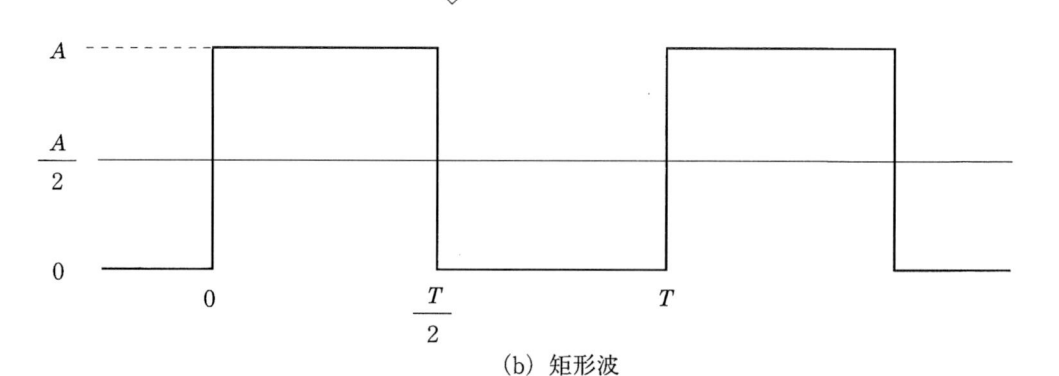

(a) 台形波

立ち上り時間 α → 0になると

(b) 矩形波

図3-3 台形波と矩形波

となり、矩形波のフーリ級数の展開式が求まります。
　台形波と矩形波のスペクトラムの大きさを比較して表すと**図3－4**のようになります。
　この図から矩形波のスペクトラムに比べて、台形波のスペクトラムの方が小さくなっていることがわかります。このことから台形波のように波形をなまらせること（αを大きくする）が、波形の持つスペクトラムの大きさを低減させることになります。よくEMI対策で波形をなまらせると良くなる理由はここにあります。

〔ポイント〕
・実際と理論ではスペクトラムのレベルに大きな違いがあります。すなわち、式（3.2）では偶数次（2次、4次、6次、……）の高調波が0です。このことは図3－3に示す矩形波の波形が理想的で、つまりdutyが50％、信号の立上り時間が限りなく0に近い、リプルやリンギングなどがない場合です。
・矩形波では偶数次のスペクトラムはゼロとなっていますが、実際の回路では理想的な波形が得られません。
・台形波では矩形波に比べて、スペクトラムの大きさが小さくなっています。

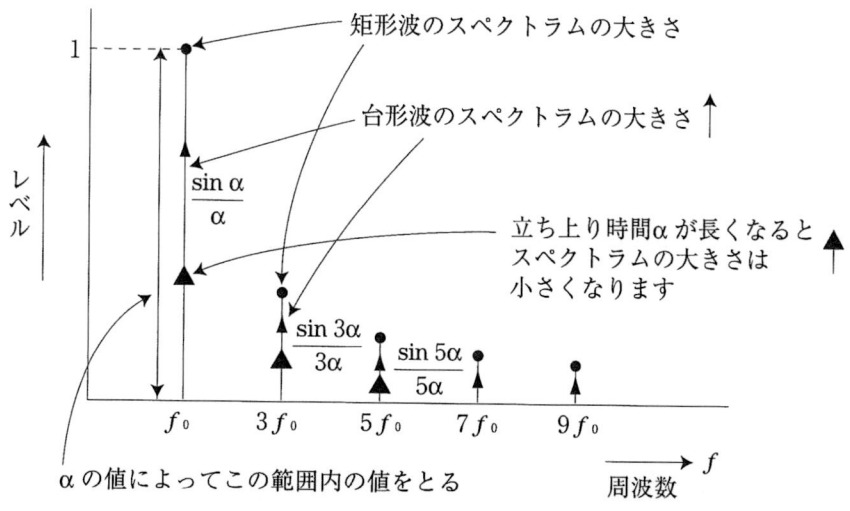

図3-4　矩形波と台形波のスペクトラムの大きさの比較

3章 高周波における電子部品の特性の変化

3.2 パルスとは周波数の異なる正弦波信号を加算したものである

(1) パルスは周波数の異なる正弦波の集まり

　パルスが正弦波信号の集まりであることを確認してみます。図3−5にはパルスの周期に等しい正弦波（基本波と呼ぶ）とその正弦波の1／3の周期で大きさが1／3の正弦波（第3次高調波）、1／5の周期で大きさが1／5の正弦波（第5次高調波）が示されています。基本波と第3次の高調波を加算すると元の波形にかなり近くなることがわかります（図3−5（a））。このことは1次から3次までの周波数成分を通過させ、5次以降の次数の高調波をカットするような回路を通過させた場合が相当します。

　さらに図3−5（b）では5次の高調波まで加算することにより、かなりもとの波形に近くなることがわかります。これは7次以降の高調波を加算していないために、合成された波形にはまだ多くのリプルを含んでいます。

　図3−6に示すように伝送パターンや増幅器のような回路にパルスを加えて、その出力波形を観察することは、パルスと同じ周波数の基本波、3倍の周波数（3次の高調波）、5倍の周波数（5次の高調波）、n倍の周波数（n次の高調波）の正弦波信号をそれぞれ別々に印加し、出力された信号をそれぞれ合成したものと同じであると考えることができます。

　したがって次のようなことが重要となります。

・パルスを伝送することは、1つひとつの正弦波信号に対する回路の応答を考えなければならない

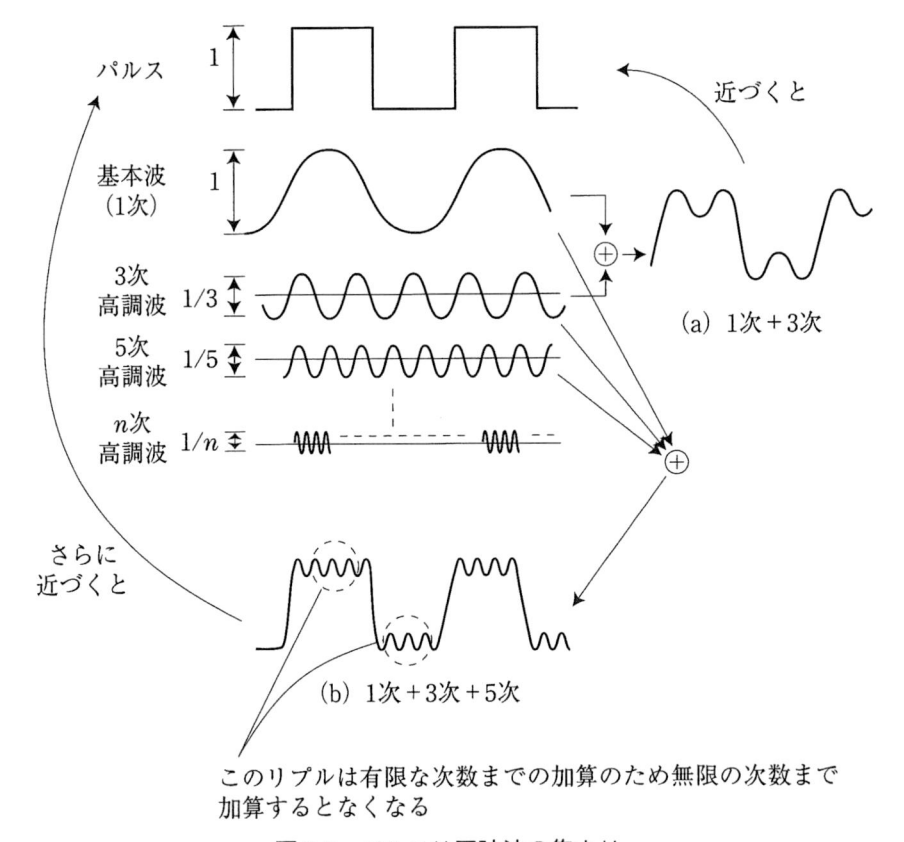

図3-5　パルスは正弦波の集まり

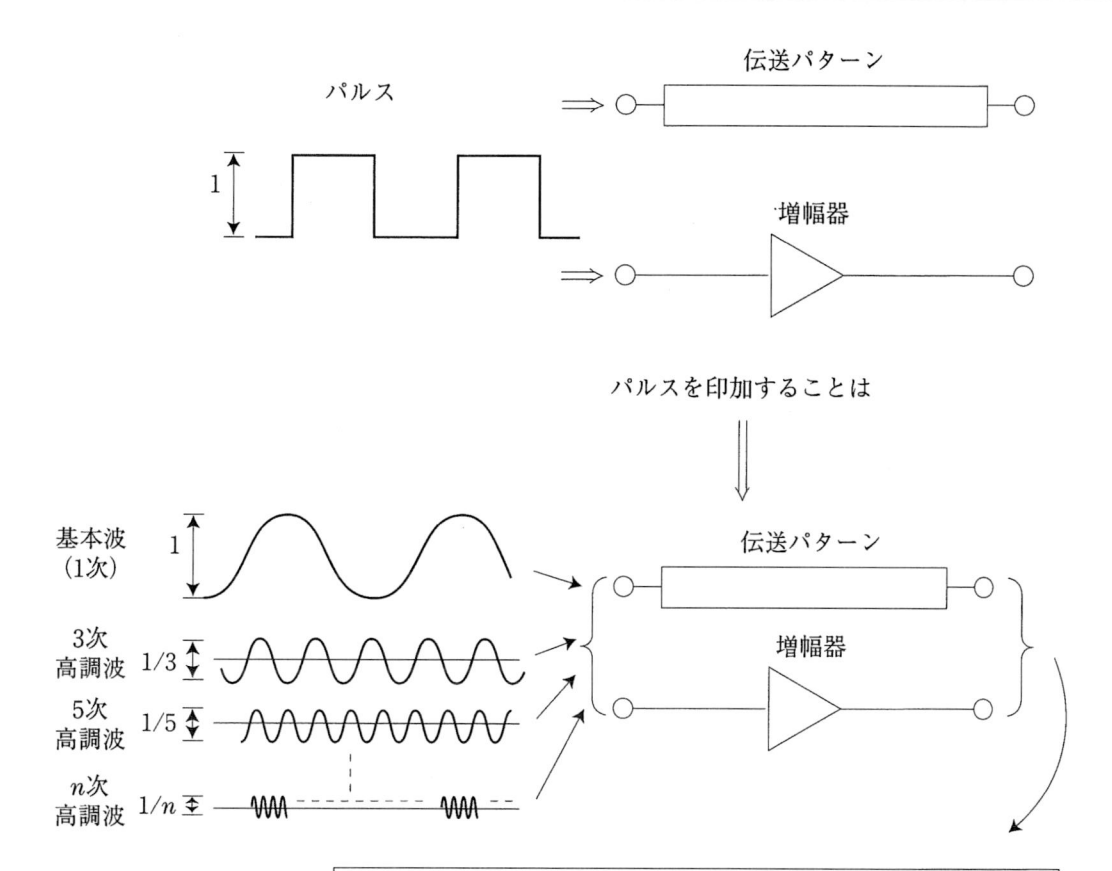

3.2 パルスとは周波数の異なる正弦波信号を加算したものである

図3-6 回路にパルスを印加する

基本波（1次）、3次の高調波（3倍の周波数）、5次の高調波（5倍の周波数）…n次の高調波（n倍の周波数）をそれぞれ別々に加えて出力側で合成することである

・パルス信号を伝送させるためには広帯域な伝送路、つまり周波数の高い正弦波を通過させることが必要となる

(2) パルスの波形が変化することはどういうことか

　図3－7には、矩形波に含まれる第3高調波V_3の位相、振幅が変化したときの基本波と第3高調波成分を合成したときの様子を示しています。図では矩形波の基本波成分としてV_1を、第3高調波成分としてV_3を示しています。このV_1とV_3を合成したものを（e）にV_1+V_3として点線で示しています。第3高調波V_3の位相が90度遅れた波形を（c）に$V_3（90°）$として示しています。
　また第3高調波V_3に対して、振幅が2倍に変化したものを$2V_3（90°）$として（d）に示しています。同図（e）には、基本波V_1と第3高調波が90度遅れた場合の合成波を$V_1+V_3（90°）$として実線で示しています。さらに第3高調波の位相が90度遅れて2倍に変化したものと、基本波V_1との合成波を$V_1+2V_3（90°）$として同図（f）に示しています。これらのことから、第3高調波の位相や振幅が変化したときの合成波は、（e）の点線で示す元の波形（V_1+V_3）に比べて大きく変化することがわかります。

3章 高周波における電子部品の特性の変化

　このように、パルスの高調波成分の位相や振幅が変化したときには、伝送された信号の波形は元の信号波形に比べて、大きく変化してしまうことがわかります。このことが、信号の品質に悪影響を与えることになります。

〔ポイント〕
- パルスとは周波数の異なる正弦波信号の集まりです。この1つひとつの高調波がうまく伝送されないと、出力されたパルスの波形に影響します。
- パルスを取扱う場合に、パルスに含まれる高調波成分を考えることが必要となります。
- パルスに含まれている周波数成分の正弦波の大きさと位相が変化すると、元のパルス波形は変化します。
- この波形に変化を与える要因には、伝送路の周波数特性、位相特性、伝送信号のインピーダンスミスマッチング等があります。これらの特性によって高次の周波数の正弦波の振幅特性と位相特性が変化します。

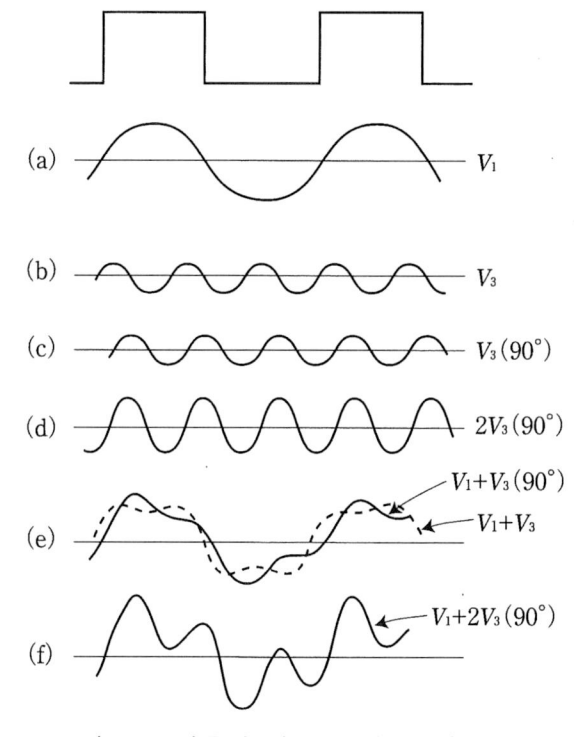

図3-7　パルスに含まれる高周波の位相と振幅が変化したときの合成波

3.3 パルスの立上り、立下りに含まれる周波数成分はどのくらいか

(1) $fc\,[\mathrm{MHz}] = \dfrac{0.35}{t_r[\mu s]}$ の関係

通常プリントパターンやICを含めた伝送回路は、プリントパターンの抵抗成分RとプリントパターンがGNDに対して持つ容量成分と、信号が伝送する次段ICの入力容量（例えばCMOSでは5pF）の合計した容量Cからなるので、図3－8に示すようにRとCの積分回路で構成されています。また増幅器などの回路も基本的には抵抗Rと入力容量Cがあり、積分回路で表すことができます。

入力信号の大きさがAの単位ステップ信号がこの積分回路に入力されたときに、その応答を$V(t)$とすれば次のように表すことができます。

$$V(t) = A\left(1 - e^{-\frac{1}{CR}}\right) \quad \text{………………} \quad 式(3.3)$$

ここで信号の立上り時間t_rとの関係を求めると、立上り時間は振幅Aの10％から90％までの時間で定義されているので、式(3.3)から$V(t)$が0.9Aになる時間t_1と0.1Aになる時間t_2を求めて$t_2 - t_1$を計算すると、信号の立上り時間t_rは、$t_r = t_2 - t_1 = 2.2CR$となります。

次にこの積分回路の伝達関数は入力信号V_iに対する出力信号V_oの関係で表すことができるから次のようになります。

$$V_o / V_i = \dfrac{\dfrac{1}{j\omega C}}{\left(R + \dfrac{1}{j\omega C}\right)} = \dfrac{1}{1 + j\omega CR}$$

この式より振幅(V_o/V_i)が3dB$\left(=\dfrac{1}{\sqrt{2}}\right)$低下したところのカットオフ周波数を$fc$（周波数帯域）とすれば、$fc = \dfrac{1}{2\pi CR}$となるので、この式に上記で求めた$t_r = 2.2CR$を代入して、カットオフ周波数$fc$と信号の立上り時間$t_r$との関係を求めると、$fc = \dfrac{0.35}{t_r}$となります。

立上り時間t_rの単位を$[\mu s]$で表せば、カットオフ周波数fcの単位は$[\mathrm{MHz}]$となります。図3－8に示すように、このカットオフ周波数fcは6dB低下まで考えると、1.5fc、9dB低下では2fcとなります。

今パルスの立上り時間を1.5nsとすれば、この信号には233MHzまでの正弦波（高調波成分）を含んでいることになります。

パルスを伝送させる伝送回路の周波数特性や位相特性によって、あるパルスに含まれる高調波の振幅が変化します。また伝送回路の位相特性によって高調波の位相が進んだり、遅れたりすることが考えられます。このような場合には、元の信号は図3－7で示したようにその大きさや形まで変化してしまいます。また後述しますが、伝送回路が分布定数回路となって適切な処理をしないと、信号の反射が発生してパルス波形が変化してしまいます。

3章 高周波における電子部品の特性の変化

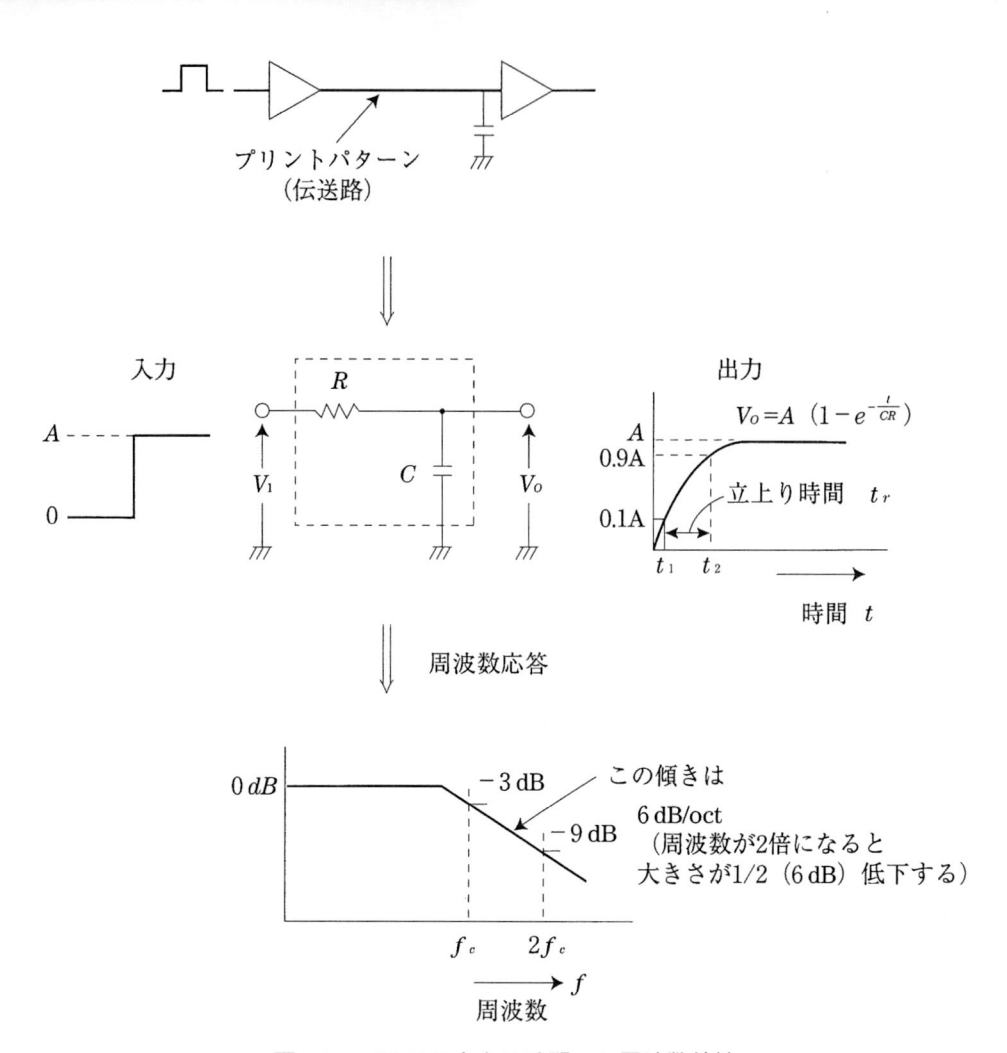

図3-8 パルスの立上り時間 t_r と周波数特性

3.4 高周波における電子部品の性能

(1) 高周波になると電子部品の性能が変わる

　高周波になると、電子部品の形状や構造によって通常の回路図では値を定めることができないストレーキャパシティ（ストレーキャパシティとは部品の構造や部品のプリント基板への実装状態によって発生してしまう浮遊容量）やストレーインダクタンス（線の長さがあることによって生じる浮遊インダクタンス成分）、長さと太さによって決まるストレー抵抗が付加されます。電子部品の周波数特性とは、抵抗であれば周波数を変化させたときの抵抗の値の変化、コンデンサやインダクタであれば、そのインピーダンスの値の変化、トランジスタであればその増幅度やhパラメータ（例えば、入力インピーダンスh_{ie}、電流増幅度を示すh_{fe}など）などの変化です。この変化する特性には、コンデンサやインダクタのインピーダンス特性や増幅器（増幅器はIC、トランジスタ、抵抗、コンデンサ、インダクタなどからなっている）であれば、ゲイン特性や位相特性となります。

　電子部品には、上記のような浮遊成分があるために周波数が高くなると電子部品の周波数特性が変化することになります。プリント基板では周波数が高くなるプリントパターンの配線のインダクタンス、パターンとパターン間のストレーキャパシタンス、パターンとGND間の容量などによってプリントパターンの周波数特性が変化します。

　このように周波数が高くなると形状や構造、電子部品の実装状態に起因して存在するストレーキャパシティやストレーインダクタンスの影響が無視することができなくなります。電子部品が小型、軽量、低背化され、高密度実装がされる方向では、高周波での特性はこれらの浮遊成分は小さくなり、性能の低下という面では有利となります（図3-9 (a)）。

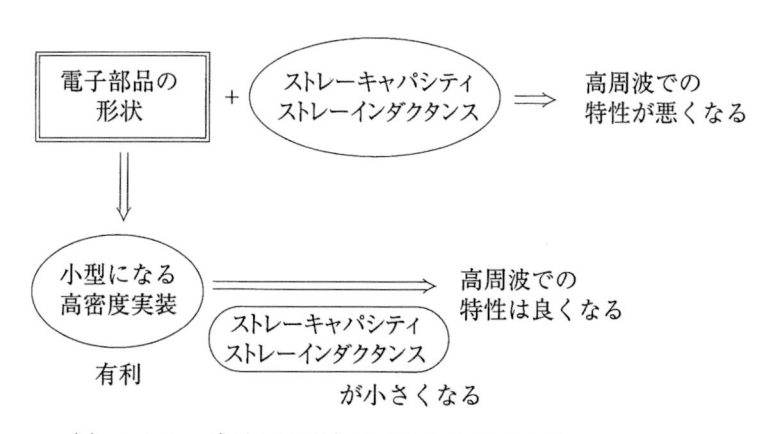

(a) ストレー成分が小型化になると少なくなる

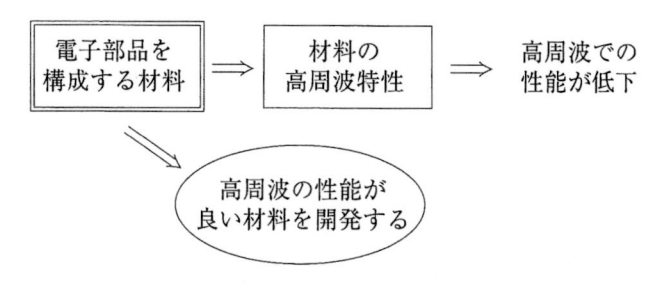

(b) 高周波特性の良い材料の開発

図3-9　高周波における特性を決めるストレー成分と材料の特性

3章 高周波における電子部品の特性の変化

(2) 電子部品を構成する材料の特性の性能の低下

図3-9(b)に示すようにもう1つの面として、周波数が高くなると部品を構成する材料自体の周波数特性も考えなくてはなりません。たとえば、抵抗やインダクタンスであればその材質やコンデンサ、プリント基板であればコンデンサやプリント基板を構成している誘電体の高周波における比誘電率ε_rの性能があります。この比誘電率ε_rの値が変化していくと誘電率ε（$\varepsilon = \varepsilon_0 \cdot \varepsilon_r$）が変化してコンデンサの値が変わり、インピーダンス特性やプリントパターンの特性インピーダンス（第5章5.5）の値が変化していくことになります。また、今後の高周波化への対応と電子部品の技術の方向性を示すと図3-10のようになることが考えられます。

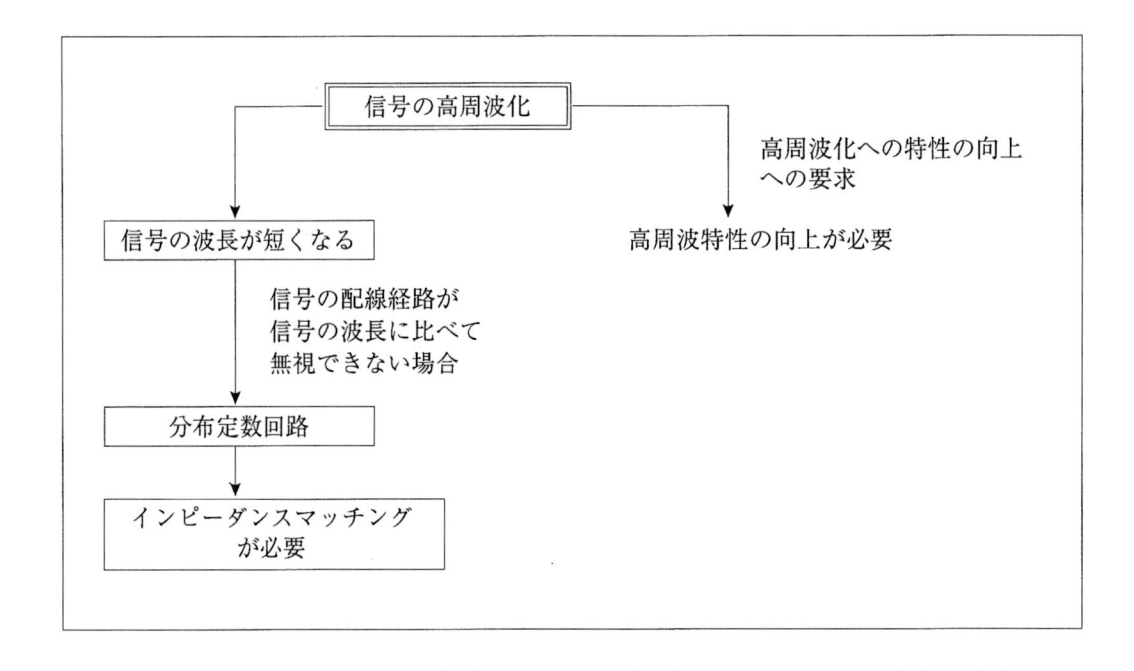

```
           ┌─────────────┐
           │ 信号の高周波化 │
           └──┬──────┬───┘
              │      │
              ▼      ▼
     ┌──────────────┐   高周波化への特性の向上
     │信号の波長が短くなる│    への要求
     └──────┬───────┘
            │        高周波特性の向上が必要
      信号の配線経路が
      信号の波長に比べて
      無視できない場合
            │
            ▼
     ┌──────────┐
     │ 分布定数回路 │
     └─────┬────┘
           ▼
   ┌────────────────┐
   │インピーダンスマッチング│
   │    が必要       │
   └────────────────┘
```

（高周波になると信号の波長と信号が伝送する回路の大きさの関係が重要）

――――――――――――――――――――――
電子部品技術の方向性

・小型化、低背化、軽薄・軽量化による高密度実装への対応
・電子部品の特性を高周波まで伸ばすために小型化して、浮遊容量、浮遊インダクタンス成分を低減
・従来の材料の限界から新規材料に変更することによる高周波特性の向上
・従来の能動部品や受動部品をプリント基板に複合搭載して高周波での性能を向上
――――――――――――――――――――――

図3-10 信号の高周波化への対応と電子部品の技術の方向性

3.5 抵抗の高周波特性

(1) ストレーインダクタンスによる影響

抵抗の周波数特性は周波数が低いときには、図3-11に示すように周波数が変化しても抵抗の値は一定です。ところが周波数が高くなっていくと抵抗の構造や形状によって、ストレーキャパシティCsや有限な長さを持つことによるストレーインダクタンスLsが生じて、図3-12 (a) に示すように、抵抗に直列にインダクタLsが加わった回路ができてしまいます。ここでストレーインダクタンスLsを1cmあたり10nH（10nH／cm）とすれば、1mmあたりのストレーインダクタンスの値は1nHとなります。

1GHzの信号に対するストレーインダクタンスによるインピーダンスZsを求めてみると、$Zs = 2\pi f Ls = 2\pi \cdot 1 \times 10^9 \times 1 \times 10^{-9} = 6.28\Omega$ となります。

抵抗値Rが10Ωであるとすれば、1GHzの信号では10Ωと6.28Ωが直列になることになり、合成されたインピーダンスZは 10 + j6.28 ［Ω］（インピーダンスの大きさ |Z| = 11.8Ω）となります。Rが100Ωであれば合成されたインピーダンスZは 100 + j6.28 ［Ω］（|Z|= 100.2Ω）となり、抵抗値が小さいほどストレーインダクタンスによる影響が大きくなってきます。

(2) ストレーキャパシタンスによる影響

一方ストレーキャパシティCsについてチップ抵抗で、たとえば1pFあったとすれば、同じく1GHzに対するインピーダンスは、

$$Zs = 1/j2\pi f Cs = 1/j(2\pi \times 1 \times 10^9 \times 1 \times 10^{-12}) \fallingdotseq \frac{160}{j}\Omega$$

となります。したがって、1GHzにおけるインピーダンスの大きさは、10Ωとこの $\frac{160}{j}\Omega$ が並列に接続されたものとなり約9.9Ωとなります。このくらいの抵抗値ではストレーキャパシタンスの影響はほとんどありませんが、抵抗値が大きくなっていくとストレーキャパシティによる影響は大きくなります。抵抗の大きさを1kΩとしてストレーキャパシティの大きさを同じとすれ

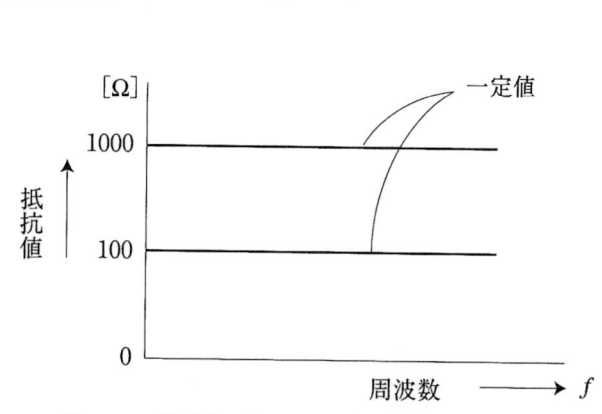

図3-11 周波数が低いときの抵抗値の特性

3章 高周波における電子部品の特性の変化

(a)

周波数が高くなると

1kΩであるのは160MHzまででそれ以上の周波数では1kΩ以下の値となる

抵抗値が大きくなると周波数特性が悪くなる

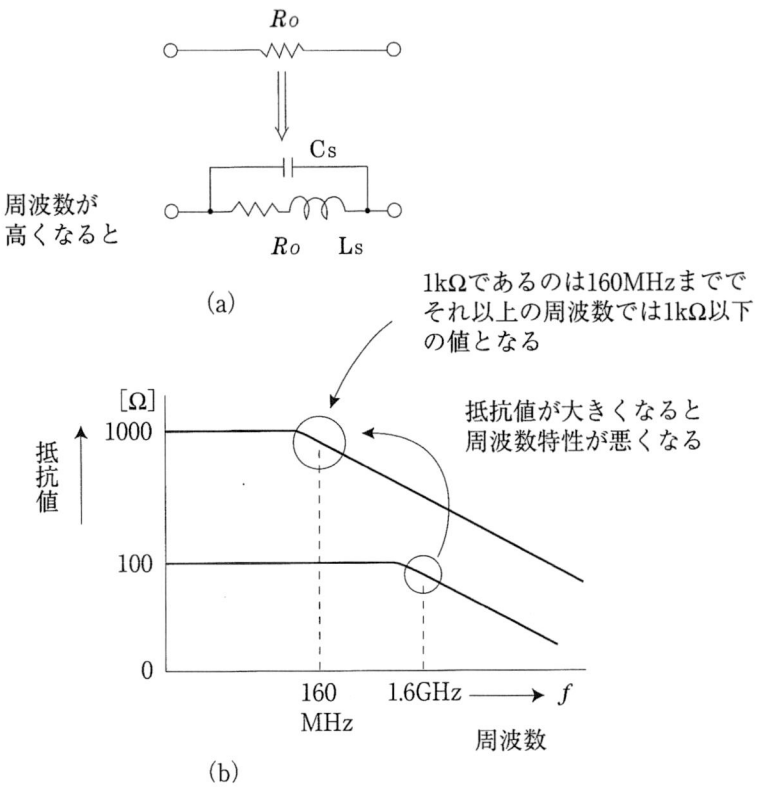

(b)

図3-12 周波数が高いときの抵抗値の特性

ば、このときの合成されたインピーダンスの大きさは、1kΩと $\dfrac{160}{j}$ Ωが並列になるために約158Ωとなります。このように合成されたインピーダンスは、ストレーキャパシティによって大きく影響を受けます。

ストレーインダクタンス L_s による影響を無視して考えると、抵抗にコンデンサが並列に加わった場合は、抵抗の周波数特性は**図3-13**(a)のようになり、抵抗値が大きくなるほど周波数特性（$f = \dfrac{1}{2\pi C_s R}$）が低下していくことがわかります。図3-13(b)には4.7kΩチップ抵抗の500MHzまでのインピーダンスの周波特性（実測値）を示しています。今、図3-13(a)に示す回路のインピーダンス Z を計算で求めてみると、抵抗 R とコンデンサ C_s の並列回路であるから次のようになります。

$$Z = R // \dfrac{1}{j\omega C_s} = \dfrac{R \dfrac{1}{j\omega C_s}}{(R + \dfrac{1}{j\omega C_s})} = \dfrac{R}{1 + j\omega C_s R}$$

これよりインピーダンス Z の大きさは、$|Z| = \dfrac{R}{\sqrt{1+(\omega C_s R)^2}}$ となります。

3.5 抵抗の高周波特性

したがって、インピーダンス $|Z|$ が $1/\sqrt{2}$（3dB低下 = 20log0.5）となるのは、$\omega C_s R = 1$ のときです。このときの周波数 fc（カットオフ周波数と呼ぶ）は $fc = 1/2\pi C_s R$ となります。

〔ポイント〕
・高周波で使用する抵抗値はできるだけ小さいものを使うほうが有利となります。
・プリント基板に実装する状態によっても、このストレーキャパシティ C_s は異なります。

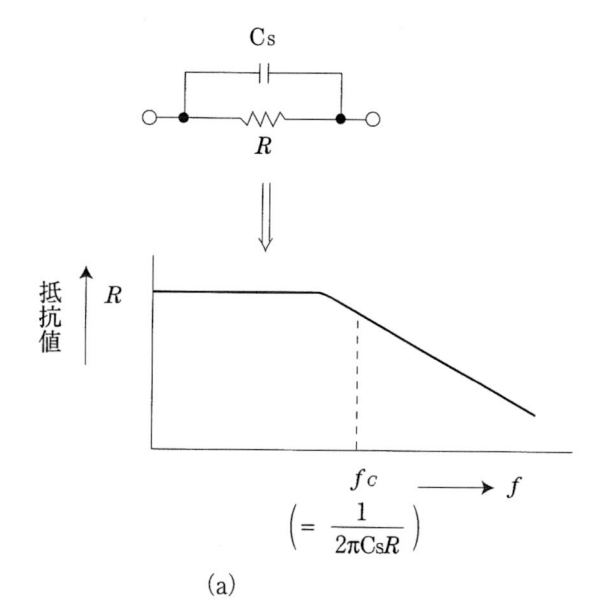

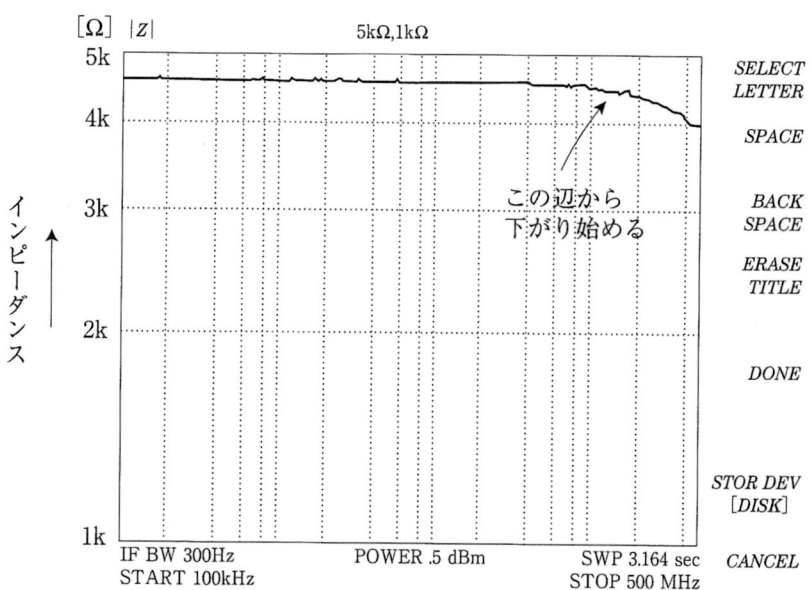

(a)

(h) 実測値（4.7kΩ）

図3-13 抵抗の周波数特性

3章 高周波における電子部品の特性の変化

3.6 インダクタの高周波特性

(1) ストレーキャパシタンスC_sによる影響

インダクタの周波数特性は周波数の増加とともに、インピーダンスが増加するため**図3-14**のように表すことができます。

10nHのインダクタの10MHzにおけるインピーダンスは$Z=j2\pi fL$から

$$Z = j2\pi \times 10 \times 10^6 \times 10 \times 10^{-9} \fallingdotseq j0.63 \ [\Omega]$$ となります。

ところが、周波数が高くなるとインダクタの構造や形状によってストレーキャパシティC_sが生じて、**図3-15**に示すようにインダクタLに並列にC_sが加わった回路ができてしまいます。今、インダクタLを10nHとして1GHzの信号に対するインピーダンスZ_Lを求めてみると、

$$Z_L = j2\pi fL = j2\pi \times 1 \times 10^9 \times 10 \times 10^{-9} \fallingdotseq j62.8 \ [\Omega]$$ となります。

一方、ストレーキャパシティC_sについてチップインダクタで、たとえば1pFあったとすれば同じく1GHzに対するインピーダンス$Z_s = \dfrac{1}{j2\pi fC_s} \fallingdotseq \dfrac{160}{j} \ [\Omega]$ となります。合成されたインピーダンスZは$j62.8\ [\Omega]$と$\dfrac{160}{j}\ [\Omega]$が並列に接続され$j103.3\ [\Omega]$（大きさ103.3Ω）となります。つまり周波数が高くなるほど、ストレーキャパシティC_sによる影響を大きく受けることになります。

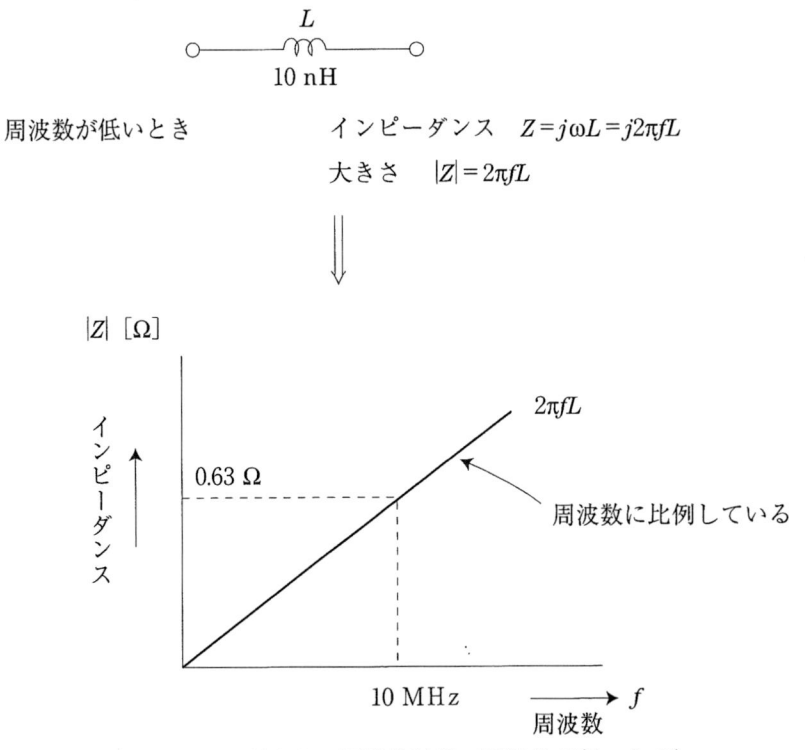

図3-14 インダクタの周波数特性（周波数が低いとき）

3.6 インダクタの高周波特性

(1) ストレー抵抗 R_s（リードを含めたインダクタ自体が持つ抵抗成分）による影響

今、ストレー抵抗 R_s はインダクタのリード部分やインダクタ自体の長さや太さ、材質によって決まる抵抗成分があり、これらの値は非常に小さい（$R_s<0.1Ω$）と考えられます。

したがって周波数が高くなると、ストレー抵抗成分はインダクタ L のインピーダンスに比べて無視できる値となり、図3-15で示す回路のようにインダクタ L とストレーキャパシティ C_s の並列回路となります。この回路の周波数特性を計算すると次のようになります。

$$Z = j\omega L / / (1/j\omega C_s) = \frac{j\omega L}{1-\omega^2 L C_s}$$

$$|Z| = \frac{\omega L}{1-\omega^2 L C_s}$$

ここで、$1-\omega^2 L C_s = 0$（$\omega = \frac{1}{\sqrt{LC_s}}$、$fr = \frac{1}{2\pi\sqrt{LC_s}}$ ：共振周波数という）のときには、Z が無限の大きさになることになりますが、実はインダクタ L にはわずかながら抵抗成分などがあるために Z の大きさは無限の大きさとはならず、有限の値となります。

22nHチップインダクタの500MHzまでのインピーダンス特性の実測値を図3-16（a）に示します。

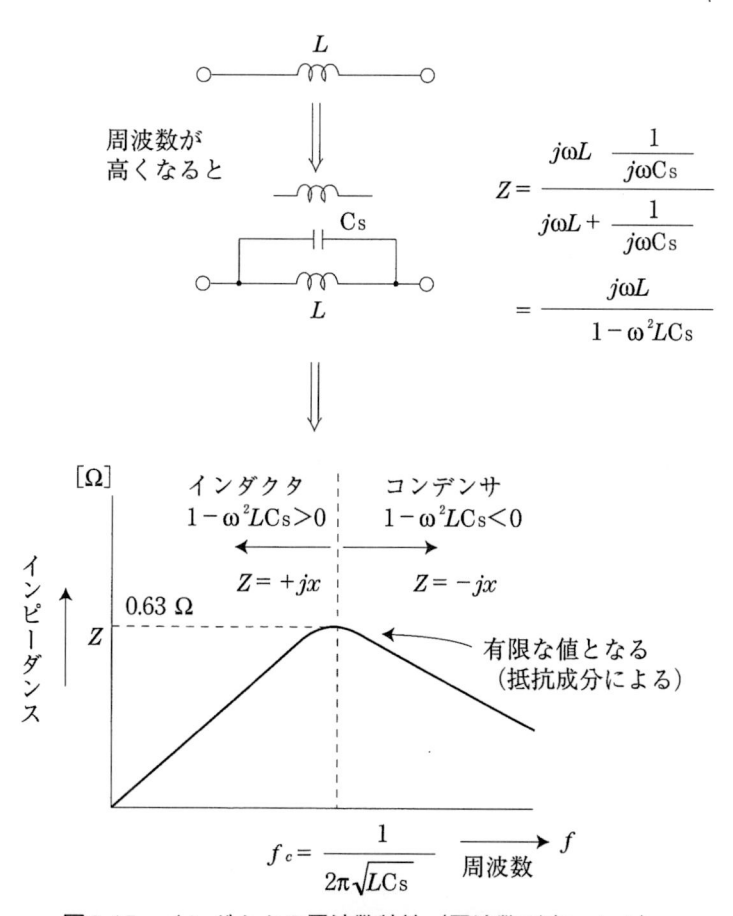

図3-15 インダクタの周波数特性（周波数が高いとき）

> **例** インダクタの周波数特性。
> 　ストレーキャパシティ C_s を1pFと固定して、インダクタ L の値が10nHと100nHのときの共振周波数 fr を求めてみます。
> 　$L=10$nHのときの共振周波数 f_1 は、$f_1 = \dfrac{1}{2\pi\sqrt{LC_s}} = \dfrac{1}{2\pi\sqrt{10\times10^{-9}\times1\times10^{-12}}}$
> $$\fallingdotseq 1.6\text{GHz}$$
> 　$L=100$nHのときの共振周波数 f_2 は、$f_2 = \dfrac{1}{2\pi\sqrt{100\times10^{-9}\times1\times10^{-12}}}$
> $$\fallingdotseq 503\text{MHz}$$
> 　これをグラフに表すと図3-16（b）のようになります。
> 　インダクタの値が大きいほど、この共振周波数は低くなりインダクタとしてのインピーダンス特性が悪くなります。

〔ポイント〕
・インダクタにはストレーキャパシタンスがあるために、インピーダンスが最も低くなる周波数が存在します。
・インダクタを使用する場合は周波数特性（共振周波数が高く）が良いものを選びます。

3.6 インダクタの高周波特性

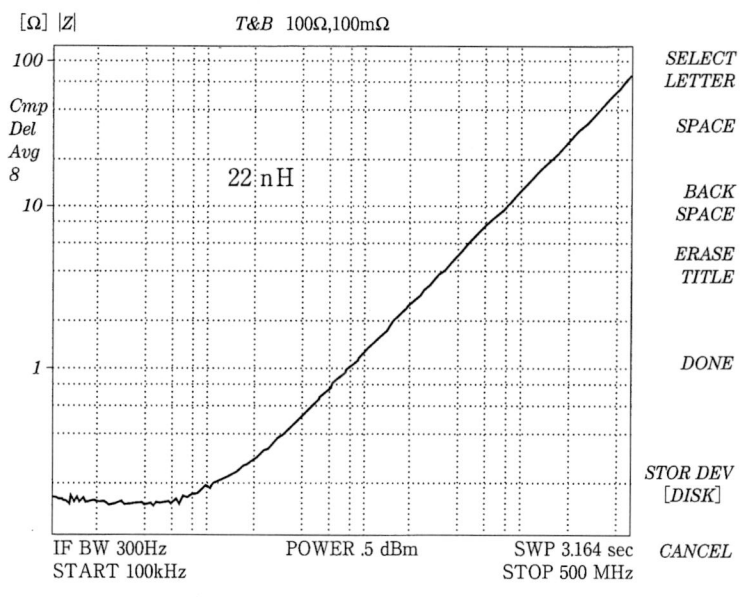

(a) 22nHのインダクタの実測値

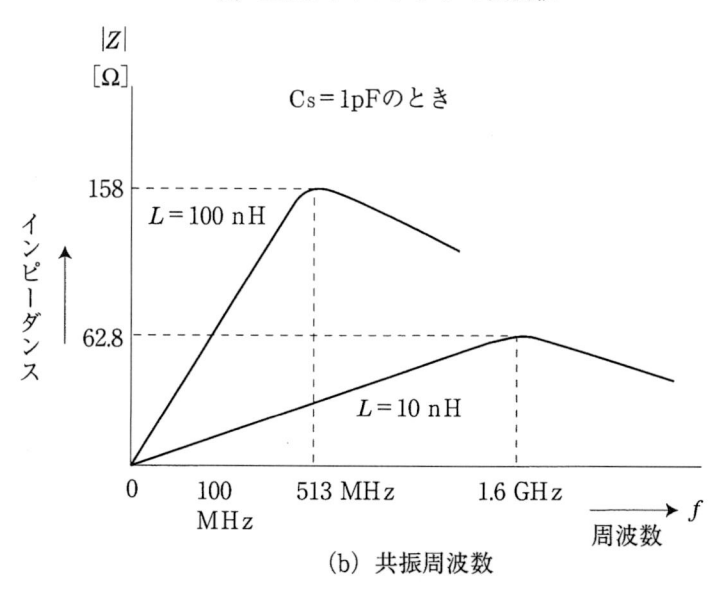

(b) 共振周波数

図3-16 インダクタの値を変えたときのインピーダンス特性

3章 高周波における電子部品の特性の変化

3.7 コンデンサの高周波特性

コンデンサ C のインピーダンス特性を図3−17に示します。
コンデンサのインピーダンス Z は $Z=\dfrac{1}{j\omega C}$ で決まり、周波数が低いときにはインピーダンスは高く、周波数が高くなるにつれてインピーダンスは低下していくのが特徴です。コンデンサには形状・長さによって存在するストレーインダクタ L_s やコンデンサ自体が持つ抵抗成分 r（正式には等価直列抵抗と呼ぶ）があります。

したがって周波数が高くなると、ストレーインダクタンス L_s と等価直列抵抗 r を考慮して表現すると図3−18（a）に示す回路となります。このときコンデンサのインピーダンス Z は次のようになります。

$$Z = \dfrac{1}{j\omega C} + r + j\omega L_s$$

$$= r + j\left(\omega L_s - \dfrac{1}{\omega C}\right)$$

インピーダンスの大きさ $|Z| = \sqrt{r^2 + \left(\omega L_s - \dfrac{1}{\omega C}\right)^2}$

この式より $\omega L_s - \dfrac{1}{\omega C} = 0$、つまり $\omega = \dfrac{1}{\sqrt{L_s C}}$ のときに $|Z| = r$ となります。

コンデンサのインピーダンス特性を示すと図3−18（b）のようになります。

最もインピーダンスが低くなる周波数（コンデンサ C とインダクタ L_s による直列共振周波数 f は $\dfrac{1}{2\pi\sqrt{L_s C}}$ となります。

100pF と 0.01μF の積層セラミックチップコンデンサのインピーダンス特性の実測値を図3−19に示します。コンデンサの値が大きいほど、この直列共振周波数は低くなります。

例 コンデンサのインピーダンス特性。
　ストレーインダクタ L_s を 1nH と固定して、コンデンサ C の値が 10pF と 100pF のときの共振周波数を求めます。

　$C=10$pF のときの共振周波数 f_1 は、　$f_1 = 1/2\cdot\pi\sqrt{1\cdot 10^{-9}\cdot 10\cdot 10^{-12}}$
　　　　　　　　　　　　　　　　　　　　　　　　　　　　 $\fallingdotseq 1.6\text{GHz}$

　$L=100$pF のときの共振周波数 f_2 は、　$f_2 = 1/2\cdot\pi\sqrt{1\cdot 10^{-9}\cdot 100\cdot 10^{-12}}$
　　　　　　　　　　　　　　　　　　　　　　　　　　　　 $\fallingdotseq 503\text{MHz}$

3.7 コンデンサの高周波特性

周波数が低い

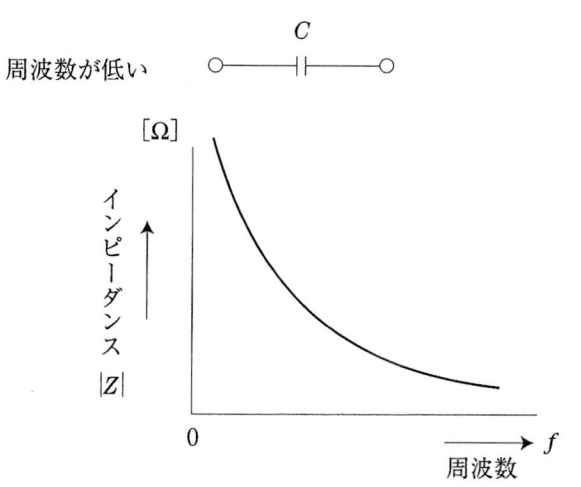

図3-17 コンデンサのインピーダンス特性（周波数が低いとき）

(a)

$$Z_C = r + j\omega L_s + \frac{1}{j\omega C}$$
$$= r + j\left(\omega L_s - \frac{1}{\omega C}\right)$$
$$|Z_C| = \sqrt{r^2 + \left(\omega L_s - \frac{1}{\omega C}\right)^2}$$

コンデンサCによるカーブ

インダクタンスL_sによるカーブ

インピーダンス最小

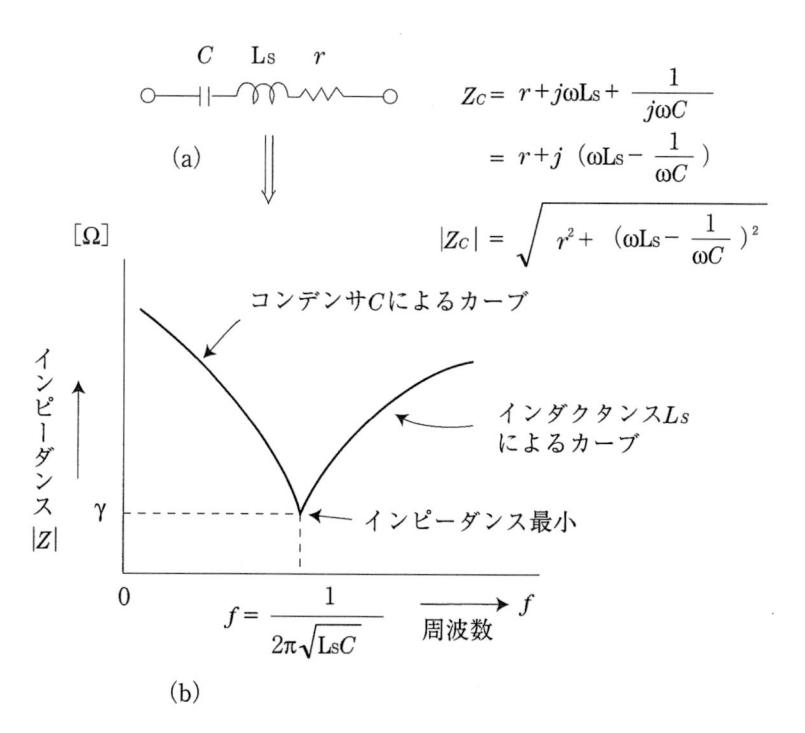

$$f = \frac{1}{2\pi\sqrt{L_s C}}$$

(b)

図3-18 コンデンサのインピーダンス特性（周波数が高いとき）

3章 高周波における電子部品の特性の変化

〔ポイント〕
- コンデンサにはストレーインダクタンスがあるために、インピーダンスが最も低くなる周波数が存在します。
- コンデンサのインピーダンスの最も低くなるところは、コンデンサ自体の等価直列抵抗rによって決まります。
- コンデンサを使用する場合は、周波数特性（共振周波数が高く）と等価直列抵抗が最も小さいものを選びます。

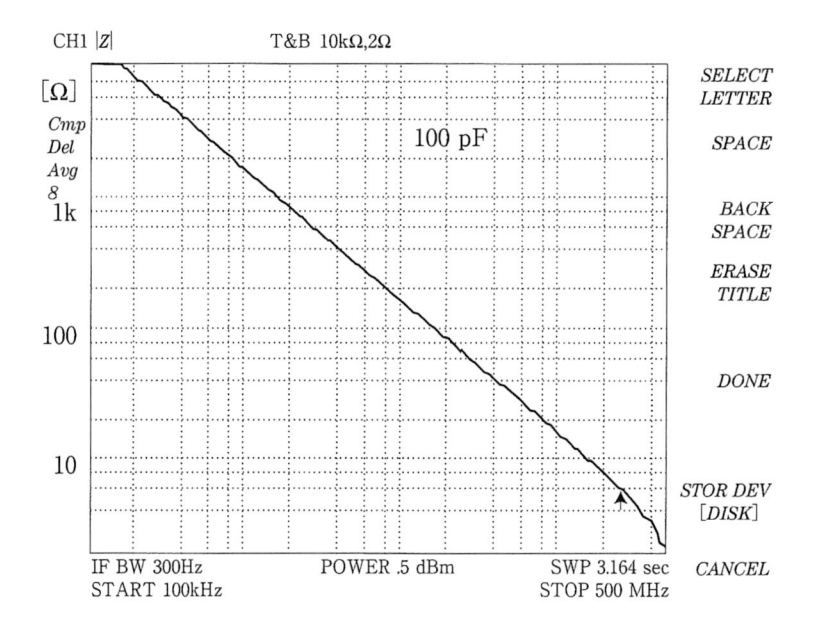

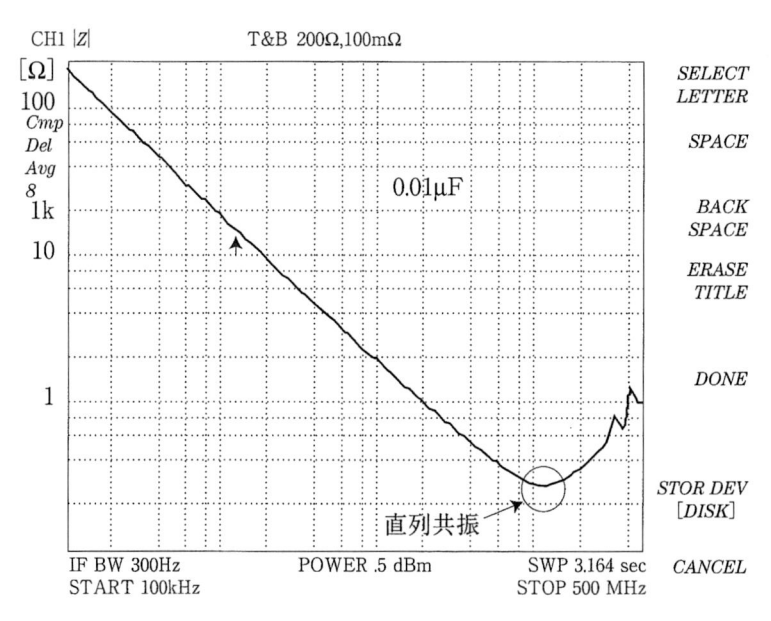

図3-19 コンデンサのインピーダンス特性（実測値）

3.8 コンデンサを並列に接続するとインピーダンスが低くなり、特性が向上する理由

コンデンサCを並列に接続することは図3－20に示すようにコンデンサC、コンデンサ自体の等価直列抵抗r、長さを持つことによって発生するストレーインダクタンスL_sが直列に接続されたものが2個並列に接続されたものと考えることができます。ここでは簡単にするためにまったく同じ形状で、それぞれの値が同じものを2個並列に接続したともと考えます。

それぞれのインピーダンスは次のようになります。

$$Z = r + j\omega L_s + \frac{1}{j\omega C}$$

これらを並列に接続したときのインピーダンスZ'は、

$$Z' = \frac{Z \cdot Z}{Z+Z} = \frac{Z}{2}$$

$$Z' = \frac{r}{2} + j\omega\left(\frac{L_s}{2}\right) + \frac{1}{j\omega(2C)}$$

図3－21にはコンデンサが1個のときの周波数特性（図3－21（a））とコンデンサを2個並列に接続したときの周波数特性（図3－21（b））の違いを示しています。

この図からわかるようにインピーダンスが最も低くなる周波数$f\left(=\dfrac{1}{2\pi\sqrt{L_s C}}\right)$は変わらないが、コンデンサの容量が2倍となるためにコンデンサが1個のときに比べて周波数fまでの傾きは急になり（aの部分）、インピーダンスが最も低くなるポイントも抵抗が並列に接続されたことにより、rから$r/2$と半分に低下していることです。さらにインダクタも並列に接続されることにより半分となるので、周波数fから高い範囲では緩やかになります（bの部分）。このことはインピーダンスが最も低くなる周波数近辺では、コンデンサが1個のときに比べてインピーダンスが低くなる領域が広くなっていることです。ここでは同じ形状、同じ値のコンデンサを並列に接続しましたが、異なる値のコンデンサを並列に接続した場合（たとえば、$0.1\mu F + 1000pF$）には図3－22に示すように$0.1\mu F$のコンデンサの特性と$1000pF$のコンデンサの周波数特性が加算されたものになり、この場合もインピーダンスが低くなる周波数領域が広くなります。

したがって、インピーダンスを下げる目的で使用するICの電源とGND間にパスコンは、このように並列につけるとコモンモードノイズが低減し（ICのスイッチングノイズであるノーマルモードノイズが閉じ込められる）、外部に放射されるノイズが低減します（詳しくは巻末文献ノイズ対策の基礎と勘どころ）。

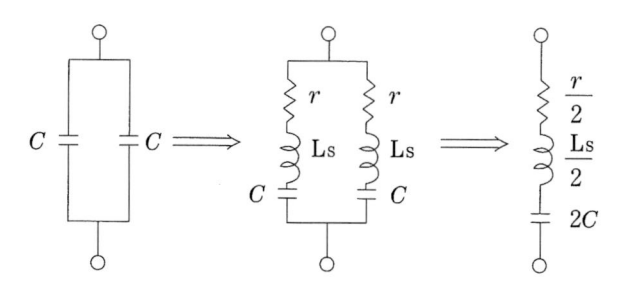

図3-20　コンデンサを並列に接続したときの回路

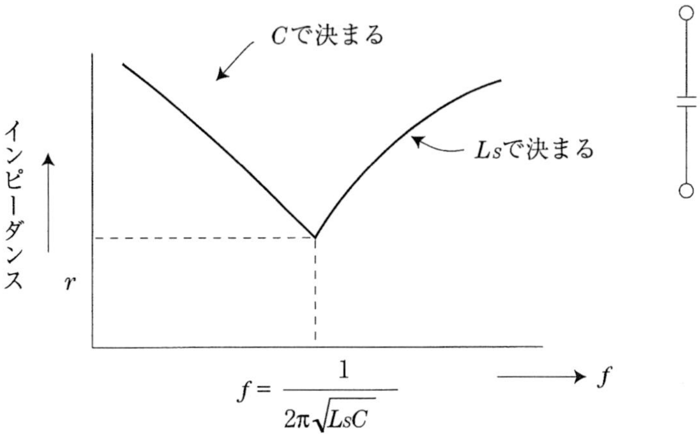
Cで決まる
Lsで決まる
インピーダンス
r
$f = \dfrac{1}{2\pi\sqrt{LsC}}$
f

(a) コンデンサ1個のとき

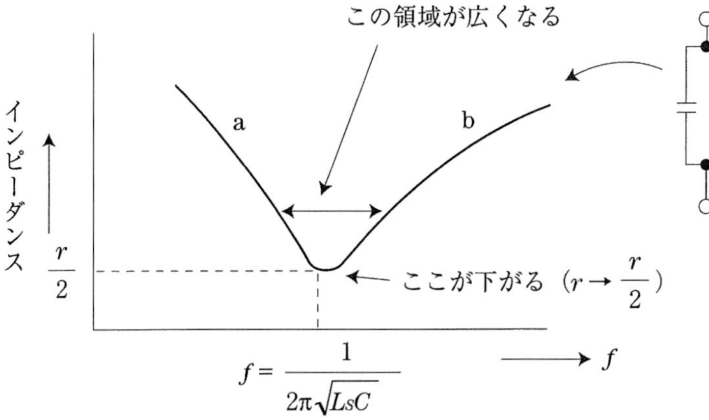
この領域が広くなる
a
b
インピーダンス
$\dfrac{r}{2}$
ここが下がる（$r \rightarrow \dfrac{r}{2}$）
$f = \dfrac{1}{2\pi\sqrt{LsC}}$
f

(b) 同じ値のコンデンサを並列に接続

図3-21　コンデンサを並列に接続したときのインピーダンス特性

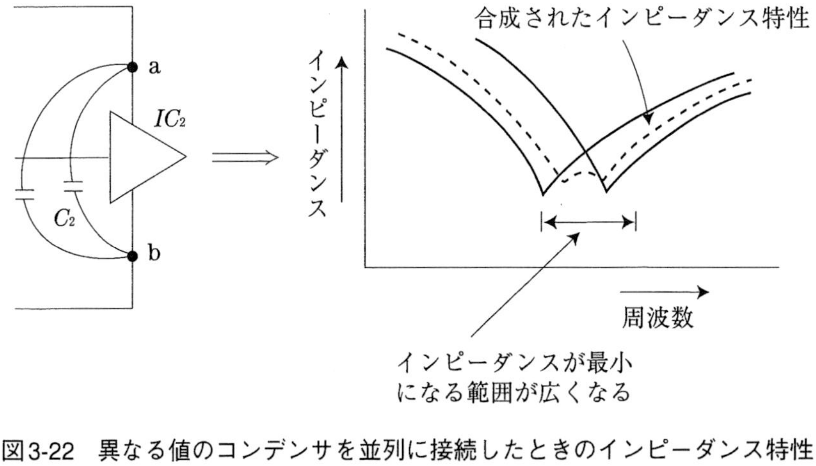
a
IC2
C2
b
合成されたインピーダンス特性
インピーダンス
周波数
インピーダンスが最小
になる範囲が広くなる

図3-22　異なる値のコンデンサを並列に接続したときのインピーダンス特性

3.9 プリントパターンの抵抗、インダクタンス

(1) 直流抵抗の大きさ

プリントパターンには抵抗成分Rとインダクタンス成分Lと容量Cの3つがあります。抵抗成分R（直流抵抗）はプリントパターンの太さ、長さ、使用される材質（一般的には銅箔）によって決まります。この抵抗値R [Ω]は長さに比例し、長さが長いほど抵抗値は大きく、面積に反比例し面積が大きいほど抵抗値は小さくなります。また比例係数を抵抗率ρと呼び、$R = \rho \dfrac{L}{S}$ で求めることができます。

ここでρは使用する材質の抵抗率（銅箔の場合は$1.7\mu\Omega \cdot cm : 1.72 \times 10^{-8}$ [Ω・m]（at20°）で、この値をmΩ・cmに直すと1.72×10^{-3} [mΩ・cm]）となります。

Lはプリントパターンの長さ [cm]で、Sは、プリントパターンの断面積 [cm²] です。

例　抵抗値の計算。

プリントパターンの長さ$L = 10$cm、線幅$W = 0.2$cm、銅箔の厚味$t = 18\mu m$（18×10^{-4} [cm]）とすればプリントパターンの直流抵抗値Rを計算すると次のようになります。

$$R = 1.72 \times 10^{-3} \times \dfrac{10}{0.2 \times 0.0018}$$
$$= 47\text{m}\Omega \ (0.047\Omega)$$

プリントパターンに銅箔を用いた場合の単位長さあたりの直流抵抗Rを計算すると図3－23のようになります。線幅が細くなり0.1mm（100μm）程度になると、プリントパターンの単位長さあたりの直流抵抗は100 [mΩ／cm] であり、パターンの長さを10cmとしても1Ω程度です。

(2) インダクタンスの大きさ（マイクロストリップラインのインダクタンスL_0）

プリントパターンの単位長さあたりのインダクタンスL_0は、プリントパターンの幅をw [mm]、プリント基板の厚みをh [mm]とすると、単位長さあたりのインダクタンスL_0 [nH／cm] は近似的に次の式で表わすことができます。

$$L_0 = 1.97 \times \ln\left(\dfrac{2\pi h}{w}\right) \ [\text{nH}／\text{cm}]$$

今、この式からプリント基板の厚みtを1.5mm、1.0mm、0.5mmと変化させたときに横軸にパターン幅w [mm] を、縦軸に単位長さあたりのインダクタンスL_0 [nH／cm] を計算したものをグラフに表すと図3－24のようになります。

3章 高周波における電子部品の特性の変化

> **例** プリントパターンのインダクタンスの計算。
> 　導体幅 $w = 0.2$mm、導体GND面からパターンまでの距離 $h = 0.6$mmとすれば、インダクタンスの近似式に基づいて計算すると、$L = 5.78$nH／cmとなります。10cmの長さのパターンでは 57.8nH となります。このパターンの 100MHz に対するインピーダンス Z は $Z = 2\pi \cdot 100 \times 10^6 \times 57.8 \times 10^{-9} = 36.3\Omega$ となります。
> 　この値は直流抵抗値の 1Ω 程度に比べてはるかに大きいことがわかります。

> **[ポイント]**
> ・プリントパターンの抵抗値はパターン幅 0.1mm 程度になると、10cm の長さでは約 1Ω、たくさん電流が流れると電圧降下が大きくなります。
> ・プリントパターンのインダクタンスは線幅細くなるほど大きな値になり、電流の変化が速いほど、$L\dfrac{di}{dt}$ によって電圧降下が大きくなります。このため伝送する信号の波形に大きく影響を及ぼします。

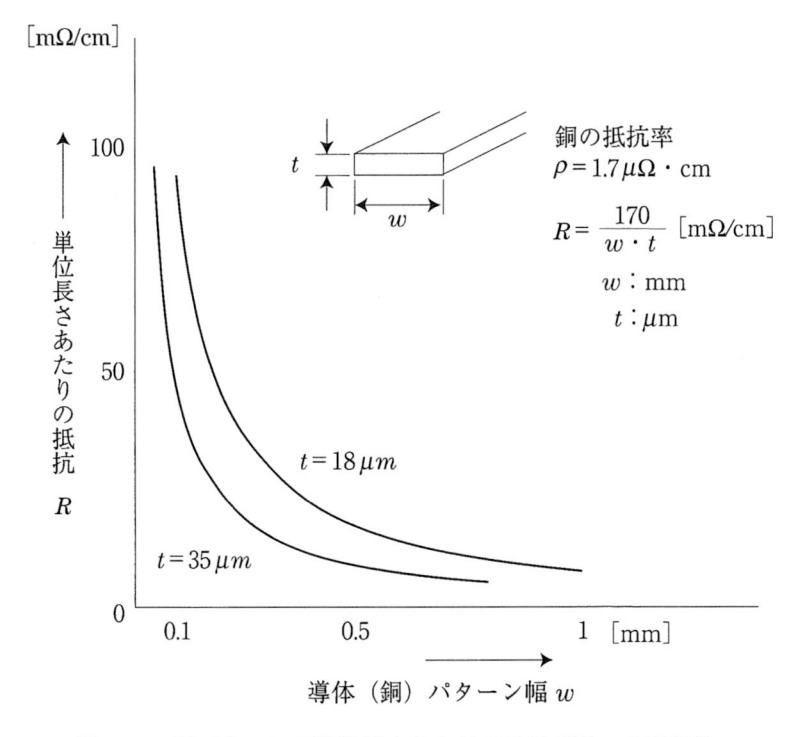

銅の抵抗率
$\rho = 1.7\mu\Omega \cdot$ cm

$R = \dfrac{170}{w \cdot t}$ [mΩ/cm]

w：mm
t：μm

図3-23　銅パターンの単位長さあたりの直流抵抗 R の計算値

3.9 プリントパターンの抵抗、インダクタンス

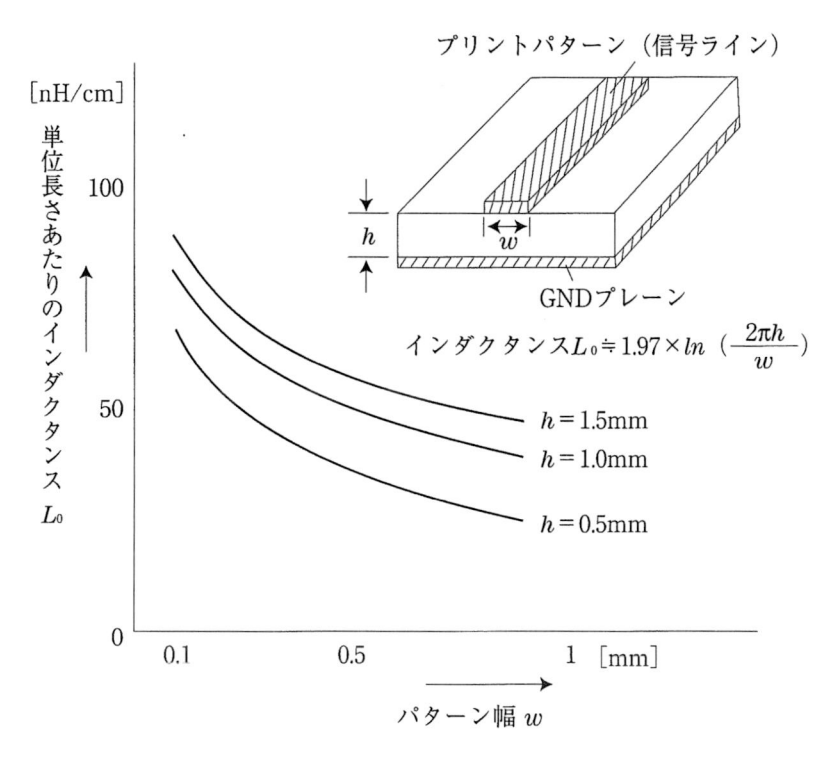

インダクタンス $L_0 ≒ 1.97 \times ln\left(\dfrac{2\pi h}{w}\right)$

図3-24 単位長さあたりのインダクタンス L の計算値

3章 高周波における電子部品の特性の変化

3.10 プリントパターンの容量Cと伝送できる周波数との関係

(1) プリントパターンの容量

図3−25には並行平面板のコンデンサを示しています。コンデンサの容量C [F] は対向する電極の面積をS [m]、電極間の距離をd [m]、電極間に挿入された誘電体の誘電率をε [F/m] とすればコンデンサの容量C（電荷を蓄積できる量）は電極の面積が大きいほど、また電極間の距離dが短いほど、電極の間に挿入する誘電体の誘電率εが大きいほど、たくさんの電荷を蓄えることができます。したがって、コンデンサCの静電容量は次の式で表すことができます。

$$C = \varepsilon \cdot \frac{S}{d} = \varepsilon_r \cdot \varepsilon_0 \cdot \frac{S}{d}$$

図3−26に示すマイクロストリップライン構造のプリントパターンも、プリントパターンと裏面GNDパターンの間にプリント基板の材料である誘電体を挟んだ非対称ではあるがコンデンサを形成しています。図3−26は図3−25と比べてみると、電気力線の発生状況が異なるためにこのような単純な式では表すことができないが、簡単にするために上式と同じ考え方に基づき、プリントパターンの静電容量Cを求めると次のようになります。

$$C = \varepsilon \cdot \frac{l \cdot w}{h} = \varepsilon_r \cdot \varepsilon_0 \cdot \frac{l \cdot w}{h}$$

ε_0：真空中の誘電率 (8.85×10^{-12} [F/m] = 8.85 [pF/m])
ε_r：プリント基板材質の比誘電率
l：プリントパターンの長さ
S：プリントパターンの面積
w：プリントパターンの線幅
h：プリント基板材質の厚み

例 プリントパターンの静電容量の計算。

プリント基板の厚みhが1.6mm、材質がガラスエポキシ基板でε_rが4.5、プリントパターンの幅wが0.2cm、長さlが10cmであるときのプリントパターンの容量Cを求めてみると次のようになります。

$$C = \varepsilon_r \cdot \varepsilon_0 \cdot \frac{l \cdot w}{h} = 4.5 \times 8.85 \times 10^{-12} \times \frac{10 \times 0.2}{0.16} \times 10^{-2} \fallingdotseq 5\mathrm{pF}$$

真空中の誘電率を$\varepsilon_0 = 8.85 \times 10^{-12}$ [F/m] とします。

つまりこの5pFが10cmのパターンの長さに一様に分布していることになります。

パターンの長さが10cmなので、1cm当たりの容量は0.5pFとなります。この10cmのパターンに標準の入力容量5pFのICが接続されると、パターンとIC全体では10pFの容量が生じることになります。

(2) プリントパターンの伝送特性は何によって決まるか

プリントパターンはすでに述べたように、プリントパターンの形状によって決まる直流抵抗Rがあります。この抵抗Rが大きくなるとパターンの容量やパターンに接続されるICなどの入力容量によって抵抗RとコンデンサCの積分回路が形成されます。この直流抵抗はかなり小さな値となりますが、プリントパターンの容量Cは図3-26に示したように誘電率（比誘電率ε_r）によって決まります。したがって、高速な信号を扱うほどこの誘電率εが小さなプリント基板材料を使用しなければならなくなります。さらに使用するプリント基板材質の比誘電率ε_rの周波数特性が重要となります。プリント基板材料の比誘電率は一般的に処理条件を決めて、周波数1MHzで測定した値（たとえばFR4では4.5～4.9）を記載しています。最近のプリント基板の性能には使用される周波数が高くなっているため1000MHz程度の値が記載されています。

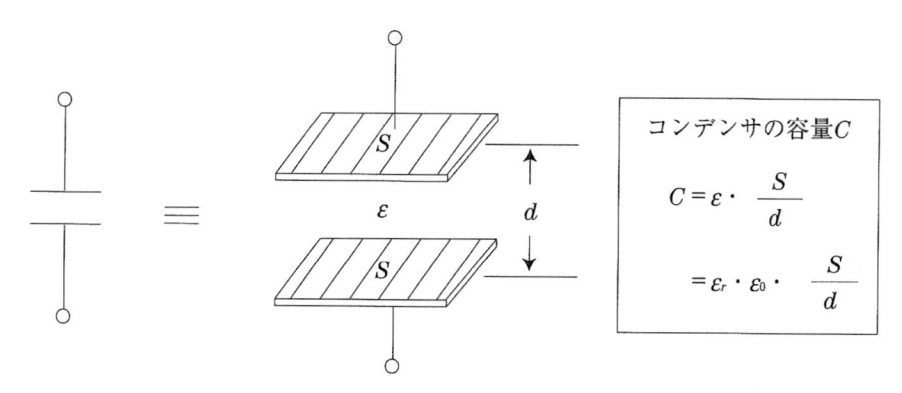

図3-25　コンデンサの静電容量

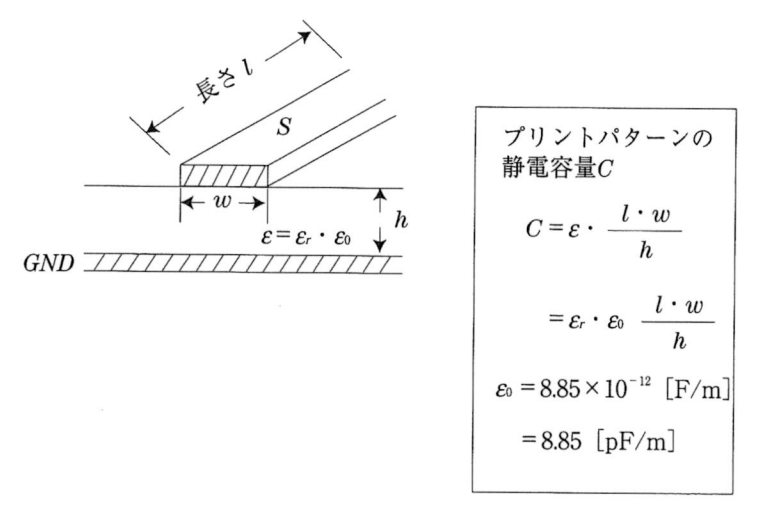

コンデンサの容量C

$$C = \varepsilon \cdot \frac{S}{d}$$

$$= \varepsilon_r \cdot \varepsilon_0 \cdot \frac{S}{d}$$

図3-26　プリントパターンの静電容量

プリントパターンの静電容量C

$$C = \varepsilon \cdot \frac{l \cdot w}{h}$$

$$= \varepsilon_r \cdot \varepsilon_0 \cdot \frac{l \cdot w}{h}$$

$$\varepsilon_0 = 8.85 \times 10^{-12} \ [\mathrm{F/m}]$$

$$= 8.85 \ [\mathrm{pF/m}]$$

3.11 電子部品の性能と実装上の注意

(1) 電子部品は小さくするほど高周波に対して有利

　高周波領域に対しては電子部品を小型化していくことが有利となります。
　その理由は以上に述べたように電子部品の長さに起因するストレーインダクタンス、大きさや形状に起因するストレーキャパシタンス、長さ、大きさに起因するストレー抵抗成分が小さくなることによります。さらに伝送する信号の波長に対して部品の大きさやプリントパターンの長さが無視できる長さになり、集中定数回路として扱うことができます。

(2) 電子部品の性能を最大限に発揮するための実装

　高周波に対応した電子部品の性能を引き出す一例を図3－27に示します。

①プリントパターンのインダクタンスの最小化と集中定数回路化
　プリントパターンのインダクタンスは長さと幅によって決まるが、実装密度を上げていくには線幅を細くしていく必要があります。またパターンの長さが長くなればなるほどインダクタンスは増加していきます。さらにプリントパターンは信号を伝送する回路となるので、このプリントパターンの長さを短くして伝送する信号の波長に対して無視できる長さの集中定数回路とすること（分布定数回路になることを避けることです）が有利となります。

②配線の極太化
　インダクタンス成分は長さと幅によって変わるので、不要なインダクタンス成分を増やさないようにするためには限度がありますが、プリントパターンを極力太く、短くする必要があります。これは、たとえば高周波増幅を行う電子回路において考慮する必要があります。

③ストレーキャパシティの低減
　ストレーキャパシティは部品の形状（大きさ）によって異なりますが、その他にも部品のプリント基板への実装状態によっても異なるために電子部品の配置、プリントパターンの配置などストレーキャパシティを極力少なくするよう考慮する必要があります（図3－27（b））。

④特性インピーダンスを考慮
　高周波になると信号の波長が短くなります。この信号の波長が伝送する回路（プリントパターンなど）の長さに比べて無視できない分布定数回路の場合は、信号の反射による影響を考慮して、問題があるときには負荷のインピーダンスを伝送回路のインピーダンスにマッチングさせることが必要となります（図3－27（c））。

⑤クロストークの減少
　高周波になると電子部品や伝送線路から電界や磁界が漏れやすくなるために、高密度に実装された周辺のパターンや電子部品に信号が漏れていくクロストークが発生します。クロストークを減少させる方法はいくつかありますが、図3－28（a）に示すように伝送パターンの間にGNDパターンを挿入したり、図3－28（b）に示すように信号を差動で送る方式が効果的です（差動伝送方式については第5章5.7を参照）。

3.11 電子部品の性能と実装上の注意

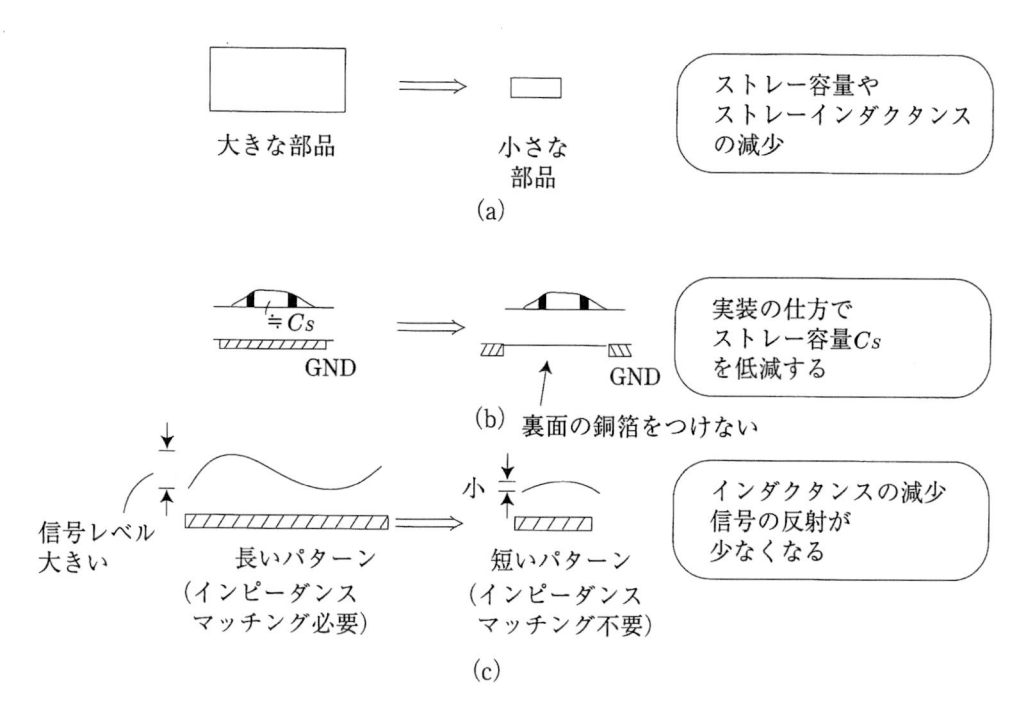

(a) 大きな部品 ⇒ 小さな部品　ストレー容量やストレーインダクタンスの減少

(b) $\risingdotseq C_s$ GND ⇒ GND　実装の仕方でストレー容量C_sを低減する
裏面の銅箔をつけない

(c) 信号レベル大きい　長いパターン（インピーダンスマッチング必要）⇒ 小 短いパターン（インピーダンスマッチング不要）　インダクタンスの減少 信号の反射が少なくなる

図3-27　電子部品の性能を引き出す

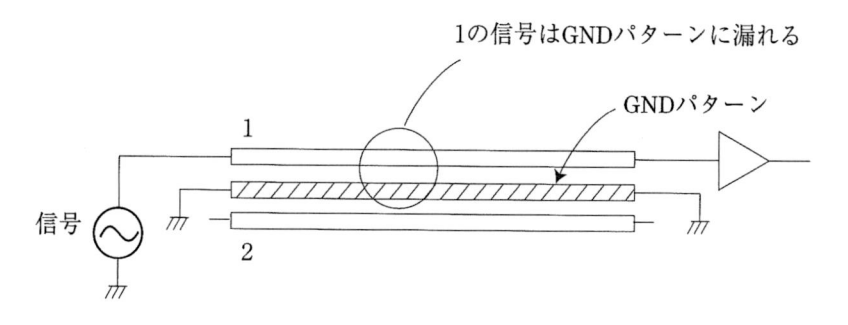

(a) パターン1とパターン2の間にGNDパターンを挿入する
1の信号はGNDパターンに漏れる
GNDパターン

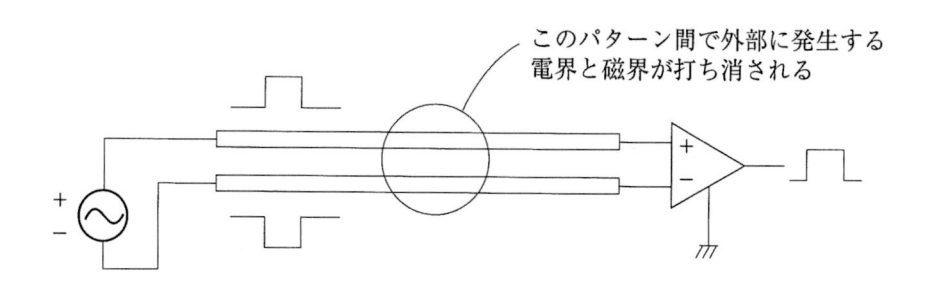

(b) 差動伝送方式
このパターン間で外部に発生する電界と磁界が打ち消される

図3-28　クロストークを低減させる信号の伝送方法

3章 高周波における電子部品の特性の変化

3.12 オシロスコープでは高周波の信号が測定できない

信号波形や信号レベルを観測するのに一般的にオシロスコープが使用されます。オシロスコープでは**図3-29**(a)に示すようなプローブを使用して信号波形などを測定します。

このプローブを通して測定された信号がオシロスコープの入力端子に入力されてCRTや液晶の画面上に表示されます。

図3-29(a)は、オシロスコープにつながれたプローブを示していますが、プローブBの部分は測定しようとする信号のGNDに接続するプローブです。このプローブは比較的長くインダクタンスを持っているために、周波数が高くなるとここに信号電流が流れて不要な電圧V_Lが発生してしまいます。そのため、本来測定すべき信号V_Sに対してこの不必要な電圧成分V_Lを含んでしまうために誤差を与えてしまいます。この誤差を最小にするためにはプローブBの部分を外してインダクタンスを最小にした図3-29(b)に示すような同軸ケーブルの構造に近い状態にします。

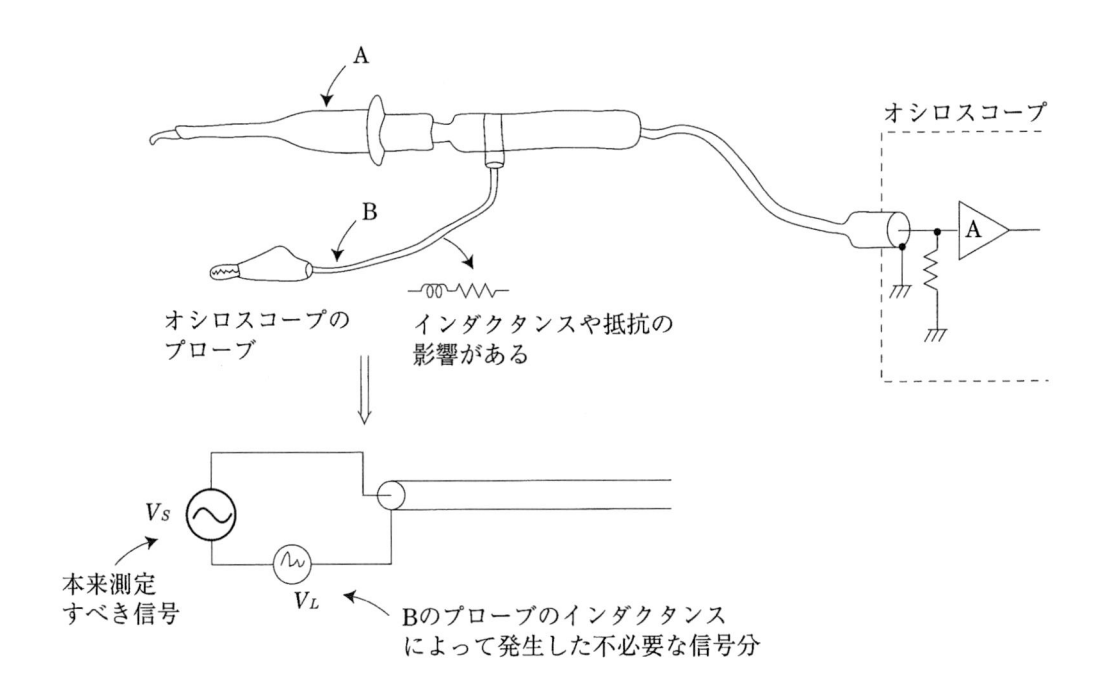

(a) オシロスコープのプローブ

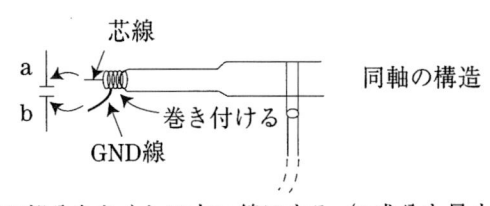

Bの部分をなくして太い線にする（L成分を最小にする）

(b) GND用プローブの影響を極力少なくなるようにする

図3-29　高い周波数をオシロスコープで測定する方法

このように同軸構造のGNDに相当する外側部分に比較的太い線を短く巻き付けて測定すべき回路のGNDに接続するとインダクタンスの影響を極めて小さくすることができます。

図3－30（a）の波形はプローブBのインダクタンスによってパルス波形の立上りと立下りの部分に大きく影響を与えています。

プローブBによるインダクタンスの影響を取り除いた図3－29（b）に示す方法で測定するとインダクタンスの影響が極めて少なく、図3－30（b）に示すような波形劣化のない信号波形が得られます。

（1）オシロスコープで高周波信号が正確に測定できない

図3－31に示す回路1のaの部分の信号を、一定の長さのプローブを用いて測定しようとすると、aの部分にプローブを接続すると回路1のaの部分がプローブのインピーダンスの影響を受けてしまいます。回路1が集中定数回路であれば問題はありませんが、分布定数回路の場合にはaの部分ではプローブを接続することによるインピーダンスが変化してしまいます。このために正確な信号を測定することができなくなります。

また、測定する信号の周波数が低い場合は問題ありませんが、測定しようとする信号の周波数が高くなると測定された信号の波長が短くなり、プローブが分布定数回路となりオシロスコープの入力部分で信号の反射が発生してしまいます。したがって、高周波では正確な信号の測定ができなくなります。

このように、測定プローブの長さは測定しようとする信号の波長が短くなると、インピーダンスマッチングを取らないと正確な信号の測定をすることができません。

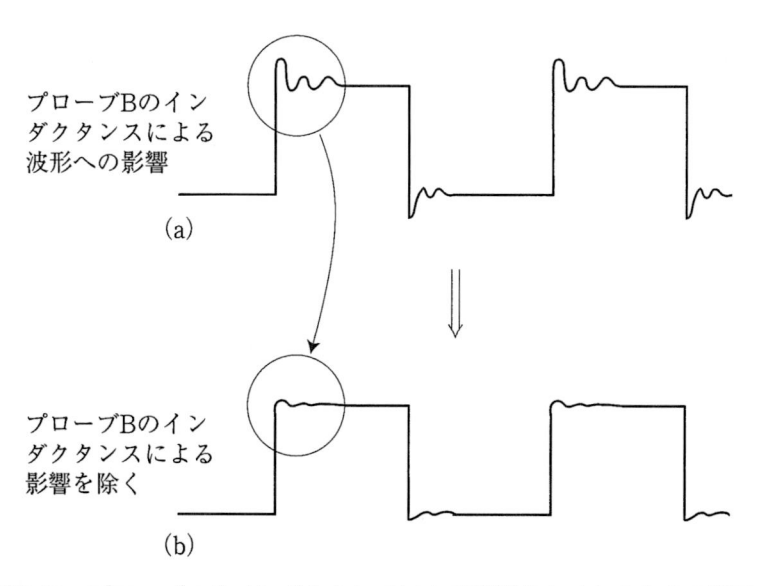

図3-30　プローブBのインダクタンスによる影響をなくしたときの波形

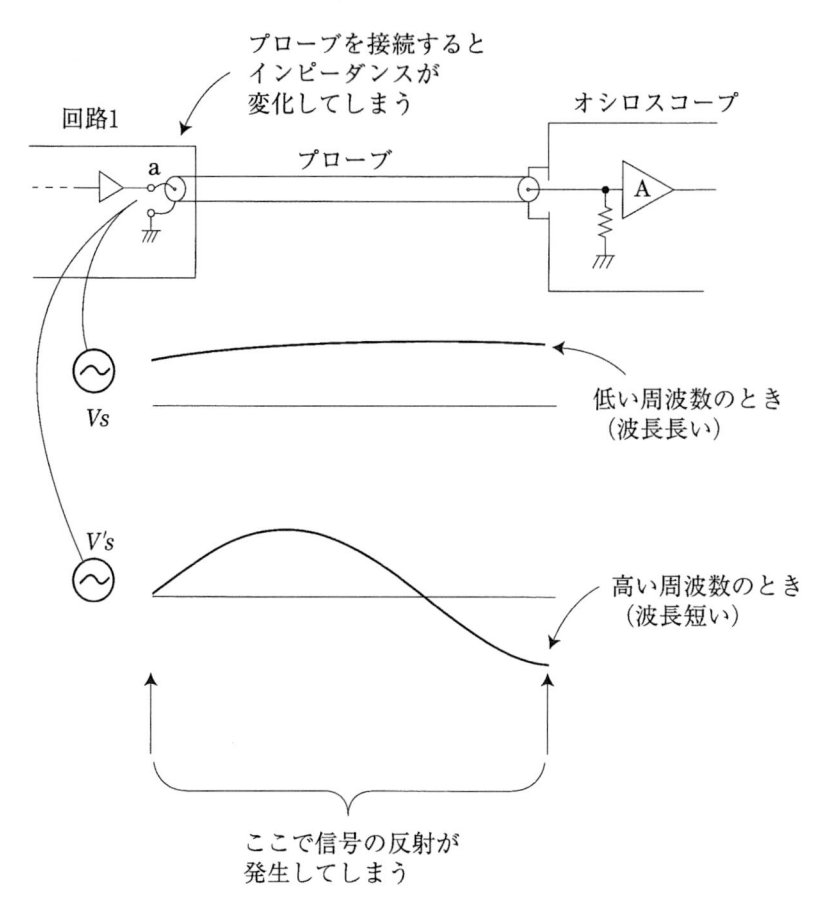

3章 高周波における電子部品の特性の変化

図3-31 オシロスコープのプローブの長さと測定する信号の波長

4章
集中定数回路と分布定数回路

　集中定数回路と分布定数回路についてその違いを明らかにします。また分布定数回路とは何か、分布定数回路では何を処置しなければならないのか。周波数が高くなったから分布定数回路ではなく、あくまで伝送する信号の波長と回路の長さを考慮して決めることであることを理解することにあります。

4章 集中定数回路と分布定数回路

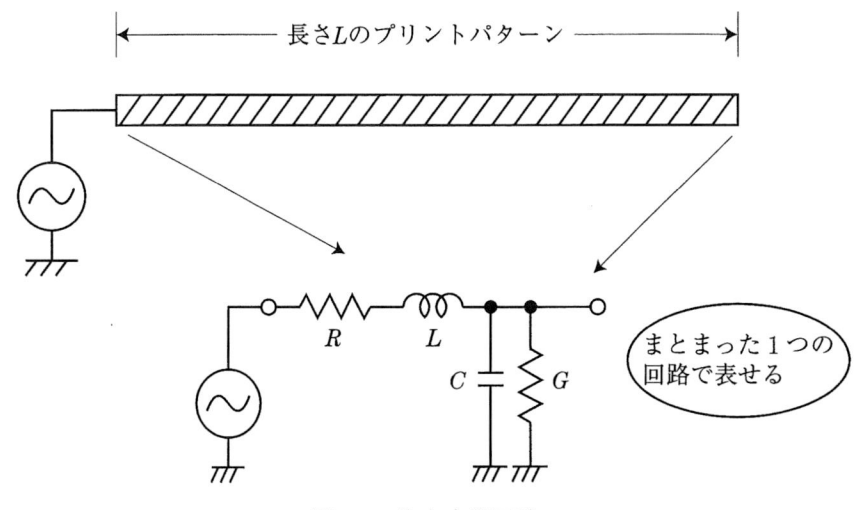

4.1 集中定数回路とは何か

(1) 集中定数回路と信号の波長

　集中定数回路とは交流回路で扱ったような回路の定数（抵抗、コンデンサ、インダクタンス、コンダクタンスなど）が、1点にまとまって（集中して）存在する回路のことを言います。たとえば、図4−1のように、長さLの伝送回路であるプリントパターンが抵抗R、インダクタL、コンデンサC、コンダクタンスGの4つの素子で表すことができる回路のことです。

　この集中定数回路では、伝送する信号の波長λに対して電子部品（抵抗、インダクタ、トランジスタ、IC、プリントパターンなど）の長さが無視できるくらい小さいときの部品や部品の集まりが集中定数回路と言えます。

　図4−2には10MHzの正弦波信号が示されています。この10MHzの正弦波信号の波長λは30mとなります（$v = f\lambda$）。今プリント基板上でプリントパターンの長さが30cmと仮定すると（大型の回路基板ではこれに相当するものはたくさんあります）、このプリントパターンの長さは10MHzの信号の波長30mに対しては1／100の長さに相当します。また位相について考えると波長λを360°とすれば長さが1／100に相当する角度は3.6度となります。

　この10MHzの正弦波信号が、プリントパターンに対してaの位置で位相が0°に一致していたときには、30cmのb点の位置ではこの10MHzの信号を正弦波（sin）として位相が3.6度の位置の大きさを計算すると、sin3.6°= 0.063となりプリントパターンの位置aとbでは信号に対する大きさがほぼ同じと考えることができます。つまり波が立っていないのと同じです（静かな波の状態）。

　このような状態からプリントパターンの端に媒質が異なる回路を接続して、波の反射が発生しても静かな波の状態は変わりません。このことは送られてきた波の変化がほとんどないことと同じになります。こういう状態が集中定数回路として扱い設計できる範囲です。

図4-1　集中定数回路

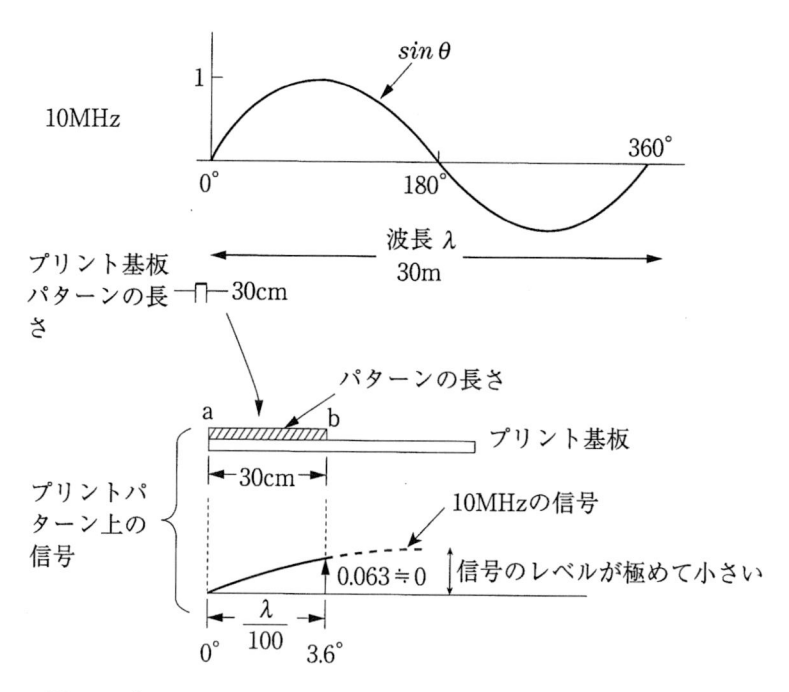

図4-2 信号の波長に対して、パターンの長さが極めて短い場合

(2) 集中定数回路の特性

プリントパターンの集中定数回路は、図4-1のように表すことができます。この集中定数回路の特性インピーダンスZ_0は、次のように表すことができます。

$$Z_0 = \sqrt{\frac{R + j\omega L}{G + j\omega C}}$$

R：プリントパターンの直流抵抗
L：プリントパターンのインダクタンス
C：プリントパターンの容量
G：プリントパターンとGND間のコンダクタンス（$\frac{1}{G}$：プリント基板の材質と厚みによる絶縁抵抗、例：ガラスエポキシ基板FR4では$5 \times 10^{13} \sim 5 \times 10^{14}$）

ここで周波数が高くなると、パターンの持つインダクタンスLによるインピーダンス$Z = j\omega L$（周波数が高くなるほど大きくなる）が抵抗成分Rに比べて大きくなります（$R \ll j\omega L$、第3章の計算例）。

一方パターンとGNDプレーンの容量Cは周波数が高くなるほど、容量Cによるインピーダンス$Z = \frac{1}{j\omega C}$の値は小さくなります。この容量値CはコンダクタンスGの逆数$1/G$に比べて極めて小さくなり、（$\frac{1}{j\omega C} \ll \frac{1}{G}$）容量$C$によって決まります（図4-3）。

したがって、プリントパターンが持つ特性インピーダンスZ_0は、

$$Z_0 = \sqrt{\frac{R + j\omega L}{G + j\omega C}}$$

4章 集中定数回路と分布定数回路

$$= \sqrt{\frac{L}{C}}$$

となります。

つまり、プリントパターンの特性インピーダンスZ_0はインダクタンスLと容量Cによって決まり、パターンの長さによらないことがわかります（単位長さ当たりのインダクタンスと容量）。

例 特性インピーダンスの計算。

プリントパターンの単位長さあたりの容量$C = 0.8\mathrm{pF}/\mathrm{cm}$、単位長さあたりのインダクタンス$L = 8\mathrm{nH}/\mathrm{cm}$とすれば、特性インピーダンス$Z_0$は、

$$Z_0 = \sqrt{\frac{L}{C}} = \sqrt{\frac{8\times 10^{-9}}{0.8\times 10^{-12}}} = 100\,\Omega$$

となります。

$$Z_0 = \sqrt{\frac{R + j\omega L}{G + j\omega C}}$$

$$\left(\begin{array}{c} R \ll j\omega L \\ \dfrac{1}{j\omega C} \ll \dfrac{1}{G} \end{array} \right)$$

$$Z_0 = \sqrt{\frac{L}{C}}$$

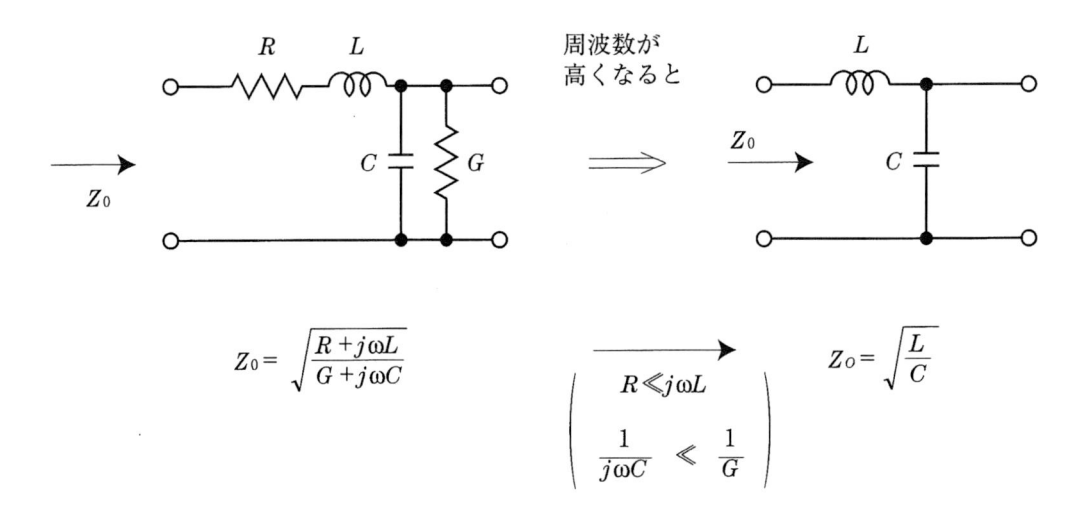

図4-3 周波数が高くなったときの集中定数回路

4.2 分布定数回路とは何か

　分布定数回路とは、図4-4に示すように長さLのプリントパターンが1つのまとまった回路で表すのではなく、集中定数回路が複数つながって分布しているためこのように呼びます。図4-2ではプリントパターンを伝送する信号の周波数を10MHzとして考えましたが、さらに信号の周波数を上げて1GHzの信号を考えることにします。

　100MHzのパルスを使用しても10倍の高調波（正弦波信号）が1GHzとなります。図4-5では1GHzの信号を使用するものとして考えてみます。

　1GHzの信号が電磁波となって空気中を伝搬するものとすれば、波長λは30cmとなります。

　1GHzの信号がプリント基板中（$\varepsilon_r = 4.8$）を伝搬する場合は、その信号の波長λが短くなり15cmとなります。プリント基板の大きさが30cmで、プリントパターンの長さが15cmとした場合を考えると、図4-5（d）に示すように1GHzの信号が分布したとすれば、プリントパターンの位置a、b、cで大きさがゼロでaとbの位置の中間で最大値、bとcの中間で最小値をとることになります。

　このように使用する信号の周波数が高くなり波長が短くなると、プリント基板の位置に対して信号の大きさと位相が大きく変化することがわかります。この現象は波動で考えるならば一定の長さのパターン上に波が立っていることです。このような状態になった場合が、分布定数回路となります。

　このような状態からプリントパターンに媒質が異なる回路(プリントパターンの特性インピーダンスZ_0 ($=\sqrt{\dfrac{L}{C}}$)と異なるインピーダンス)が接続されると、波の反射が発生し、波の状態は大きく変化します。反射が起きると波のエネルギーを伝送することができなくなります。したが

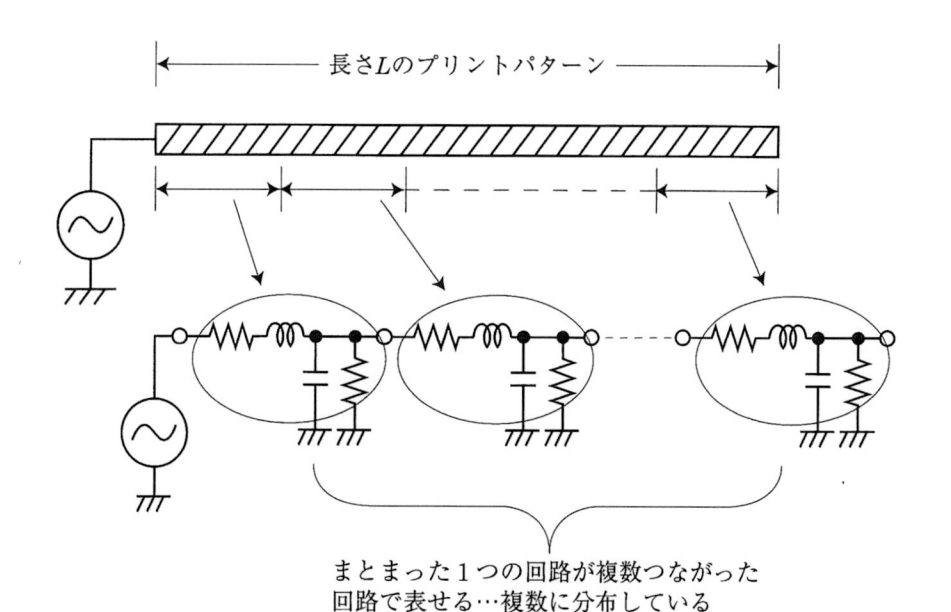

図4-4　分布定数回路

4章 集中定数回路と分布定数回路

って、反射が起こらないようにすれば（同じ媒質をつなぐ：インピーダンスマッチングをとる）、伝送する信号の周波数が高くなっても何ら問題は生じません。

このことからわかるように、信号を伝送する回路の長さと伝送する信号の波長を考慮していくことが重要であることがわかります。信号の周波数が低くても伝送線路が長い場合、伝送線路の位置により大きさと位相が変わります。現実に長距離電話線や長距離電力送電線などを考えてみると同じようなことが起こります。

(a) 1GHzの信号
（空気中）
λ＝30cm

(b) 1GHzの信号がプリント基板
ε_r＝4.8の中を進む
λ＝15cm

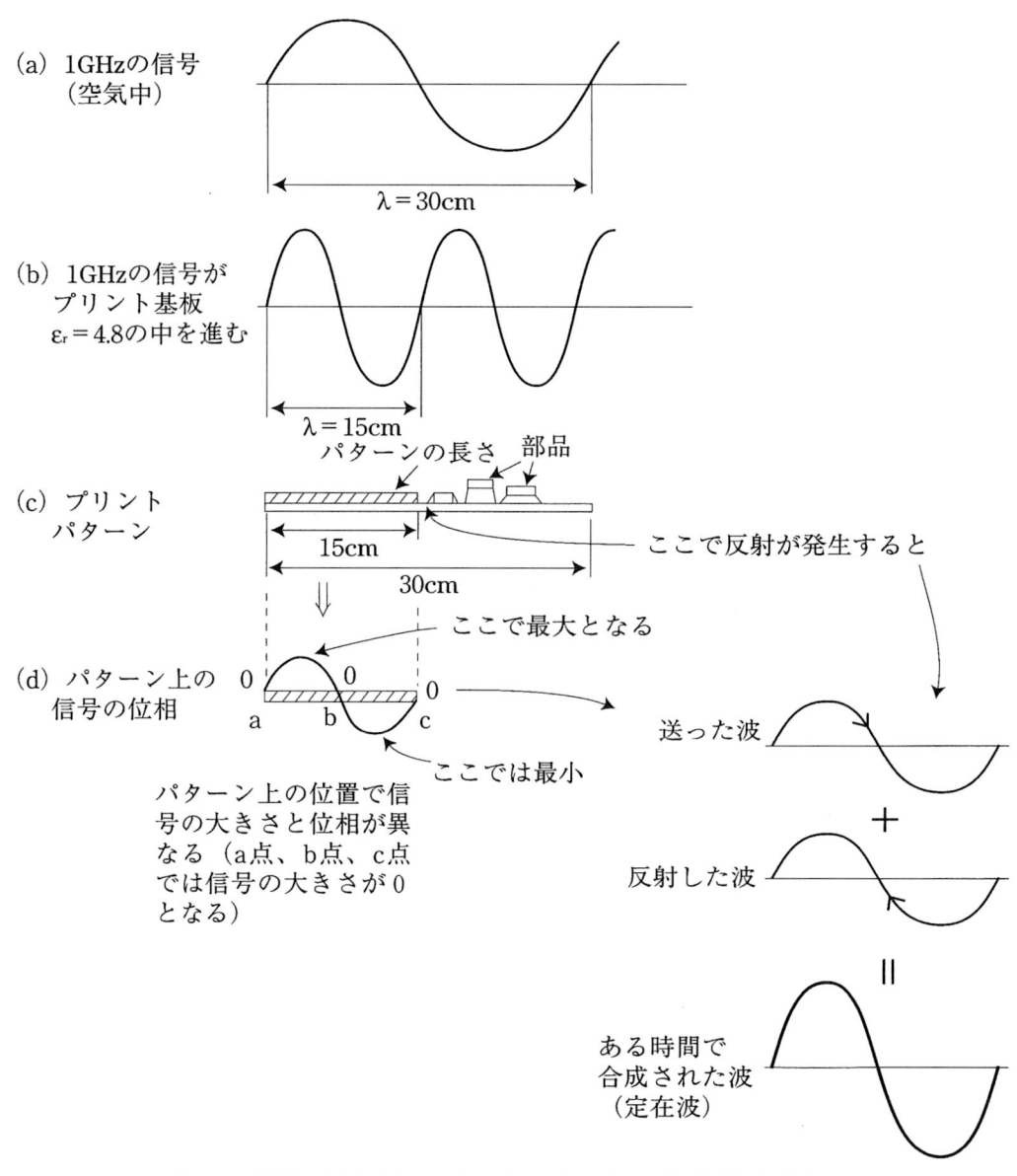

(c) プリントパターン
パターンの長さ　部品
15cm
30cm
ここで反射が発生すると

(d) パターン上の信号の位相
a　b　c
ここで最大となる
ここでは最小
パターン上の位置で信号の大きさと位相が異なる（a点、b点、c点では信号の大きさが0となる）

送った波
＋
反射した波
＝
ある時間で合成された波（定在波）

図4-5　信号の波長に対して、パターンの長さが同程度の場合

4.2 分布定数回路とは何か

(1) 分布定数回路とは集中定数回路がたくさん集まったもの：同じ媒質である集中定数回路をつなげていけば問題は全くなくなる

　集中定数回路と分布定数回路を、図4－6（A）に示すプリント基板上のパターンを例にとり考えます。同図（2）にはプリント基板上のパターン（a－b間）について、このパターン上を伝送する信号の波長が長く、パターンの位置aとbで大きさに変化がない場合はパターン（a－b）はパターンの抵抗成分Rとパターンのインダクタンス成分L、パターンがGNDプレーンに対して持つ容量C、コンダクタンスGからなる集中定数回路であることはすでに述べました。一方パターン（a－b間）を伝送する信号の波長が短く、パターンabを1つの集中定数回路で表わすことができない場合は、パターン（a－b間）を信号の波長に対して信号の大きさに差がないようにパターン（a－b間）を多数に分割して、1つの微小区間（たとえばa－a_1、a_1－a_2、……、b_2－b_1、b_1－b）ごとに集中回路定数で表わします。

　このようにすると各微小区間では、1つの回路の集まりである集中定数回路として表現することができ、パターンa－b間の分布定数回路は集中定数回路が多数接続されたものとなり、この単位区間では信号の波長に対する大きさの変化はなくなります。このようにして単位回路である集中定数回路がたくさん集って分布定数回路を形成します。

　これからわかるように分布定数回路は、特性インピーダンスZ_0を持った集中定数回路がお互いに特性インピーダンスZ_0でインピーダンスマッチングされた状態（連続した媒質）で接続されたものと考えることができます。したがって分布定数回路となった場合は、同じ媒質である集中定数回路の特性インピーダンスZ_0を接続していけばよいことになります。

〔ポイント〕
- 伝送線路を伝搬する信号の波長λによりプリントパターンは分布定数回路になったり、集中定数回路になったりします。あくまでも伝送する信号の波長との関係で決まります（プリントパターンもある周波数範囲では部品が分布しているものとして考え、ある周波数範囲ではただ単なる1つの部品として取扱うことができる）。
- 集中定数回路は回路の長さ（たとえばパターンの長さa－b間）が信号の波長に対して極めて小さい（無視することができる）場合、分布定数回路は回路の長さが信号の波長λに対して小さくない（無視することができない）場合と考えられます。反射の程度はシステムで要求している精度（信号の劣化、信号エネルギーの損失、反射による回路の誤動作等）を考慮した場合どこまで許容できるかによるものと考えられます。
- 集中定数回路として扱えるような周波数の信号では、反射が発生しても伝送する信号に何ら影響を与えることはありません。
- 伝送する信号の波長に比べて伝送する回路の長さが無視できない場合には、信号が反射すると伝送信号に大きな影響を与えます（後述）。
- 反射が発生すると電力を有効に伝送することができません（反射係数によって決まる）。
- 分布定数回路は、特性インピーダンスZ_0を持った集中定数回路が、お互いに特性インピーダンスZ_0でインピーダンスマッチングされた状態で接続されたものと考えることができます。

4章 集中定数回路と分布定数回路

(A) プリント基板上のパターン

距離a−b間ではレベル差が発生する

信号の大きさに変化がない長さに分割する

伝送する信号の波長

(1) プリントパターン

(2) 集中定数回路で接続

(3) 分布定数回路の等価回路

(4) 集中定数回路が特性インピーダンスZ_0で接続

集中定数回路

インピーダンスマッチングされて結合されいる

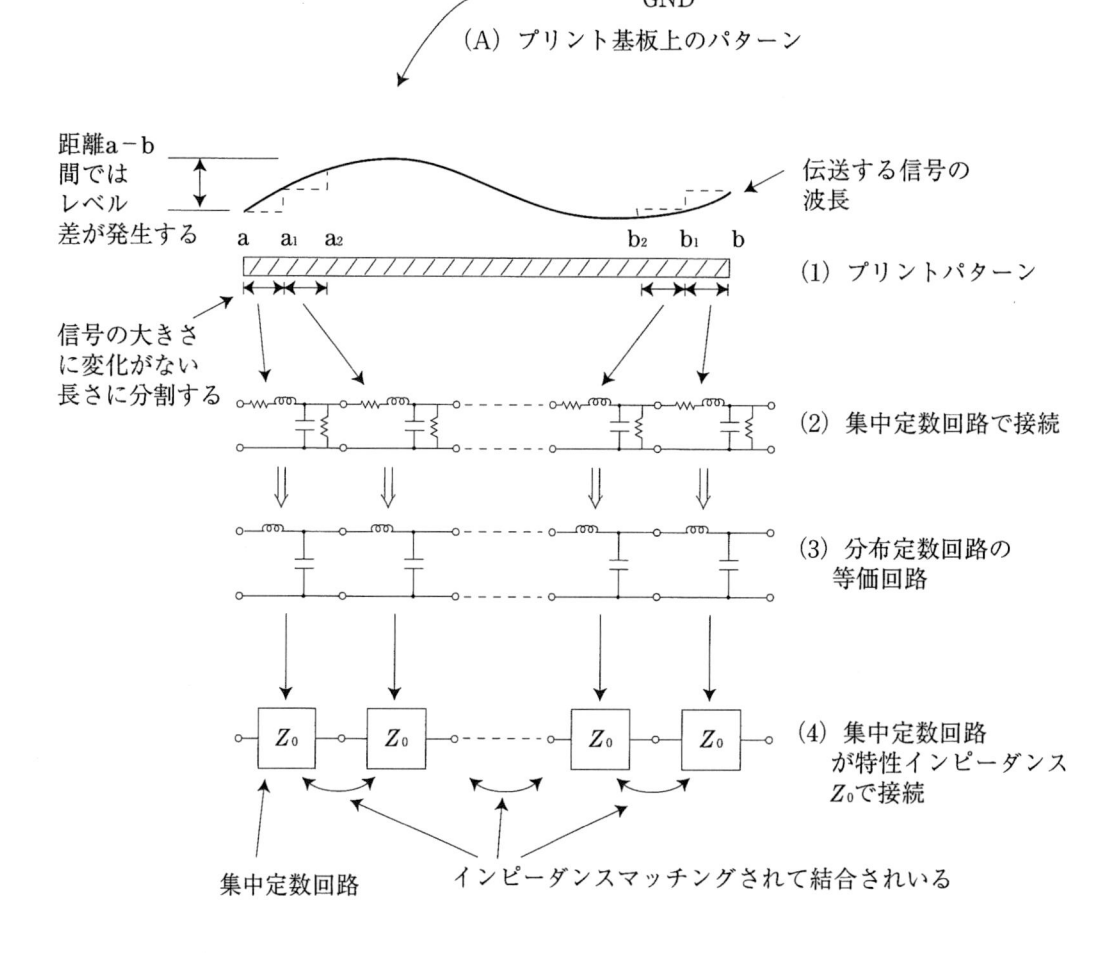

図4-6 分布定数回路は集中定数回路が特性インピーダンスZ_0でインピーダンスマッチングされて結合したもの

(2) 伝送回路の遅延時間T_0は何によって決まるか

今、単位区間のインダクタンスL［H／m］と容量C［F／m］とすれば、この単位区間での遅延時間をT_dとすれば、$T_d = \sqrt{LC}$［s／m］で表すことができます（**図4−7**）。

この$\sqrt{LC}$の単位が［s／m］になることは、第2章2.3のところで述べた誘電率εと透磁率μの関係と同じように求めることができます。

したがって、パターン（a−b間）がn区間から構成されて全体の長さx［m］となっていれば、パターン全体の遅延時間T_0は$T_0 = x\sqrt{LC}$［s］となります。このことから信号が長さxのパタ

4.2 分布定数回路とは何か

ーンを伝送するには、T_0 だけ時間がかかることになります。往復する場合はこの2倍の時間がかかることになります。

> **例** 信号が往復する時間。
>
> プリントパターンの単位長さあたりの容量 $C = 0.8\text{pF}/\text{cm}$、単位長さあたりのインダクタンス $L = 8\text{nH}/\text{cm}$ とすれば、単位長さあたりの遅延時間 T_d は
>
> $T_d = \sqrt{L \cdot C} = \sqrt{8 \times 10^{-9} \times 0.8 \times 10^{-12}} = 0.08\text{ns/cm}$ となります。
>
> したがって、パターンの長さを10cmとすれば全体で0.8nsだけ遅れることになります。信号が反射して戻ってくる場合は往復で1.6nsかかることになります。

$$T_d = \sqrt{LC} \ [\text{s/m}]$$

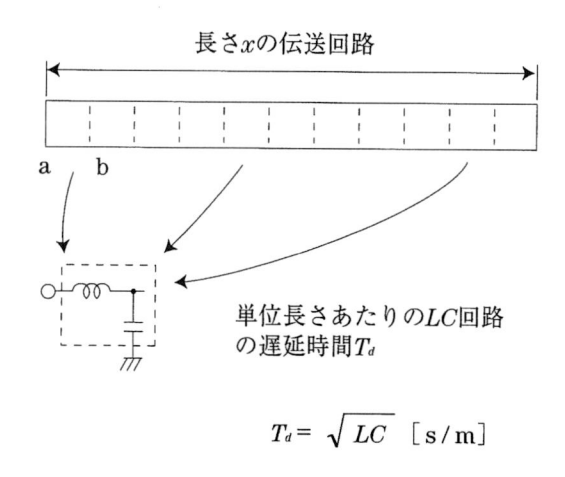

図4-7 長さ x の伝送回路の遅延時間

4章 集中定数回路と分布定数回路

4.3　集中定数回路と分布定数回路における信号伝送条件(インピーダンス)に違いはあるのか

(1) 受信側のインピーダンスを最大にするか特性インピーダンスに合わせるかの違い

集中定数回路においては、とくに入出力のインピーダンスが設定されているようなフィルターや遅延線（ディレーライン）では通常、伝送すべき信号の反射を極力防ぐために、これらのデバイスが持つ特性インピーダンスに送信側と受信側をインピーダンスマッチングさせて使用するのが普通です。回路部品が1つに集まった集中定数でも、高周波（信号の波長が長い）で考えなければならない分布定数回路でも、基本的には伝送すべき信号を送信側から受信側に最大限伝送することは同じです。

集中定数回路では信号源を電圧として扱うことが多く、この電圧の損失を最小にするような伝送を行います。そのためには図4－8に示すように信号源側の送り出しのインピーダンスR_iを

（送信側）R_iをできるだけ小さく　　（受信側）R_lをできるだけ大きく

出力インピーダンスを小さく

入力インピーダンスR_iを大きく

受信側接続R_lを送信側接続R_iに比べて大きくする

$$V_o = V_s \frac{R_l}{R_i + R_l}$$

$$= V_s \cdot \frac{1}{\left(\dfrac{R_i}{R_l}\right) + 1}$$

$$\fallingdotseq V_s \quad (R_i \ll R_l)$$

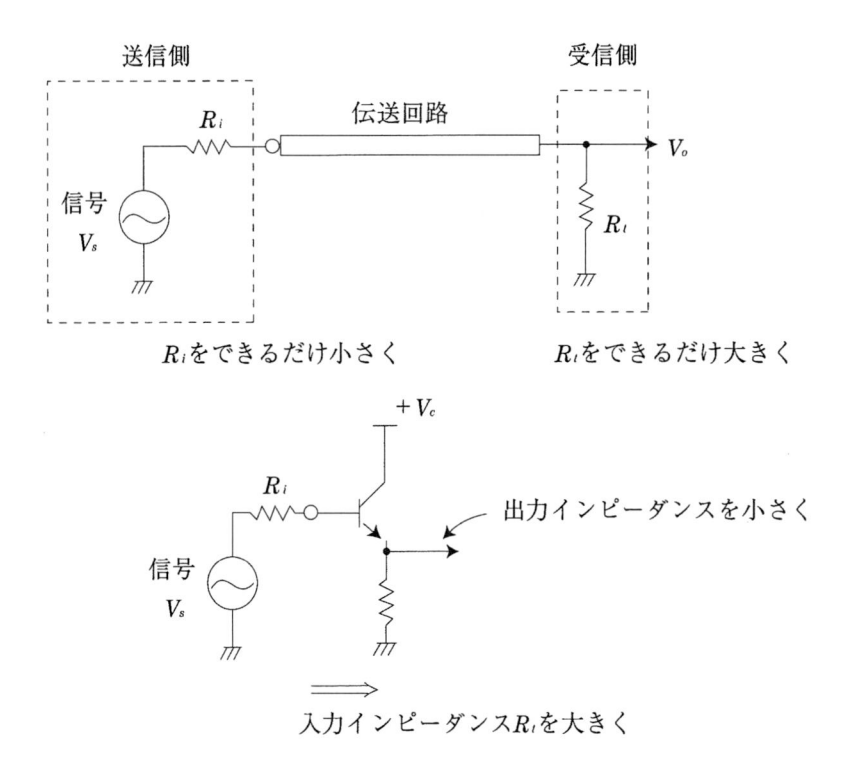

図4-8　集中定数回路としたときの信号伝送条件（インピーダンス）

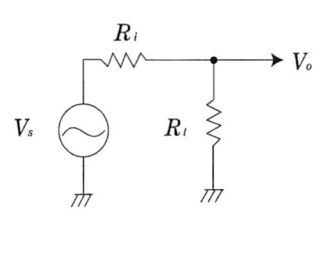

極力小さくして、受信側のインピーダンスR_iを極力大きくして信号伝送を行うことが原則となります。よく信号の増幅などで増幅器の入力インピーダンスを高くして出力インピーダンスを低くするのはこのためです。このようすると入力信号はほとんど損失なく出力されます。

一方、**図4-9**に示すように信号の波長に比べて伝送回路の長さが無視できない場合は伝送回路の持つ特性インピーダンスZ_0に送信側のインピーダンスZ_i（$Z_i = Z_0$）を合わせ、かつ受信側のインピーダンスも伝送回路の特性インピーダンスZ_0に合わせて（インピーダンスマッチングさせて）信号を伝送させることが基本となります。

このようにインピーダンスマッチングを取ることにより、受信側で反射がなくなり、送信電力を損失することなく受信側に伝送することができます。

また信号として電圧（たとえばパルス）を伝送する場合も、分布定数回路ではインピーダンスマッチングを取ることにより反射する信号が最小となり、信号波形の品質を劣化させないで伝送することができます。

高周波の伝送では、特定の周波数においてインピーダンスマッチングするときに抵抗を使用すると電力が損失するために、インダクタLやコンデンサCを用いてインピーダンスマッチングを行います。

〔ポイント〕
・集中定数回路における信号伝送の条件は送信側のインピーダンスを極力小さく、受信側のインピーダンスを極力大きくして信号の伝送損失を極力抑えることが条件です。
・分布定数回路における信号伝送の条件は、送信側のインピーダンスと受信側のインピーダンスを伝送回路の特性インピーダンスに極力合わせて反射を極力抑えることが条件です。

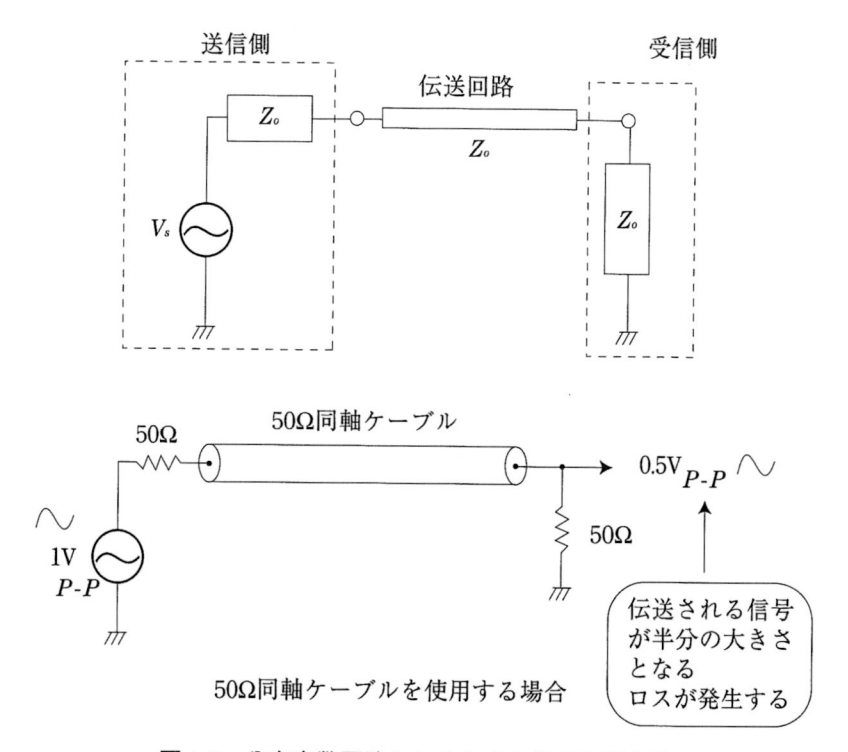

図4-9　分布定数回路としたときの信号伝送条件

4章 集中定数回路と分布定数回路

4.4 分布定数回路を伝搬する波はどのように表すことができるか

図4−10(a)には信号V_sから負荷Z_Lまでを分布定数回路として考え、ある単位の区間dxでは集中定数回路として示しています。今、単位長さあたりの抵抗をR、インダクタをL、容量をC、コンダクタンスをGとし、この単位区間dxで発生する電圧と電流の関係を示すと図4−10(b)のようになります。ac間の電圧を$V+dV$とし、ab間で電圧降下した分をdVとすれば、bd間で発生する電圧はVとなります。区間abにおいて電圧dVにオームの法則を適用すると次のようになります。

$$dV = (R \cdot dx + j\omega L \cdot dx) I$$
$$= (R + j\omega L) dx \cdot I$$

これより単位区間での電圧変化$\dfrac{dV}{dx}$は、$\dfrac{dV}{dx} = (R + j\omega L) I$ となります。

ここで$Z = R + j\omega L$とおけば、

$$\dfrac{dV}{dx} = ZI \quad \text{------式 (4.1)}$$

となります。

また、区間bdを流れる電流をdIとすれば、この電流はコンデンサCとコンダクタンスGを流れるので次のようになります。

$$dI = V(G \cdot dx + j\omega C \cdot dx)$$
$$= V(G + j\omega C) dx$$

これより単位区間での電流変化$\dfrac{dI}{dx}$は、$\dfrac{dI}{dx} = V(G + j\omega C)$ となります。

ここで$Y = G + j\omega C$とおけば、

$$\dfrac{dI}{dx} = YV \quad \text{------式 (4.2)}$$

となります。

この式 (4.1) と式 (4.2) はお互いが関連を持っていることを意味します。

式 (4.1) の両辺を微分して式 (4.2) を代入すると、

$$dV^2 / dx^2 = Z dI / dx$$
$$= YZV \quad \text{------式 (4.3)}$$

この式は電圧Vと距離xに関する2次の微分方程式となります。

一方式 (4.2) の両辺を微分して式 (4.1) を代入すると、

$$dI^2 / dx^2 = Y dV / dx$$
$$= YZI \quad \text{------式 (4.4)}$$

この式は電流Iと距離xに関する2次の微分方程式となります。

次にこの2次の微分方程式を解くことになります。

$V = e^{\gamma x}$とおいてみると、式 (4.3) から、$\gamma^2 e^{\gamma x} = YZ e^{\gamma x}$ となります。

これより$\gamma^2 = YZ$、$\gamma = \pm\sqrt{YZ}$ となります。

したがって、式 (4.3) の一般解は、

$$V = A e^{\gamma x} + B e^{-\gamma x} \quad \text{------式 (4.5)}$$

A、Bは定数となります。

4.4 分布定数回路を伝搬する波はどのように表すことができるか

(a) 分布定数回路と単位区間

送信側　a┄b プリントパターン
信号 V_s　負荷 Z_L　V_L
c→ ←d
dx
x
$x=0$（負荷の位置を$x=0$とする）
xが大きくなる

$$dV = (Rdx + j\omega L dx)I = (R+j\omega L)I dx$$

(b) 単位区間の回路

$$dI = V(Gdx + j\omega C dx) = V(G+j\omega C)dx$$

コンデンサCを流れる電流I_c

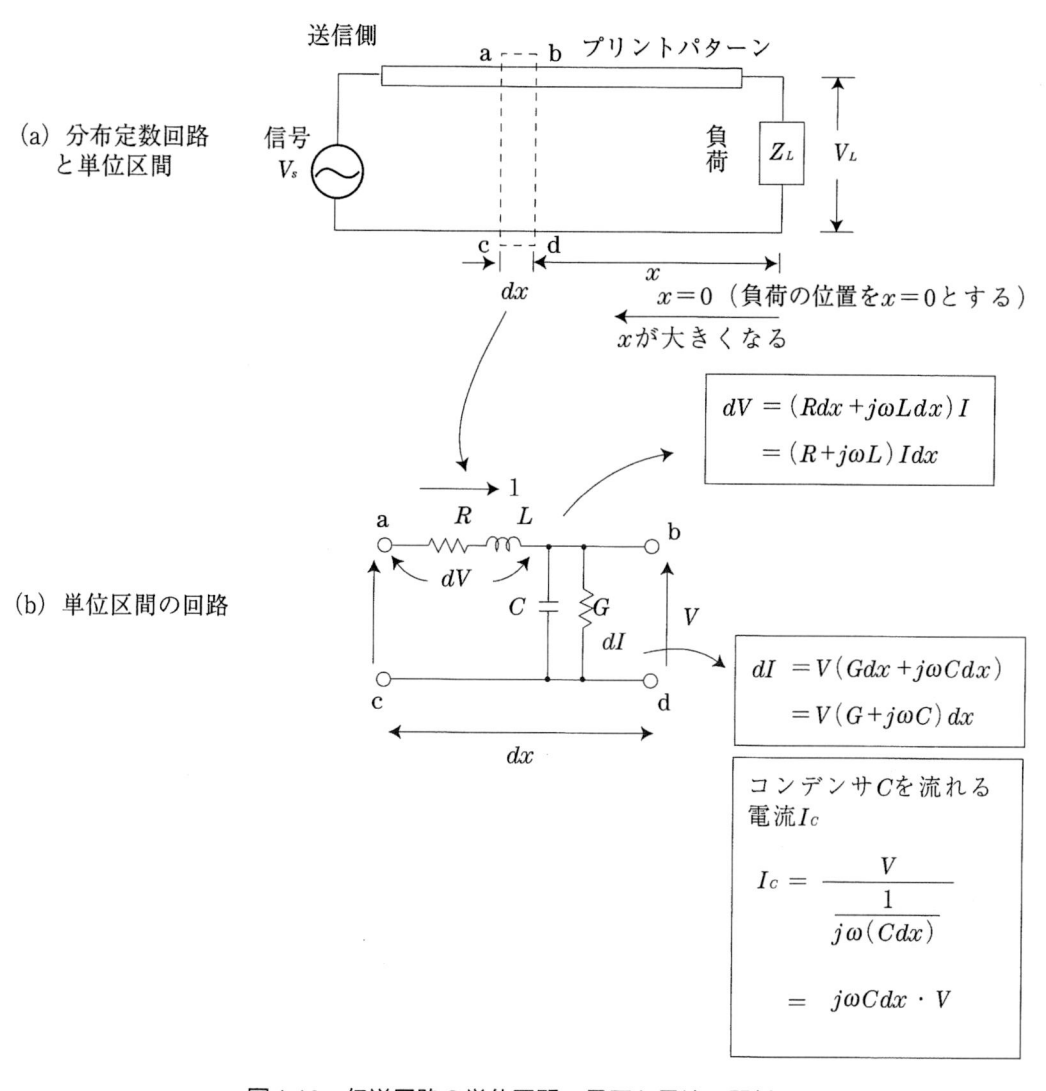

$$I_c = \cfrac{V}{\cfrac{1}{j\omega(Cdx)}} = j\omega C dx \cdot V$$

図4-10　伝送回路の単位区間の電圧と電流の関係

4.5 分布定数回路の電圧と電流の関係

距離 x における電圧 $V = Ae^{\gamma x} + Be^{-\gamma x}$ の式が意味しているところは、$Ae^{\gamma x}$ は距離 x（距離 x は受信側（負荷）を原点 $x = 0$ としています）が大きいほど、大きくなることです。このことは送信側ほど大きな値であることから送信側から送る入射波を表し、A は入射波の大きさとなります。

一方、$Be^{-\gamma x}$ は x が大きくなるほど、小さくなることです。このことは負荷に近い（x が小さい）ほど大きく、負荷から離れるほど（x が大きく）小さくなることから負荷で反射した反射波を表し、B が反射波の大きさを示しています。つまり、この式（4.5）には入射する波と反射する波の両方が存在することを意味しております。同じように式（4.4）も次のように表すことができます。

$$I = A'e^{\gamma x} + B'e^{-\gamma x} \quad \text{------------------------式（4.6）}$$

この A、A'、B、B' については式（4.1）、式（4.2）によってお互いが関連しています。
したがって、式（4.1）からは、

$$dV/dx = A\gamma e^{\gamma x} - B\gamma e^{-\gamma x} = A'Ze^{\gamma x} + B'Ze^{-\gamma x}$$

A、A'、B、B' の間には次のような関係が成り立ちます。

$$A\gamma = A'Z, \quad A = A'\sqrt{\frac{Z}{Y}} \quad \text{------------------------式（4.8）}$$

$$-B = B'\sqrt{\frac{Z}{Y}} \quad \text{------------------------式（4.9）}$$

ここで $\sqrt{\frac{Z}{Y}}$ はインピーダンスの次元をもち、図4-10(b)に示す伝送回路の特性を示す（特徴づける）特性インピーダンス Z_0 といわれているものです。

また $\gamma = \sqrt{YZ}$ は Y の値と Z の値によって決まる定数で、波の伝搬に関わるもので伝搬定数と呼ばれています。

つまり $\gamma = \sqrt{YZ}$、$Z_0 = \sqrt{\frac{Z}{Y}}$ は伝送回路を特徴づける重要な量です。

これより式（4.8）、式（4.9）より、$A = A'Z_0$、$B = -Z_0B'$ となります。
A' と B' を式（4.6）に代入すると次のようになります。

$$I = (A/Z_0)e^{\gamma x} - (B/Z_0)e^{-\gamma x} \quad \text{------------------------式（4.10）}$$

4.5 分布定数回路の電圧と電流の関係

〔ポイント〕
- $V = Ae^{\gamma x} + Be^{-\gamma x}$ には進行する波（入射波 $Ae^{\gamma x}$）と反射する波（反射波 $Be^{-\gamma x}$）の両方が含まれています。
- 負荷の位置を $x = 0$ とした場合、$Ae^{\gamma x}$ は x が大きくなると大きくなることです。つまり送信側ほど大きな値であることから入射波となります。A は入射波の大きさを示します。
- $Be^{-\gamma x}$ は x が大きくなると小さくなります。つまり負荷に近いほど（x が小さい）大きく、負荷から離れるほど（x が大きい）小さくなることから反射波となります。B が反射波の大きさを示します。
- 伝送回路の式には入射波 A と反射波 B の大きさと距離 x の関係を含んでいます。
- 伝送回路の式を特徴づける $\gamma = \sqrt{YZ}$ は回路定数（R、L、C、G）によって決まる Y と Z の積（これは次元がなく定数）で波の伝搬に関わる定数で伝搬定数と呼ばれています。
- $Z_0 = \sqrt{\dfrac{Z}{Y}}$ はインピーダンスの次元をもち、伝送回路を特徴づけるインピーダンスで特性インピーダンスと呼ばれています。
- $V = Ae^{\gamma x} + Be^{-\gamma x}$ と $I = (A/Z_0)e^{\gamma x} - (B/Z_0)e^{-\gamma x}$ を比較すると電圧の反射波（＋）と電流の反射波（－）は符号が異なっております。つまり電圧に対して電流の反射は位相が180°異なることになります。

4章 集中定数回路と分布定数回路

4.6 分布定数回路に重要な伝搬定数 γ と特性インピーダンス Z_0

(1) 伝搬定数 γ（複素数：大きさと位相）

伝搬定数 γ は $\gamma = \sqrt{YZ}$ で表されますが、伝送線路は一般的に $Z = R + j\omega L$、$Y = G + j\omega C$ となるので、$YZ = (R + j\omega L)(G + j\omega C)$ より複素数となることが多くなります。ここで γ は実数部分 α と虚数部分 β をもち、$\gamma = \alpha + j\beta$ として表すことができます。

つまり α と β は Y と Z によって決まることがわかります。

今、距離 x における電圧 $V = Ae^{\gamma x} + Be^{-\gamma x}$ の式について入射する波 $e^{\gamma x}$ と反射する波 $e^{-\gamma x}$ について考えてみると、α によって波の大きさは図4−11 (a) に示すように変化します。

入射する波は次のように表すことができます。

$$e^{\gamma x} = e^{(\alpha + j\beta)x} = e^{\alpha x} \cdot e^{j\beta x} = e^{\alpha x}(\cos \beta x + j\sin \beta x)$$

また反射する波は次のように表すことができます。

$$e^{-\gamma x} = e^{-(\alpha + j\beta)x} = e^{-\alpha x} \cdot e^{-j\beta x} = e^{-\alpha x}[\cos(-\beta x) + j\sin(-\beta x)]$$

ここで $e^{\alpha x}$ と $e^{-\alpha x}$ は距離 x に対する波の大きさ、つまり波の減衰度合いを表しているために減衰定数と呼ばれています。一方、$e^{j\beta x}$ は波の位相を表しているために、β は位相定数と呼ばれています。減衰定数 α と位相定数 β の関係を図4−11に示します。

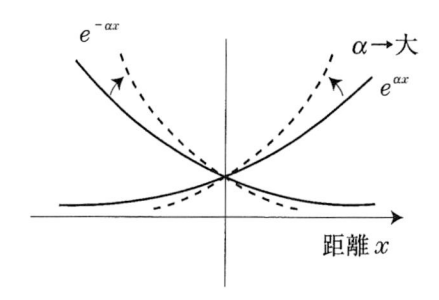

(a) α を大きくしたときの入射波と反射波

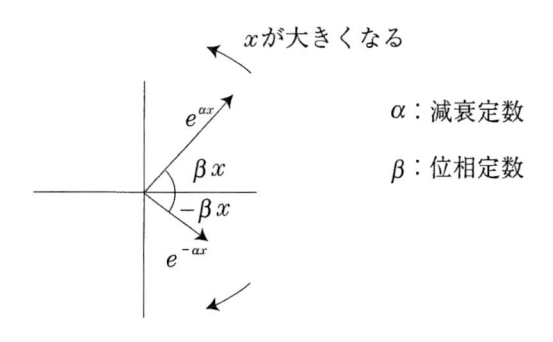

(b) 減衰定数 α と位相定数 β の関係

図4-11　伝搬定数 $\gamma = \alpha + j\beta$

(2) 無損失線路について

伝送線路が無損失ならば抵抗成分Rが極めて小さく、$R \ll j\omega L$、$G \ll j\omega C$であるから、

$$\gamma = \sqrt{YZ} = \sqrt{j^2\omega^2 LC} = j\omega\sqrt{LC} = j2\pi f\sqrt{LC}$$

となります。つまり伝搬定数γの実数部$\alpha = 0$（減衰なし）であり、虚数部分$j\beta = j2\pi f\sqrt{LC}$

これより$\beta = 2\pi f\sqrt{LC}$ となります。

ここで距離xと位相定数βの関係は図4－12に示すように、距離xつまり波長λで位相が2πとなるから$\beta x = \beta \cdot \lambda = 2\pi$より、

$$\beta = \frac{2\pi}{\lambda}$$

これより、

$$\frac{2\pi}{\lambda} = 2\pi f\sqrt{LC}$$

波の伝搬する速度vは$v = f \cdot \lambda = \dfrac{1}{\sqrt{LC}}$ となります。

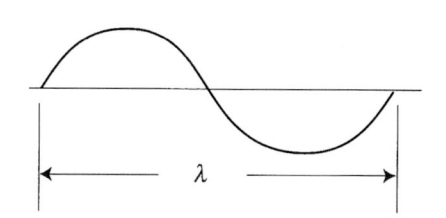

図4-12 距離xと位相定数βの関係

(3) 特性インピーダンス

特性インピーダンスZ_0は、

$$Z_0 = \sqrt{\frac{Z}{Y}} \quad [\Omega]$$

$$= \sqrt{\frac{R+j\omega L}{G+j\omega C}} \quad [\Omega]$$

$$= r + jx$$

$$= \sqrt{r^2+x^2}\, e^{j\theta}$$

で表され、伝送線路の特徴を示しています。

特性インピーダンスもY、Zが一般的に複素数であるためにZ_0は大きさと位相を持つことになります。

今、伝搬定数γと同じように無損失伝送線路を考えると$R \ll j\omega L$、$G \ll j\omega C$より、

$$Z_0 = \sqrt{\frac{R+j\omega L}{G+j\omega C}} = \sqrt{\frac{L}{C}} \quad [\Omega]$$

となり、LとCの値によって決まり長さに関係しないことがわかります。

〔ポイント〕
・伝搬定数 γ も特性インピーダンス Z_0 も一般的には複素数で表すことができます。
・無損失線路では波の伝搬する速度はインダクタ L とコンデンサ C によって決まります。
・無損失線路では特性インピーダンスはインダクタ L とコンデンサ C によって決まります。

4.7 分布定数回路の反射係数 ρ を求める

(1) 負荷の位置（$x=0$）における電圧と電流

図4-10 (a) において負荷 Z_L の位置（$x = 0$）における電圧は V_L となるから、式 (4.5) に $x = 0$ を代入して、

$$V_L = A + B \quad \text{式 (4.11)}$$

電流については式 (4.10) に $x = 0$ を代入して、

$$I = A / Z_0 - B / Z_0$$
$$= (A - B) / Z_0 \quad \text{式 (4.12)}$$

式 (4.11) と式 (4.12) から入射波の大きさ A と反射波の大きさ B を求めると、

$$A = (V_L + Z_0 \cdot I_L) / 2$$
$$B = (V_L - Z_0 \cdot I_L) / 2$$

となります。

この A と B を式 (4.5)、式 (4.10) に代入すると次のようになります。

$$V = [(V_L + Z_0 \cdot I_L) / 2] e^{\gamma x} + [(V_L - Z_0 \cdot I_L) / 2] e^{-\gamma x}$$
入射波　　　　　　　　　反射波

$$I = [(V_L + Z_0 \cdot I_L) / 2Z_0] e^{\gamma x} - [(V_L - Z_0 \cdot I_L) / 2Z_0] e^{-\gamma x}$$
入射波　　　　　　　　　反射波

入射波 $Ae^{\gamma x}$ に対する反射波 $Be^{-\gamma x}$ の比を取ると、

$$\frac{Be^{-\gamma x}}{Ae^{\gamma x}} = \frac{V_L - Z_0 I_L}{V_L + Z_0 I_L} e^{-2\gamma x}$$

ここで、負荷の位置（$x = 0$）では反射係数 ρ は、

$$\rho = B / A = \frac{V_L - Z_0 I_L}{V_L + Z_0 I_L}$$
$$= (V_L / I_L - Z_0) / (V_L / I_L - Z_0)$$
$$= (Z_L - Z_0) / (Z_L + Z_0) \quad \text{となります。}$$

伝送線路の負荷における反射係数を表したものが図4-13になります。

〔ポイント〕
・入射波と反射波の大きさの比は、負荷インピーダンス Z_L と特性インピーダンス Z_0 がわかれば求めることができます。

4章 集中定数回路と分布定数回路

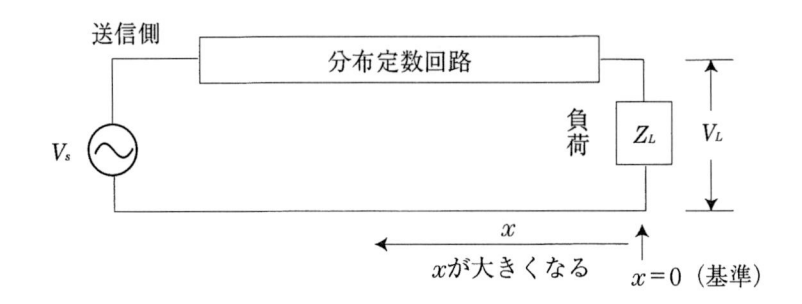

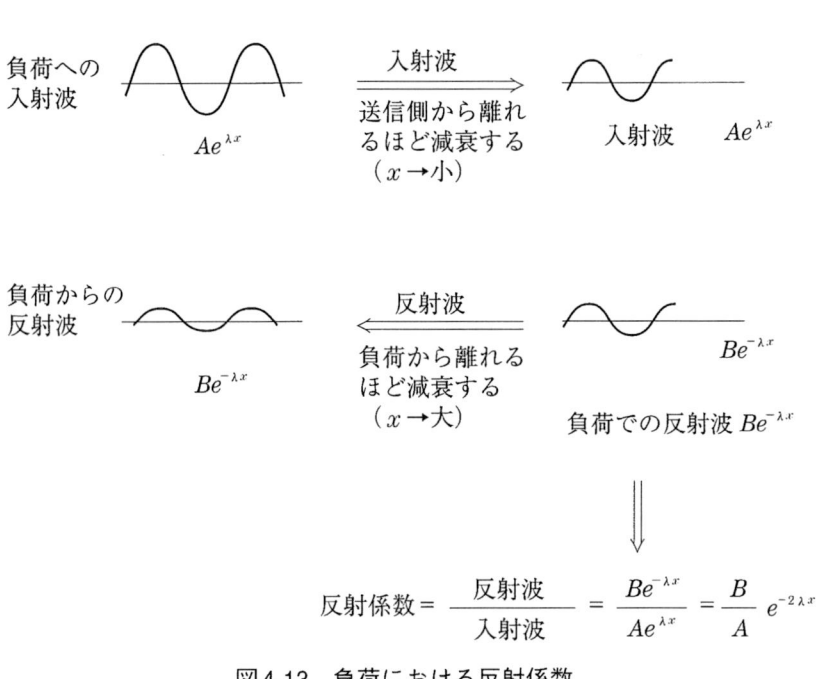

送信側　　分布定数回路　　　　　　　負荷 Z_L　V_L

V_s

x　xが大きくなる　$x=0$（基準）

負荷への入射波　$Ae^{\lambda x}$　入射波　送信側から離れるほど減衰する（$x \to$ 小）　入射波　$Ae^{\lambda x}$

負荷からの反射波　$Be^{-\lambda x}$　反射波　負荷から離れるほど減衰する（$x \to$ 大）　負荷での反射波 $Be^{-\lambda x}$

$$反射係数 = \frac{反射波}{入射波} = \frac{Be^{-\lambda x}}{Ae^{\lambda x}} = \frac{B}{A}e^{-2\lambda x}$$

図4-13　負荷における反射係数

4.8 電圧の反射係数と電流の反射係数

　反射の大きさを表すには反射係数を使用します。この反射係数とは入射波に対する反射波の比のことを言います。この入射波に対する反射波の比には、入射波に対する大きさと入射波に対してどれだけ位相が変化しているかの位相の変化も含めています。
　一般的に電圧の反射と電流の反射を表すには、電圧反射係数ρ_vと電流反射係数ρ_iは次のようになります。

・電圧反射係数ρ_v＝反射電圧V_2／入射電圧V_1
・電流反射係数ρ_i＝反射電流I_2／入射電流I_1

（1）電圧反射係数 ρ_v を求める

　負荷における電圧の反射係数ρ_vは次のようになります。

$$\rho_v = \frac{B}{A} = \frac{V_L - Z_0 I_L}{V_L + Z_0 I_L}$$

$$= \frac{\dfrac{V_L}{I_L} - Z_0}{\dfrac{V_L}{I_L} + Z_0}$$

$$= \frac{Z_L - Z_0}{Z_L + Z_0} \quad \text{------------------------------------式（4.13）}$$

これにより入射電圧V_1に対する反射電圧V_2の比である電圧反射係数ρ_vを求めると、

$$\rho_v = \frac{V_2}{V_1} = \frac{Z_L - Z_0}{Z_L + Z_0}$$

ここで、分布定数回路の特性インピーダンスZ_0は50Ωとか100Ωとか130Ωといった数値で表します。ところが負荷のインピーダンスは純抵抗だけでなく抵抗、インダクタンスやコンデンサなどの組み合わせで使用することもあります。この場合には電圧反射係数ρ_vは複素数、つまり大きさと位相を持った量となります。この大きさをΓ、位相をϕで表せば電圧反射係数ρ_vは次のように表すことができます。

$$\rho_v = \frac{Z_L - Z_0}{Z_L + Z_0}$$
$$= \Gamma e^{j\phi}$$

　送信側おいても同様（送信側の負荷により反射が起こる）に考えることができます。
　電圧反射係数ρ_vは、伝送回路の特性インピーダンスZ_0と負荷のインピーダンスZ_Lによって決まることがわかります。
　反射係数が大きいということは、入射電圧に対して反射される電圧の大きさが大きいということです。このことは入射電圧に大きな影響を与え、入射電圧の波形が変化することになります。

4章 集中定数回路と分布定数回路

（2）電流の反射係数 ρ_i を求める

負荷における電流の反射係数 ρ_i は次のようになります。

$$\rho_i = -\frac{B}{A} = -\frac{V_L - Z_0 I_L}{V_L + Z_0 I_L}$$

$$= -\frac{V_L/I_L - Z_0}{V_L/I_L + Z_0}$$

$$= -\frac{Z_L - Z_0}{Z_L + Z_0}$$

これにより入射電流 I_i に対する反射電流 I_0 の比である電流の反射係数 ρ_i を求めると、次のようになります。

$$\rho_i = \frac{I_0}{I_i} = -\frac{Z_L - Z_0}{Z_L + Z_0}$$

$$= -1 \times \frac{Z_L - Z_0}{Z_L + Z_0}$$

$$= e^{j\pi} \cdot \Gamma e^{j\phi}$$

$$= \rho_v e^{j\pi}$$

この式より電流の反射係数 ρ_i は電圧の反射係数 ρ_v と大きさが等しく、符号が逆（位相が180度遅れる）となります（図4－14）。

〔ポイント〕
・電流の反射係数 ρ_i の大きさと電圧の反射係数 ρ_v の大きさは等しく、符号が逆です。

4.8 電圧の反射係数と電流の反射係数

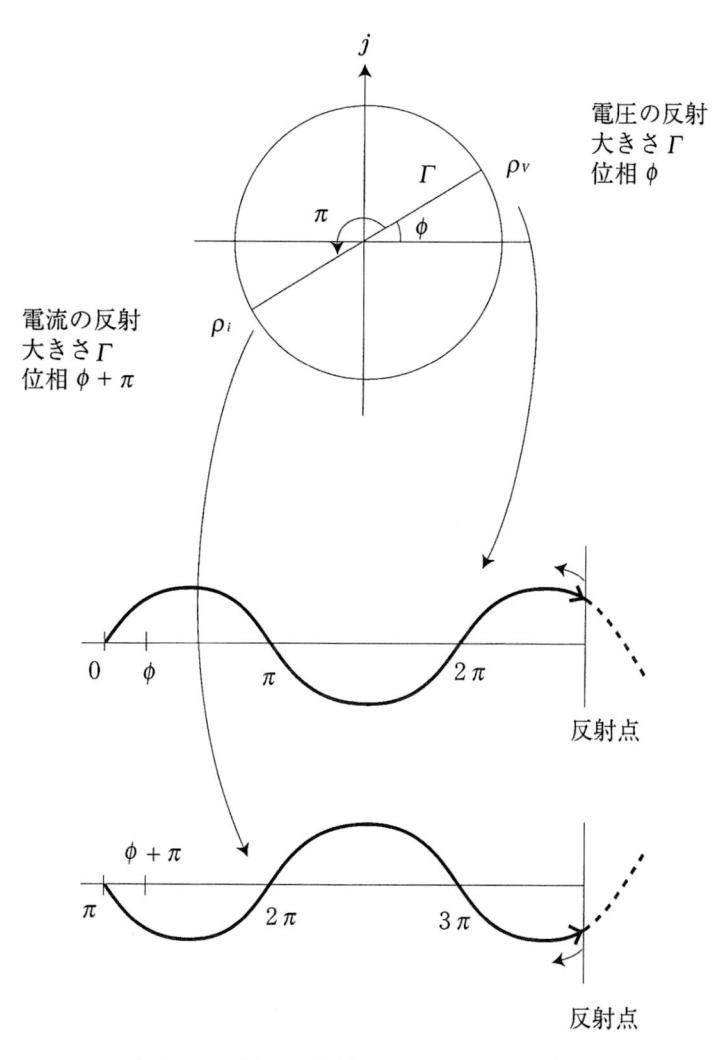

図4-14 電圧の反射と電流の反射の関係

電圧の反射
大きさ Γ
位相 ϕ

電流の反射
大きさ Γ
位相 $\phi + \pi$

反射点

4章 集中定数回路と分布定数回路

4.9 集中定数回路と分布定数回路の比較（トラップ回路、バンドパスフィルター）

(1) 集中定数回路の特性

一般的に集中定数回路として電子回路でよく使われるフィルター回路があります。このフィルター回路は、インダクタLとコンデンサCの電子部品を組み合わせたものです。

図4-15には、集中定数型のフィルターとしてトラップフィルター（ある帯域の信号を伝送させないようなフィルター：バンドエリミネーションフィルター、BEF）とある周波数帯域の信号を伝送させるバンドパスフィルター（BPF）の簡単な回路図とその周波数特性を示しています。

(2) 分布定数回路の特性

図4-16（a）はトラップ回路の分布定数回路です。この分布定数回路をマイクロストリップ構造のパターンで表すと図4-16（b）のようになります。パターンの途中から$\frac{\lambda}{4}$のパターンabが形成されています。b点ではパターンがどこにも接続されていなくてオープン（open）となっています。このabのパターンに注目して図4-16（c）のようにa点に分布する信号のレベルが最小となり、かつb点で最大の信号が分布するときの信号の波長を求めてみると、$\frac{\lambda}{4}$の信号、$\left(\frac{\lambda}{2}+\frac{\lambda}{4}\right)$の信号、$\left(\lambda+\frac{\lambda}{4}\right)$の信号、……$\left(\frac{n}{2}\lambda+\frac{\lambda}{4}\right)$の信号が分布したときです。

(a) トラップフィルター　　(b) バンドパスフィルター

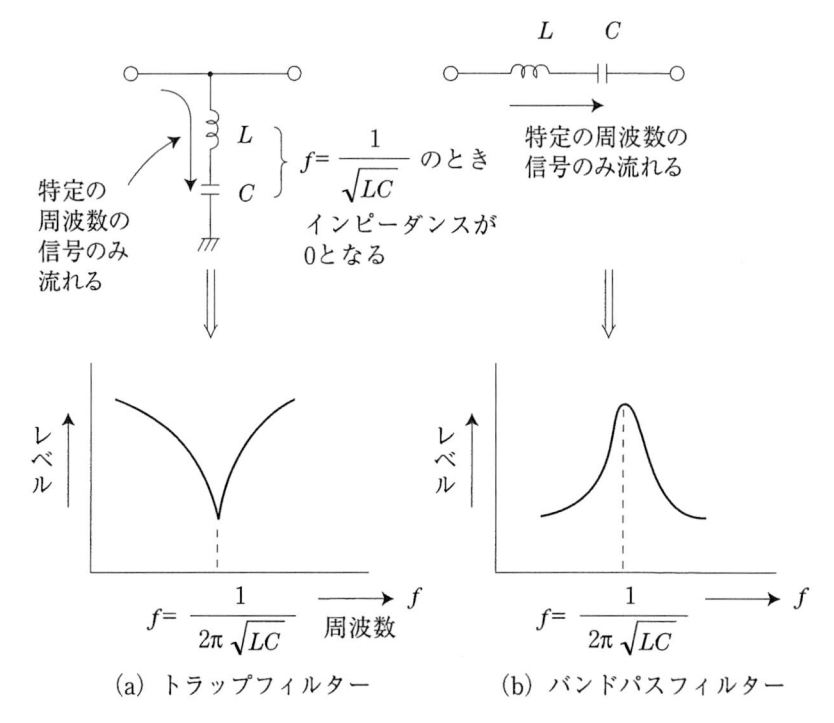

図4-15　集中定数回路で構成したトラップフィルターとバンドーパスフィルターの回路とその周波数特性

4.9 集中定数回路と分布定数回路の比較（トラップ回路、バンドパスフィルター）

周波数で言えば、$\frac{\lambda}{4}$となる信号の周波数をf_1とすれば（速度$V = f \cdot \lambda$の関係）、分布定数回路では図4－16（d）に示すように周波数f_1のときだけでなく$3f_1$、$5f_1$、$7f_1$、……と奇数倍の周波数ごとにトラップされる周波数が現れてくるのが特徴です。これが集中定数回路ではf_1のみであったのと大きく異なります。

一方、図4－17（a）にはバンドパスフィルター回路の分布定数回路を示しています。この分布定数回路をマイクロストリップ構造のパターンで表すと図4－17（b）のようになります。

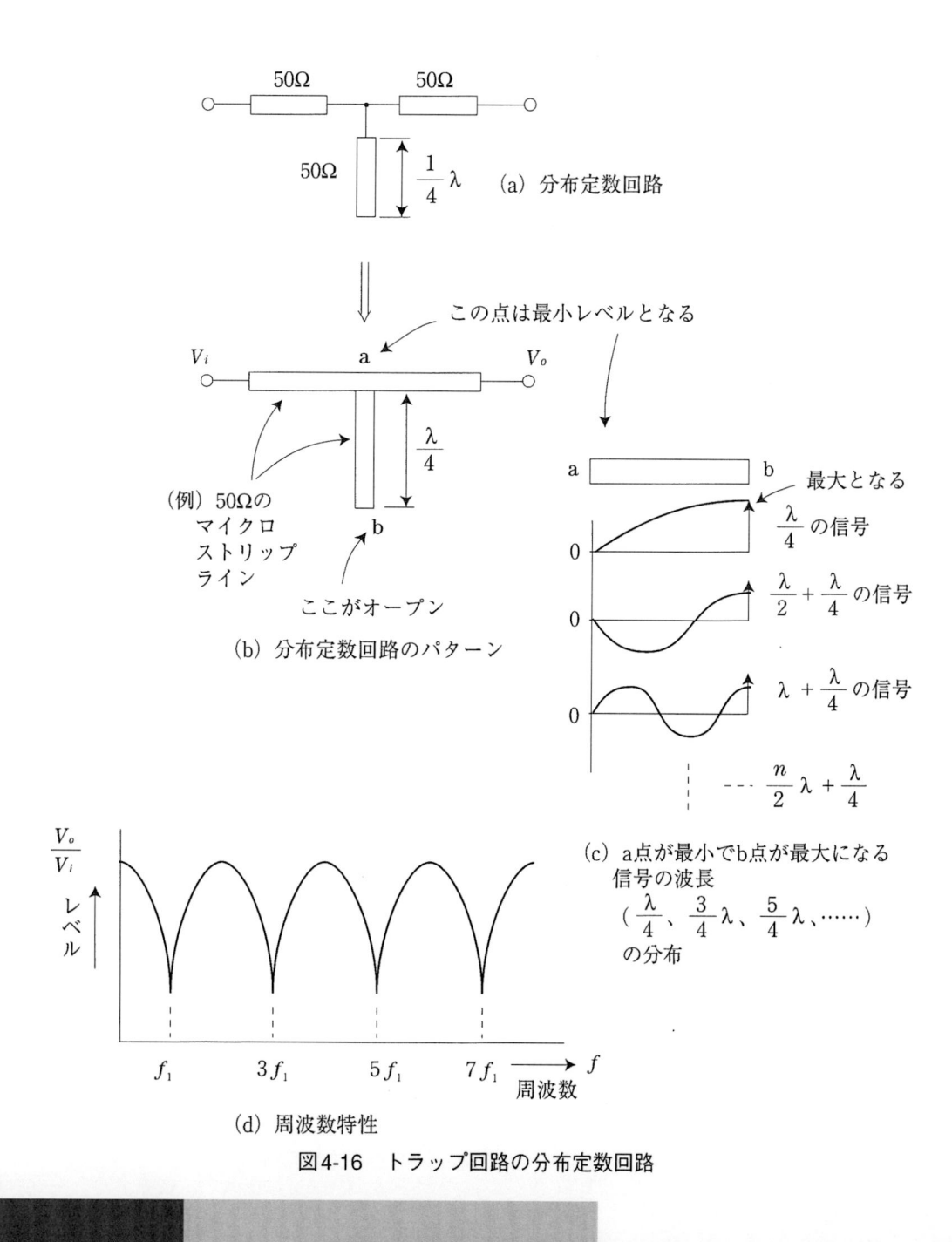

(a) 分布定数回路

(b) 分布定数回路のパターン

(c) a点が最小でb点が最大になる信号の波長
（$\frac{\lambda}{4}$、$\frac{3}{4}\lambda$、$\frac{5}{4}\lambda$、……）の分布

(d) 周波数特性

図4-16　トラップ回路の分布定数回路

4章 集中定数回路と分布定数回路

パターンの途中から $\frac{\lambda}{4}$ のパターンabが形成されています。b点ではトラップフィルターと異なりパターンがGNDパターンに接続されてショート (short) となっています。このabのパターンに注目して図4-17 (c) のようにa点に分布する信号のレベルが最大となり、かつb点で最小の信号が分布するときの信号の波長を求めてみると、$\frac{\lambda}{4}$ の信号、$(\frac{\lambda}{2}+\frac{\lambda}{4})$ の信号、$(\lambda+\frac{\lambda}{4})$ の信号、……$(\frac{n}{2}\lambda+\frac{\lambda}{4})$ の信号が分布したときです（ちなみに $\frac{\lambda}{2}$ の信号が分布するとa点、

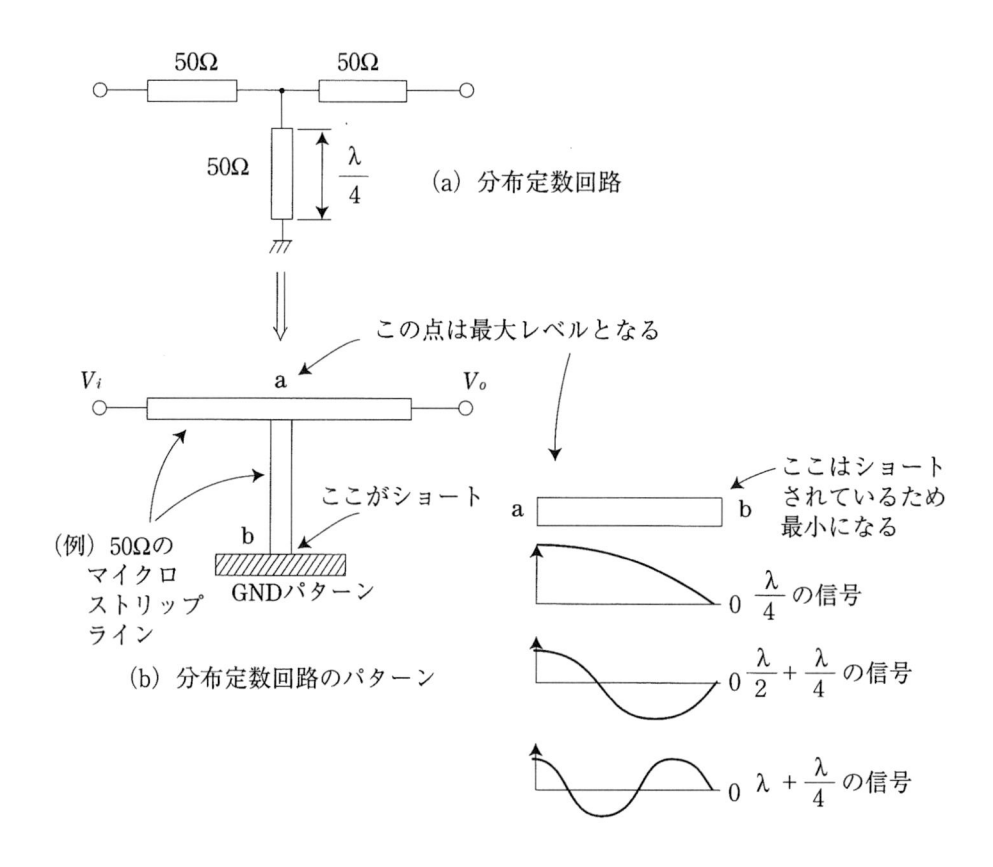

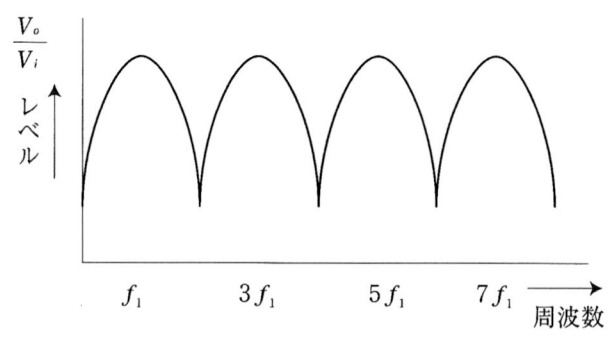

図4-17 バンドパスフィルターの分布定数回路

b点ともに最小レベルとなりトラップフィルターと同じ働きをします）。$\dfrac{\lambda}{4}$となる信号の周波数をf_1とすれば分布定数回路では図4－17（d）に示すように周波数f_1のときだけでなく$3f_1$、$5f_1$、$7f_1$、……と奇数倍の周波数ごとに最大の信号レベル（通過される信号）が現れ、f_1の偶数倍の周波数ではレベルが最小（トラップされる）となるのが特徴です。これも集中定数回路ではf_1のみであったのと大きく異なります。

5章
インピーダンスマッチングと特性インピーダンスの関係

　インピーダンスマッチングはなぜ必要なのか、インピーダンスマッチングされないで反射が発生するとどのような問題が発生するのか、反射の大きさと反射係数はどのように表すことができるのか、信号を伝送するプリントパターンの特性インピーダンス、同軸ケーブルの特性インピーダンスは何によって決まるのかを理解します。

5章 インピーダンスマッチングと特性インピーダンスの関係

5.1 インピーダンスマッチングの条件は何か

(1) 信号の反射があると電力の損失が発生

なぜインピーダンスマッチングが必要か、基本的には信号の反射を最小限にすることです。反射が発生することにより信号電圧であれば、信号波形に変化が発生し、信号に電力を用いれば電力が100％伝送されないで損失が発生します。これらの現象は分布定数回路で起こります。

今、図5－1に示すように信号V_Sを特性インピーダンスZ_0の伝送回路を経由して、負荷Z_Lに供給する場合を考えると、負荷に供給される電力W_Lは負荷に流れる電流をiとすれば次のようになります。

$$
\begin{aligned}
W_L &= i^2 \times Z_L \\
&= \left(\frac{V_S}{Z_0+Z_L}\right)^2 \cdot Z_L \quad\text{(5.1)} \\
&= V_S^2 \cdot Z_L / (Z_0^2 + 2Z_0 \cdot Z_L + Z_L^2) \\
&= V_S^2 / \{Z_L + 2Z_0 + (Z_0^2 / Z_L)\}
\end{aligned}
$$

ここで負荷Z_Lに供給される電力W_Lが最大になるためには分母である$\{Z_L + 2Z_0 + (Z_0^2/Z_L)\}$が最小となることが必要です。

今、Z_Lを変数として$f(Z_L) = Z_L + 2Z_0 + (Z_0^2/Z_L)$とおいて、この式を$Z_L$について微分して
$$f'(Z_L) = 1 - Z_0^2/Z_L^2 = 0$$

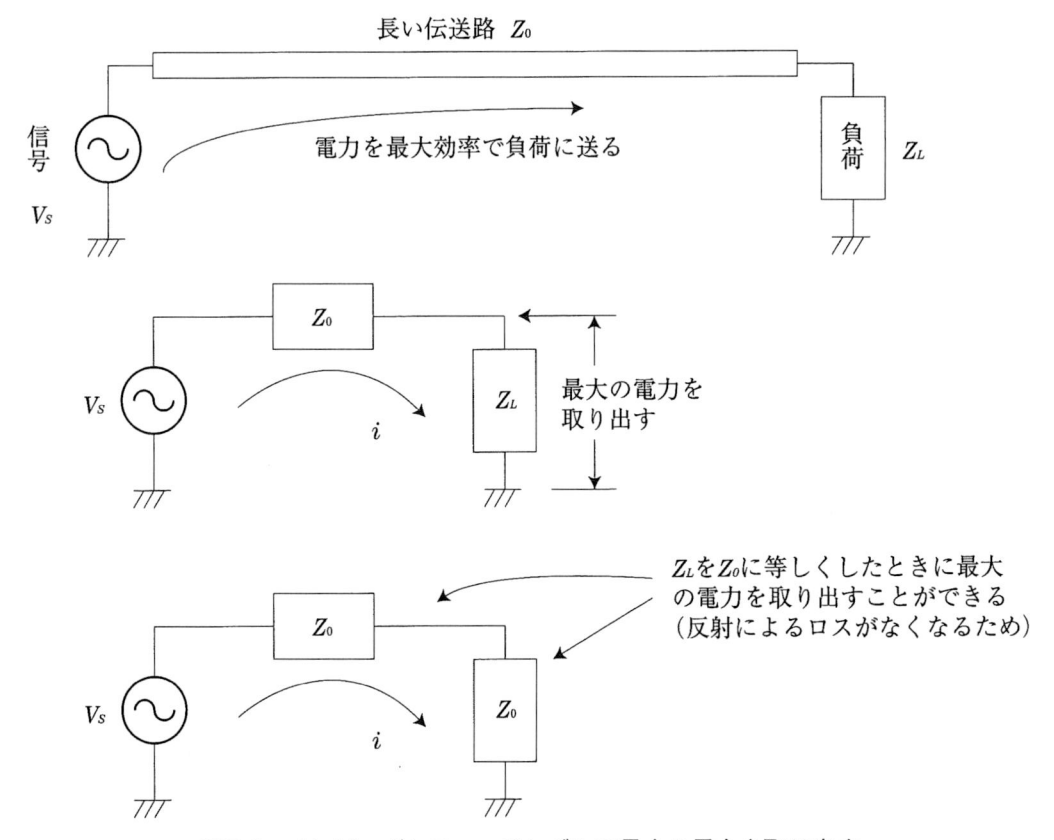

図5-1　インピーダンスマッチングして最大の電力を取り出す

これより $Z_L = Z_0$ のときに $f(Z_L)$ は最小になり、負荷に供給される電力 W_L は最大になります。つまり負荷のインピーダンス Z_L を伝送回路のインピーダンス Z_0 と同じにすることです。

負荷でインピーダンスマッチングをとることは信号の反射をなくして信号の電力は最大に伝送されることです。このとき最大の電力 W_{Lmax} は式（5.1）にて $Z_0 = Z_L$ とおくと次のようになります。

$$W_{Lmax} = \frac{V_s^2}{4Z_L}$$

ここで負荷のインピーダンス Z_L の特性インピーダンス Z_0 に対する比 Z_L / Z_0 に対してインピーダンスマッチングが取れたとき（$Z_L = Z_0$）の伝送される最大電力を100％とした場合のグラフを式（5.1）に基づいて計算してみると図5-2のようになります。

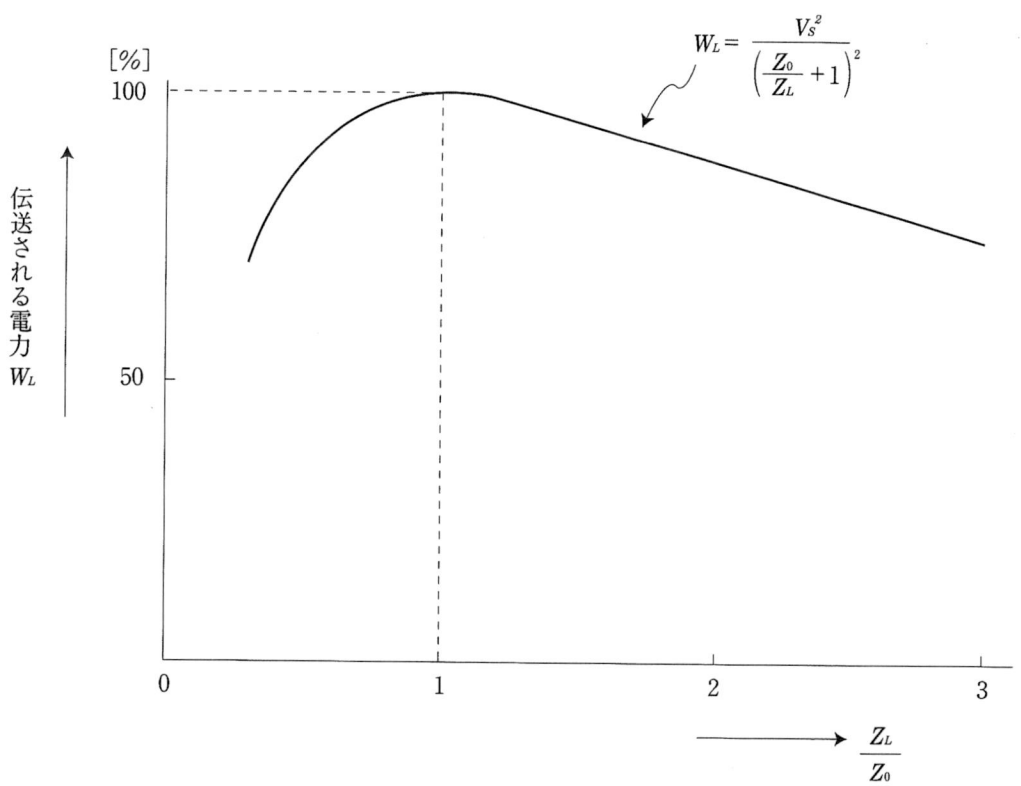

図5-2 インピーダンスマッチングのズレと伝送される電力との関係

5章 インピーダンスマッチングと特性インピーダンスの関係

5.2 インピーダンスマッチングをとる方法

　水の中を進む波は水を媒質として伝搬していきます。このときに水は一様な媒質のために、決まった媒質に固有な値（特性インピーダンスに相当）を持っていると考えられます。水の中を進んだ波が異なる媒質に差し掛かったときに、ここで不連続な部分があるために波が反射されます。

　すでに述べたような分布定数回路では、集中定数回路が一様に特性インピーダンスZ_0により接続されて連続しています。同じように1mの同軸ケーブルが、10cmの区切りで10個連続して50Ωの特性インピーダンスで接続され連続しています。このように一様な媒質の中では、どんなに小さく分割しても、その単位は特性インピーダンスでインピーダンスマッチングして接続されています。一様な媒質に不連続な部分が接続されると、この不連続部分（インピーダンスが合っていない）で反射が生じます。図5-3はインピーダンスマッチングについての考え方を示しています。

　図5-4には実際にインピーダンスマッチングをとる方法を示しています。すでに述べたように、信号を送る側のインピーダンス（信号源のインピーダンス）を伝送回路の特性インピーダンスZ_0と同じ値にし、さらに負荷側のインピーダンスを伝送回路の特性インピーダンスと同じ値にすることが信号電力を最大限に伝送するための条件となります。

　たとえば、図5-4(b)に示すように、特性インピーダンスと等しい抵抗を用いて終端した場合は、負荷側の抵抗で電力が消費されることになります。信号電圧が半分になってしまいます。

　一方、図5-4(c)に示すように、ある特定の周波数で特性インピーダンスに等しいインピーダンスで終端した場合には、負荷側で電力が消費されないことになります。

　また、アンテナから高周波電力を受けて、この高周波電力を効率よく高周波増幅器に導くためには、特定の周波数の信号のみ最大の電力で取り出すような場合が相当します。

〔ポイント〕
・インピーダンスマッチングがされていないと信号の電力を効率よく伝送することができません。
・高周波では抵抗を使うと電力がロスするため、抵抗でインピーダンスマッチングを取りません。
・高周波電力（または高周波電界）を受けて高周波電力を測定する計測機器（スペクトラムアナライザー、ネットワークアナライザー、電界強度計など）は純抵抗50Ωで受信します。

5.2 インピーダンスマッチングをとる方法

この不連続部分で反射

波が進む媒質（一様に連続している）
例：水

異なる媒質
例：コンクリートでできた防波堤

特性インピーダンス Z_0

集中定数回路

集中定数回路がインピーダンス Z_0 で接続されている
（インピーダンスマッチングされている）

1mの同軸ケーブル

50Ω同軸ケーブル

10cmごと10個に分割

どんなに小さく分割しても50Ωは変わらない

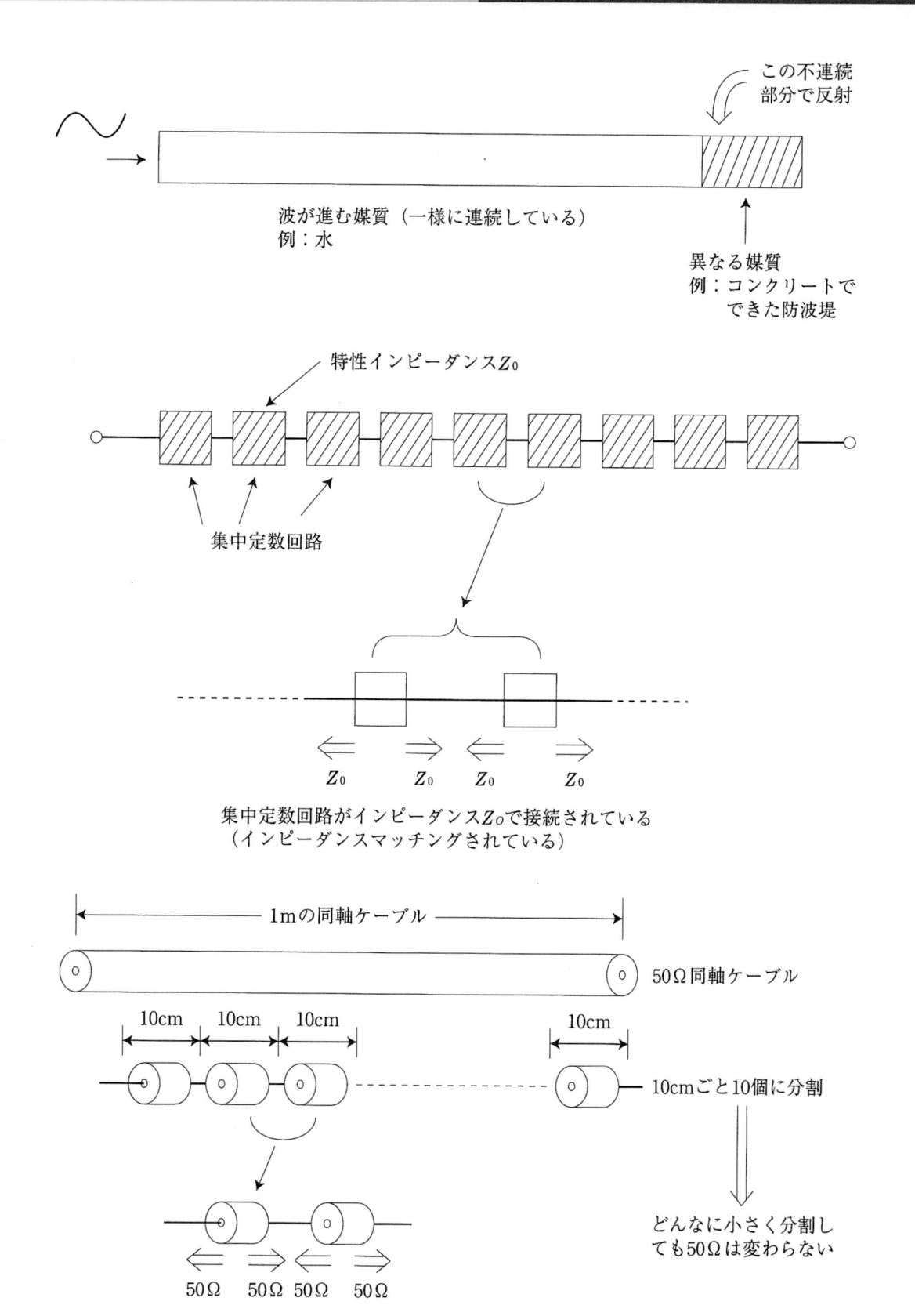

図5-3 インピーダンスマッチングの考え方

5章 インピーダンスマッチングと特性インピーダンスの関係

伝送回路（マイクロストリップ線路　ストリップ線路　同軸ケーブルなど）

信号源のインピーダンス

Z_0

Z_0

V_s

負荷のインピーダンス

等しい値にする

(a)

Z_0　50Ω

50Ω

抵抗では電力が消費される
すべての周波数でインピーダンスマッチングがとれる
（波形伝送に適している）

50Ω

レベル　f

(b)

LとCで構成

Z_0　50Ω

マッチング回路

50Ω

負荷 Z_L

特定の周波数で50Ωとすることができる。
電力が消費されない
特定の周波数を伝送するのに適している（搬送波の伝送）

レベル　搬送波信号　f_c

(c)

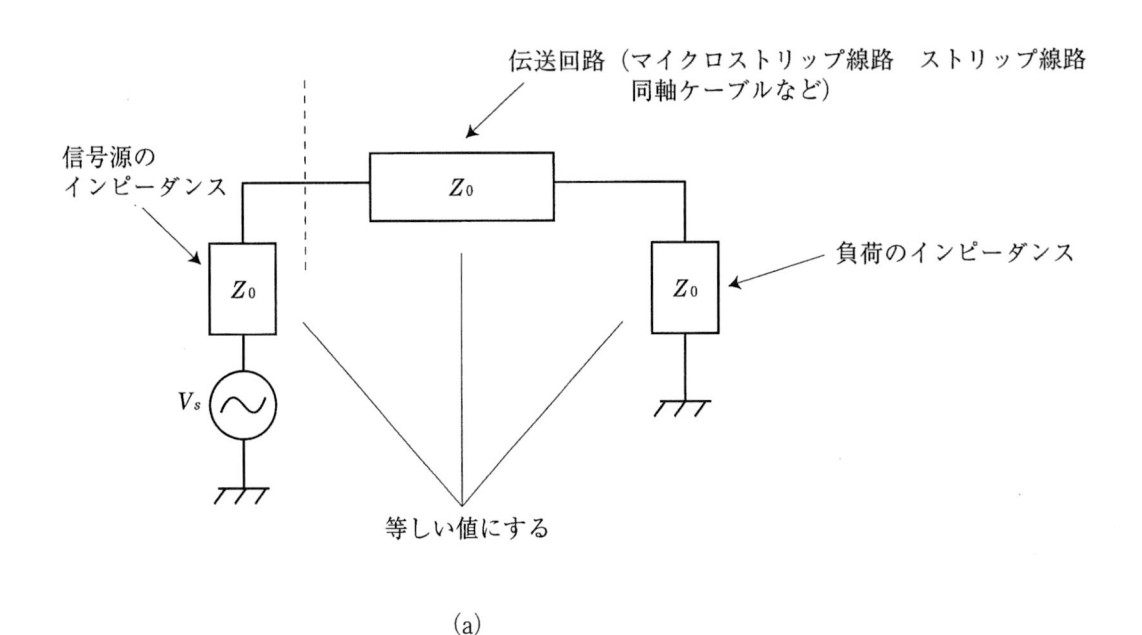

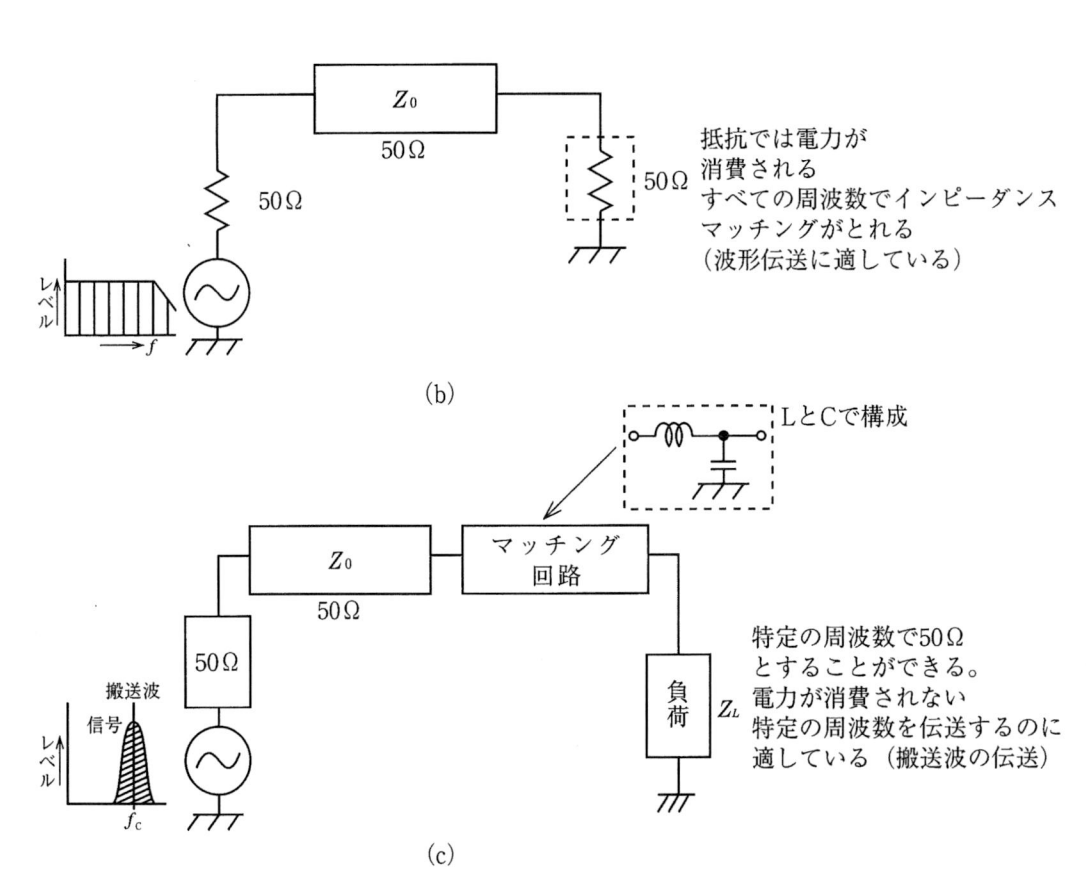

図5-4　インピーダンスマッチングの方法

5.3 反射が発生することによるさまざまな問題

(1) パルスの信号波形に影響

図5-5には矩形波の成分である正弦波の第1次と第3次の高調波が示されています。今、この第3次高調波が伝送回路を通過して負荷Z_L（b点）で次に示すような変化が起きたときにb点の矩形波はどのような波形になるかに検討してみます。

①第3次の高調波の大きさがそのままで、位相差が90度あった場合

この場合は図5-5の（a）と（c）の波形が加算され、（e）の実線に示すような$V_1 + V_3$（90°）の波形となります。本来の波形は（e）の点線に示すような$V_1 + V_3$の波形となります。この波形に比べて位相が90°ずれると左肩が上がり、右肩が下がったような波形となってしまいます。

②第3次の高調波が反射されその大きさが2倍になり、位相差が90度あった場合

この場合には図5-5の（a）と（d）の波形が加算され、（f）に示す$V_1 + 2V_3$（90°）の波形のようになり、本来の波形に比べて似ても似つかない波形となってしまうことがわかります。

また図5-5（g）には実際よく観測される波形を示していますが、これもパルスの立ち上りや立下りに含まれる高い周波数成分の正弦波がb点で反射され、この反射された信号が入力信号に加算されてこのようになったものです。

このように反射の程度によって合成された波形は、入力側a点や受信側b点では大きく異なることがわかります。こうして波形を見ると振幅が大きくなったり、波形の形が大きく変化したり、波形のレベルが変化しているものもあります。波形の振幅が大きくなると使用しているICへの規定以外の信号レベルが印加されたり、波形が変形しているとICのスレシホールドレベルによって、パルス幅の変動や不要な信号が発生します。またレベルが変化することにより、たとえばマイナスレベルでは入力されるICへの障害や劣化などさまざまな品質上の問題が発生します。

(2) 反射による回路の誤動作

図5-6には長い伝送回路（たとえば、長いケーブル、プリントパターン）を伝送したパルスが受信側で反射して入力側に戻り、入力波形と合成された様子を示しています。

図5-6（a）の例では長い伝送回路があり、a点から1回だけ送信したパルスはすぐにICに入力されます。ところがこの送信されたパルスは伝送回路を経由して、b点に到達してb点で反射されたパルス（b点がオープンのためそのまま反射）がa点に戻ってきます（点線）。本来ICは送信パルスのみによって動作するものが、反射で戻ってきたパルスによっても動作して点線で書かれている不要なパルスまで発生させてしまいます。

図5-6（b）には、伝送回路が比較的短くパルスの立上り時間よりパルスが往復してくる時間の方が長い場合の例を示しています。今、パルスが連続して伝送回路を伝送してb点に達すると、ここで反射されa点に戻って入力された信号と合成されます。合成された信号は元の波形と異なり、パルス幅が広くなっています。

この広くなったパルスがICに印加されると、本来供給されるべきパルスに比べてパルス幅が広がったものとなってしまいます。このようなことが起こるとパルスのタイミングやパルス幅で動作させている場合などには誤動作が起こる可能性が生じます。

(3) 単発（1回だけ）で送ったパルスはどうなるか

図5-7に示すような伝送回路のa点からパルスを1回だけ送った場合は、b点に到達した入射

5章　インピーダンスマッチングと特性インピーダンスの関係

パルスはなくなってしまい、反射したパルス（b点がオープンのために入射パルスと同じ大きさ）がa点に向かい、a点がインピーダンスマッチングされていればここでなくなります。もしインピーダンスマッチングされていなければa点に向かった反射波はなくなり、今度a点で反射され

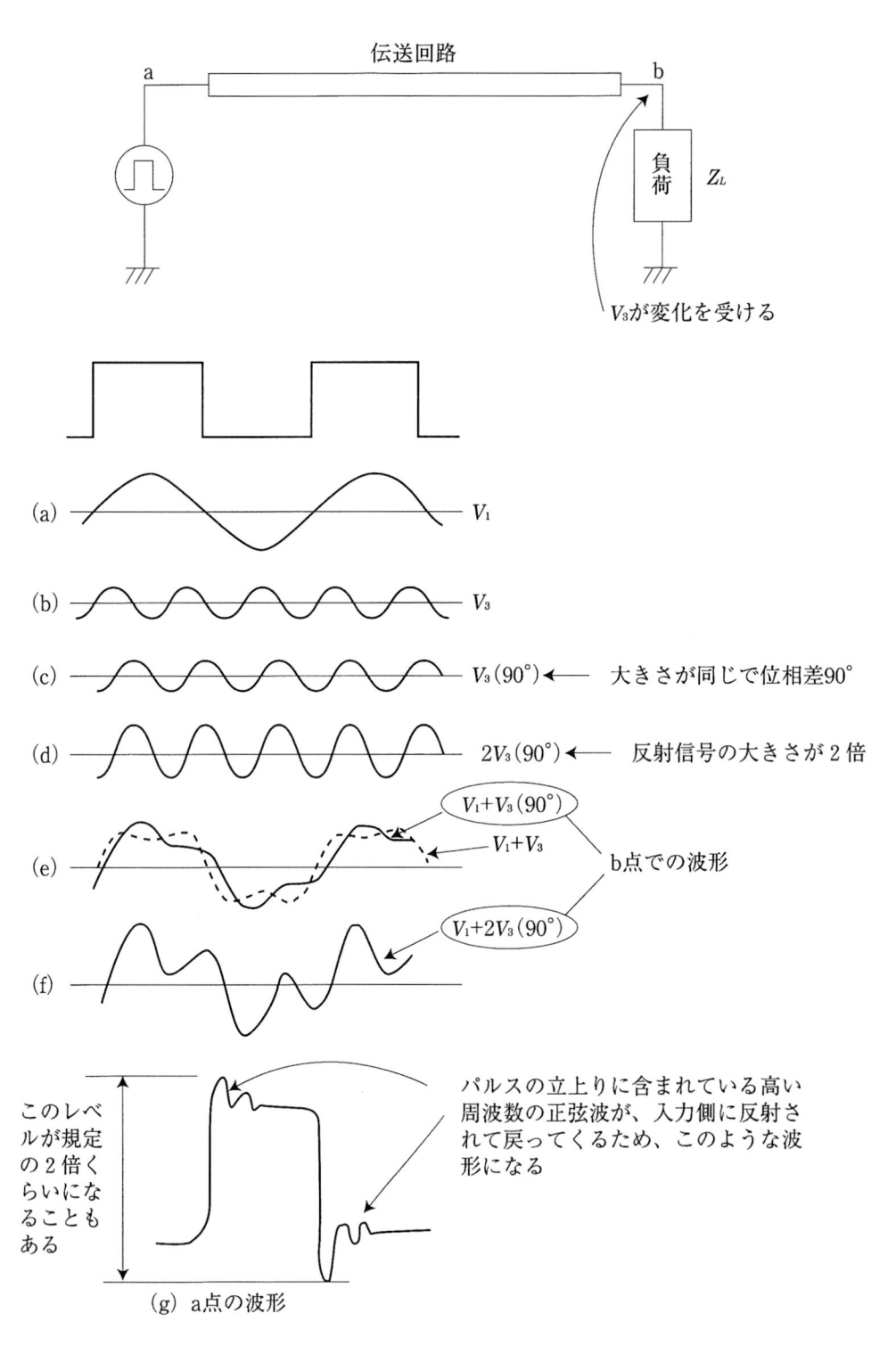

図5-5　インピーダンスミスマッチングが起こったときの波形

5.3 反射が発生することによるさまざまな問題

た反射波がb点に向かって進むことになります。もしも反射が送信側、受信側とも100％で伝送回路での損失がない場合には、単発のパルスはいつまでも反射を繰り返すことになります。通常は送信側のインピーダンスの存在や伝送回路に損失があるために繰り返されるパルスは減衰していきます。図5－5（g）のパルスの立ち上がりに現れるリンギングは、高い周波数が反射により伝送回路で繰り返される現象でこれと同じです。

〔ポイント〕
・信号の反射によって起こる現象は信号波形の変形（波形品質の劣化）となります。
・波形品質の劣化に伴って発生する回路の誤動作が発生する可能性があります。
・信号の反射によって反射された分は伝送されません（伝送損失となります）。

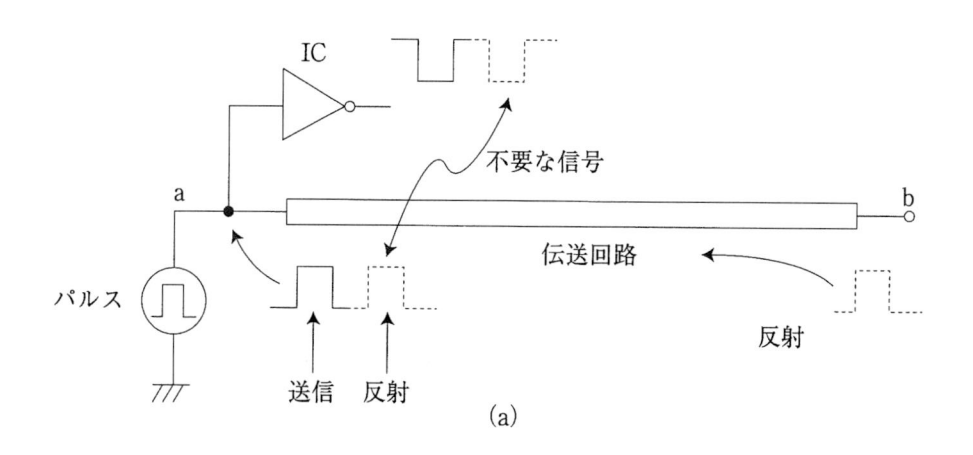

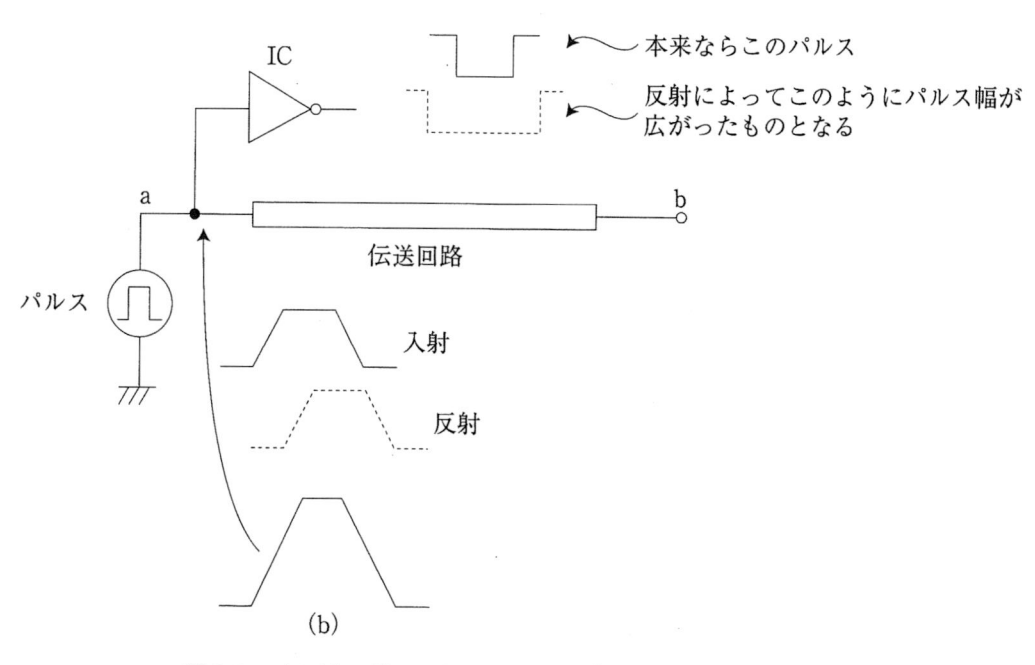

図5-6　インピーダンスミスマッチングによって発生する現象

5章 インピーダンスマッチングと特

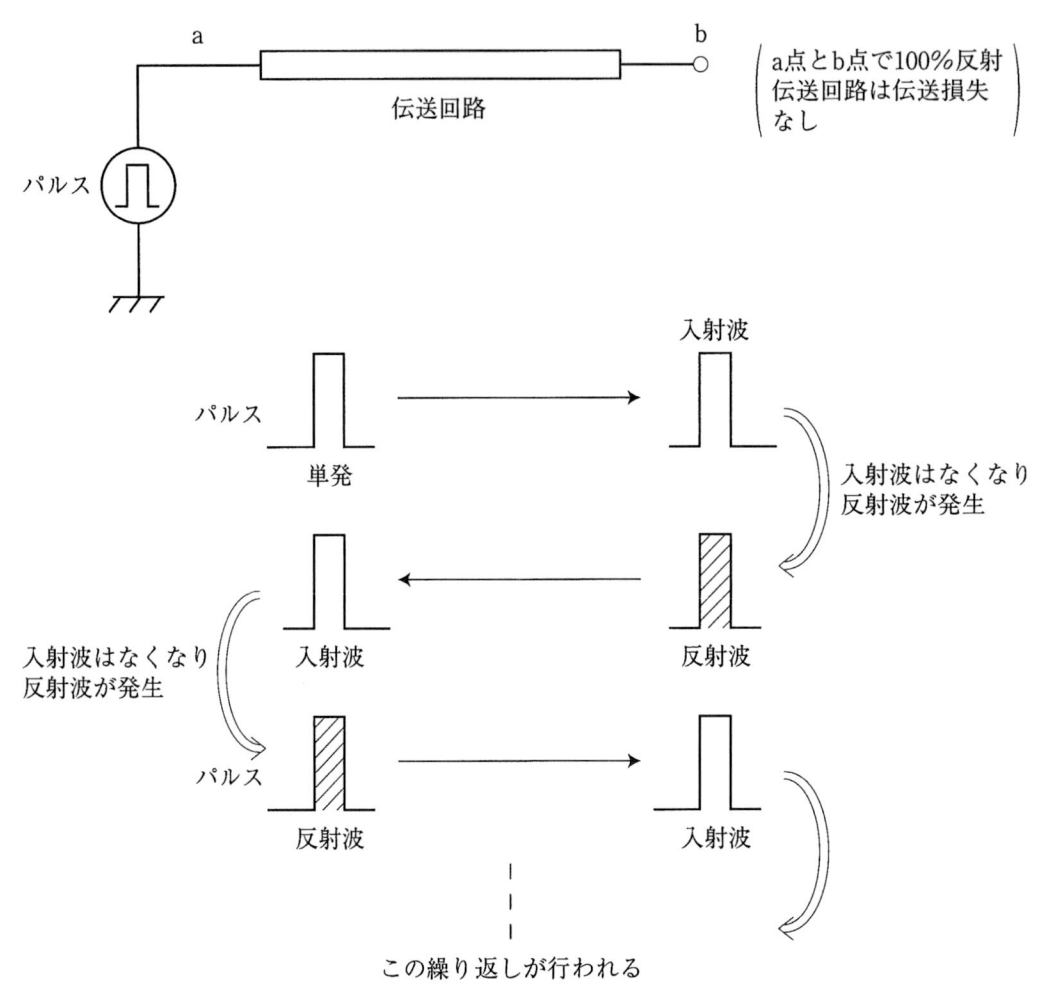

図5-7 単発のパルスの場合の反射の様子

5.4 パルスの立上り時間と伝送回路を往復する時間が短いときと長いときの波形への影響

　図5－8には送信側のパルス信号V_sが伝送回路の特性インピーダンスZ_0にインピーダンスマッチングさせているときに、パルス信号の立上り時間（パルスの振幅の10％から90％に達するまでの時間t_r）に比べて、伝送回路を往復する時間が短い場合について示しています。この場合、伝送回路を往復してくるパルスは図5－8（3）に示すように、入射されたパルスの立上り時間t_r内の約半分のところにあります。a点に入射されるパルスと伝送回路を往復してa点まで戻ってくるパルスを合成すると、図5－8（4）に示すような波形になります。

　この波形は入射された信号と大きさが等しく、反射された信号が加算されたために約2倍の大きさ（パルス信号V_sの振幅に等しい）となっているが、パルス信号の立上り付近を見ると少し変化はあるが、パルス信号V_sは大きな変化を受けません。これに対して**図5－9**はパルス信号の

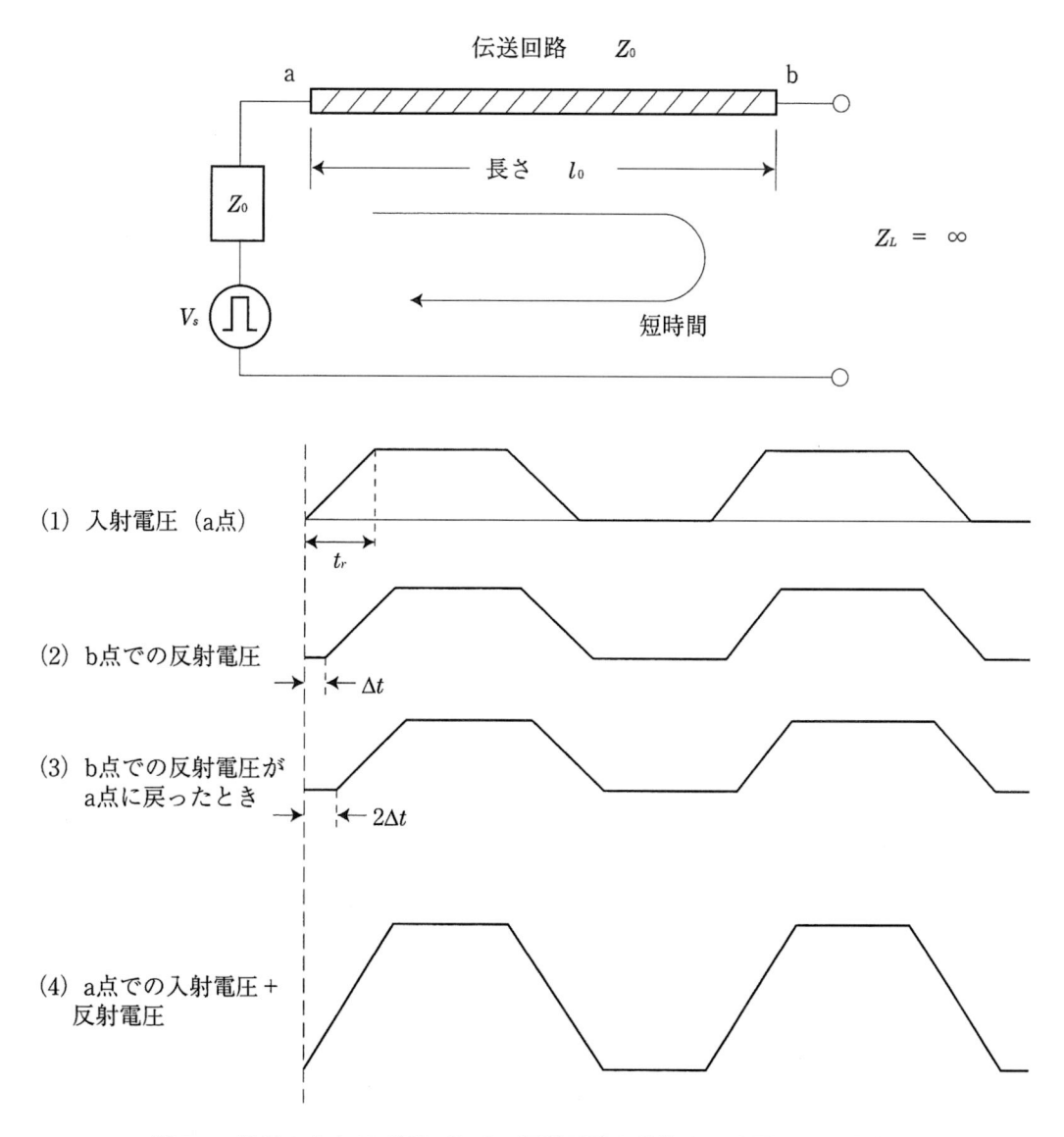

図5-8　信号の立上り時間に比べて伝送回路を往復する時間が短い場合

5章 インピーダンスマッチングと特性インピーダンスの関係

立ち上がり時間に比べて伝送回路を往復する時間が長い場合を示しています。この場合、伝送回路を往復して送信端aに戻ってくる反射信号は、図5-9（3）に示すようにパルスの立上り時間より大幅に遅れています。こうして送信端aでは入射信号と反射信号が合成された信号は図5-9（4）に示すように入射される信号とは波形が大きく変化します。このため信号を長いケーブルを使って送る場合は、反射波によって問題が発生する可能性があるので注意を要します。

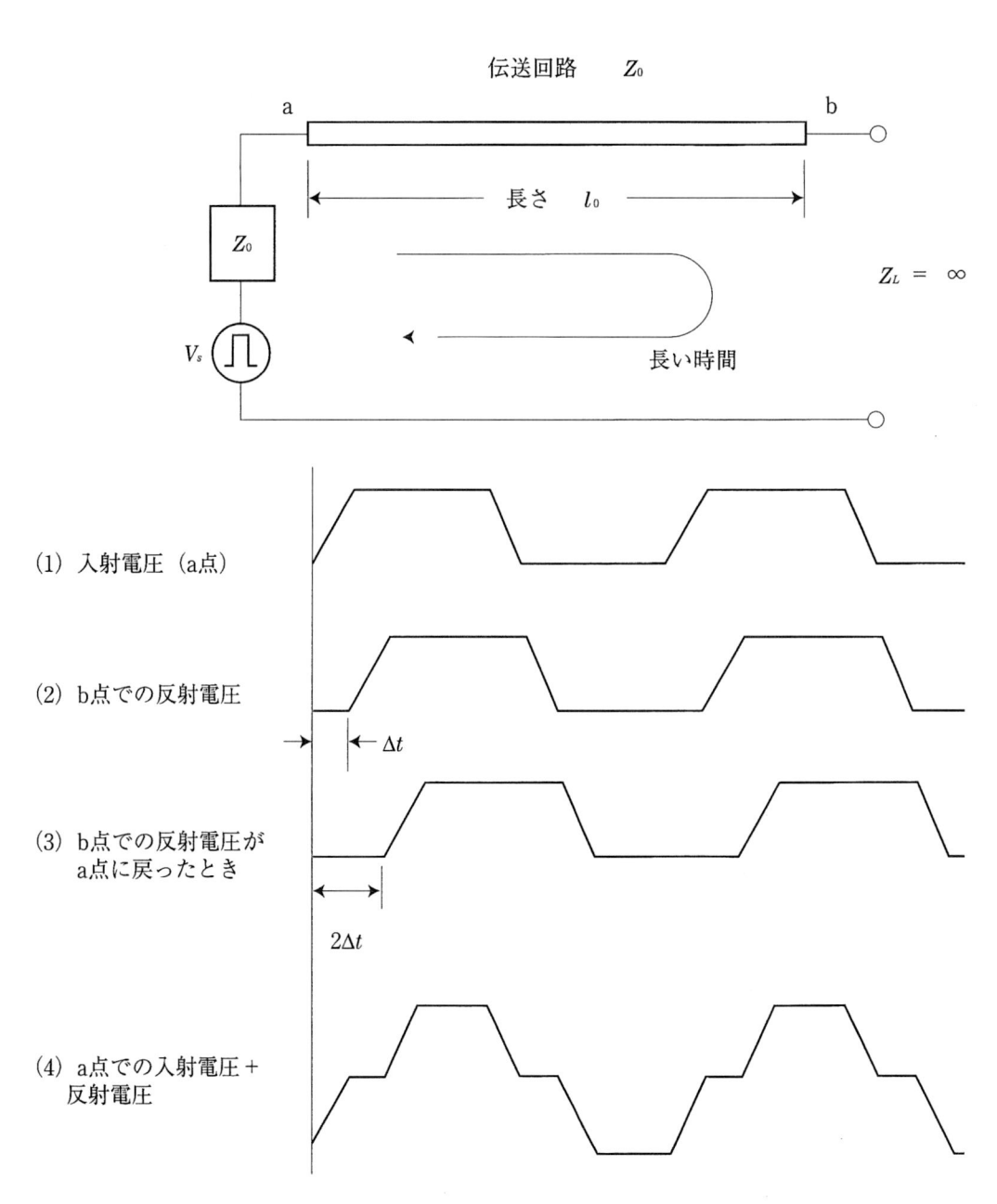

(1) 入射電圧（a点）

(2) b点での反射電圧

(3) b点での反射電圧がa点に戻ったとき

(4) a点での入射電圧＋反射電圧

図5-9 信号の立上り時間に比べて伝送回路を往復する時間が長い場合

〔ポイント〕
　インピーダンスマッチングされないで反射波が発生すると、
・パルスの立上り時間に比べて伝送回路を往復する時間が短い場合は、伝送されるパルスの信号波形は大きく変化しない。
・パルスの立上り時間に比べて伝送回路を往復する時間が長い場合は、伝送されるパルスの信号波形は大きく変化します。
・伝送回路で使用するパルスの立上り時間とその伝送回路の往復に要する時間を考えることが必要となります。

5章 インピーダンスマッチングと特性インピーダンスの関係

5.5 マイクロストリップラインとストリップラインの特性インピーダンス Z_0

プリント基板には片面板、両面板、多層基板（4層基板，6層基板，8層基板等）があり、多くの産業分野で使用されています。現在プリント基板は高密度実装技術を背景に使用するクロックの高周波化、導体パターンの細線化、導体パターン間隔の縮小化が進んでいる。今後もこの傾向にあります。こうした高周波化、パターンの微細化に対してプリントパターンについてインピーダンスマッチングを取るためにプリントパターンの特性インピーダンスを知っておくことが必要となります。

(1) プリントパターンの特性インピーダンス Z_0 の形成条件

信号ライン（プリントパターン）の特性インピーダンス $Z_0\left(=\sqrt{\dfrac{Z}{Y}}\right)$ は Y と Z によって決まるため、GNDプレーンが形成されていない場合は伝送回路の $Y = G + j\omega C$ が決定できないために、特性インピーダンスを計算することができません。次に示すように信号に対してGNDプレーンが形成している図5－10（a）のマイクロストリップラインや図5－11（a）のストリップラインでは信号ライン（プリントパターン）の特性インピーダンス Z_0 を計算することができます。

(2) マイクロストリップラインの特性インピーダンス Z_0

図5－10（a）に示すようなガラスエポキシ基板上のプリントパターンはマイクロストリップラインと呼ばれ、その特性インピーダンス Z_0 は近似的に次の式で表すことができます。

$$Z_0 = \frac{89}{\sqrt{\varepsilon_r + 1.41}} \ln\left(\frac{5.98h}{0.8w + t}\right)$$

この式から、プリントパターンの厚み t を $18\mu m$ として、プリント基板の厚さ h を1.5mm、1.0mmにしたときプリントパターン幅 w [mm]に対するプリントパターンの特性インピーダンス Z_0 [Ω]を計算したものをグラフに表すと図5－10（b）のようになります。この式の特徴は特性インピーダンスがプリント基板の厚み h とプリントパターンの幅 w によって大きく変化することです。

> **例** 特性インピーダンスの計算。
> プリントパターンの厚み $t = 18\mu m$、プリント基板の厚み $h = 1.0mm$ としたときに、プリントパターンの幅 w が0.3mm（$300\mu m$）のときの特性インピーダンス Z_0 は約112Ωとなります。

(3) ストリップラインの特性インピーダンス Z_0

図5－11（a）に示すようなガラスエポキシ基板内に信号パターンが内層されているプリントパターンはストリップラインと呼ばれ、その特性インピーダンス Z_0 は近似的に次の式で表すことができます。

$$Z_0 = \frac{60}{\sqrt{\varepsilon_r}} \ln\left(\frac{4h}{0.67\pi(0.8w + t)}\right)$$

この式から、プリントパターンの厚み t を $18\mu m$ として、プリント基板の厚さ h を1.5mm、

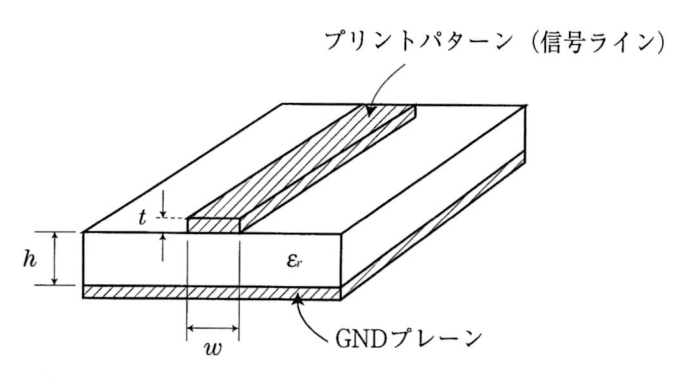

5.5 マイクロストリップラインとストリップラインの特性インピーダンス Z_0

プリントパターン（信号ライン）

(a) マイクロストリップライン

プリントパターンの特性インピーダンス

$$Z_0 \fallingdotseq \frac{89}{\sqrt{\varepsilon_r + 1.41}} \ln\left(\frac{5.98h}{0.8w + t}\right)$$

$t = 18\mu\mathrm{m}$ 一定

$h = 1.5\mathrm{mm}$
$h = 1.0\mathrm{mm}$

特性インピーダンス Z_0

プリントパターン幅 w

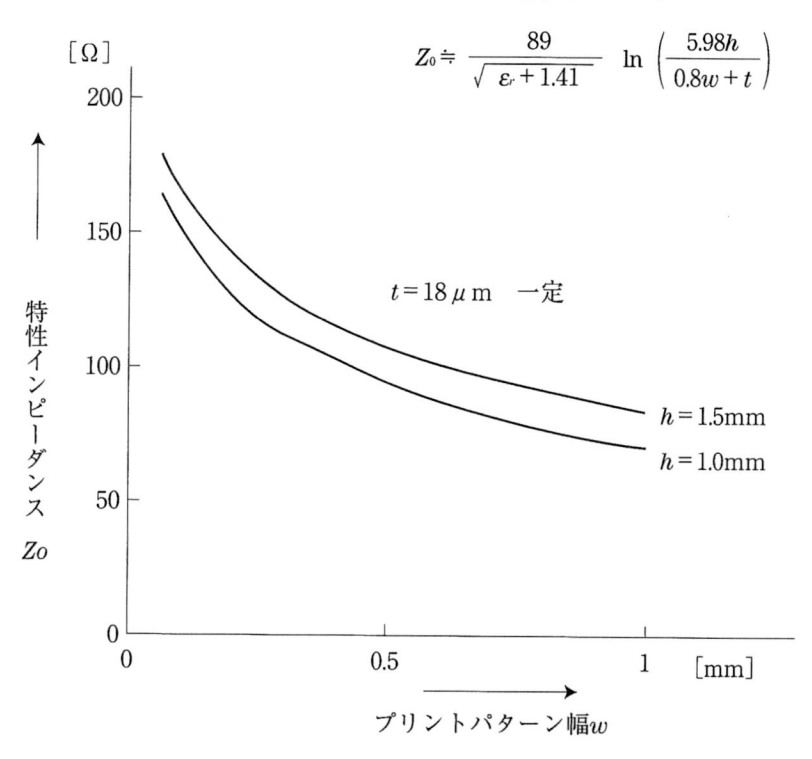

(b) マイクロストリップラインの特性インピーダンス（計算値）

図5-10 マイクロストリップラインと特性インピーダンス

1.0mm、0.5mmと変えたときプリントパターン幅 w [mm] に対するストリップラインの特性インピーダンス Z_0 [Ω] の計算値をグラフに表わすと図5-11 (b) のようになります。

> **例** ストリップラインの特性インピーダンスの計算。
> プリントパターンの厚み $t = 18\mu\mathrm{m}$、プリント基板の厚み $h = 1.0$mmとしたときに、プリントパターンの幅 w が0.3mm（300μm）のときのストリップラインの特性インピーダンス Z_0 は約37Ωとなっており、図5-10 (b) に示すマイクロストリップラインの特性インピーダンスが約117Ωであるのに比べてかなり低くなることがわかります。

5章 インピーダンスマッチングと特性インピーダンスの関係

〔ポイント〕
- ストリップラインの特性インピーダンスは、マイクロストリップラインの特性インピーダンスの約半分となります。
- 高密度実装化に進む方向では、信号パターン幅が狭くなることから特性インピーダンスが低下する方向になります。インダクタンス L が大きくなる方向です。
- プリント基板の厚み h、プリントパターンの厚み t を一定とすると、プリントパターン幅 w が小さいほどマイクロストリップライン及びストリップラインでは特性インピーダンス Z_0 は大きくなります（図5-10（b）、図5-11（b））。
- プリント基板の厚み h を一定とすると、プリントパターンの厚み t の小さい方が特性インピーダンス Z_0 は大きくなります（式から）。
- パターンの厚み t を一定とした場合には、プリント基板の厚み h が小さいほど特性インピーダンス Z_0 は小さくなります。

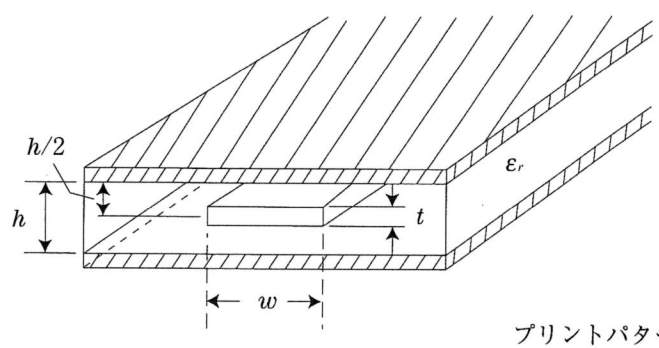

5.5 マイクロストリップラインとストリップラインの特性インピーダンス Z_0

(a) ストリップライン

プリントパターンの特性インピーダンス

$$Z_0 \fallingdotseq \frac{60}{\sqrt{\varepsilon_r}} \ln\left(\frac{4h}{0.67\pi\,(0.8w+t)}\right)$$

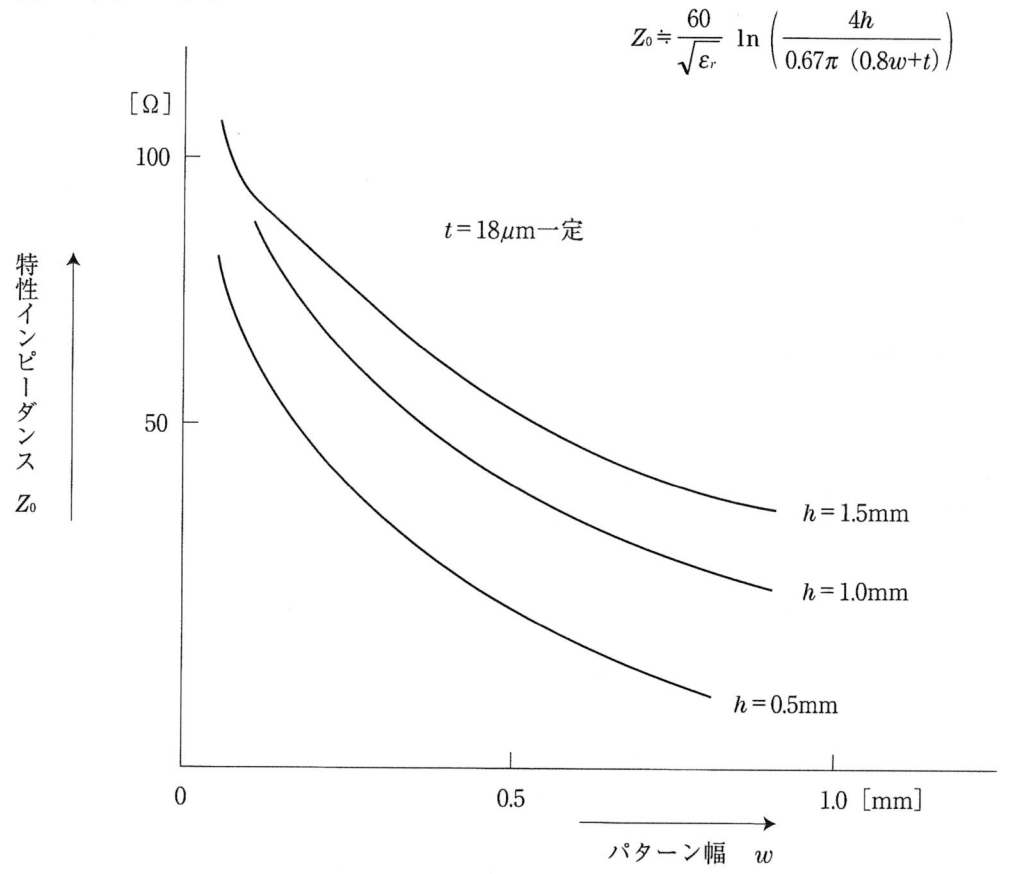

(b) ストリップラインの特性インピーダンス（計算値）

図5-11　ストリップラインと特性インピーダンス

5章 インピーダンスマッチングと特性インピーダンスの関係

5.6 同軸ケーブルの特性インピーダンスとインピーダンスマッチングの方法

(1) プリントパターンのインピーダンスマッチングをとる

図5－10 (b)、図5－11 (b) からパターン幅wが0.3～0.5mm、プリント基板の厚みhを1mmとした場合には、プリントパターンの特性インピーダンスZ_0がおよそ50Ωから130Ω程度になることが考えられます。したがってプリントパターンとインピーダンスマッチングを図5－12のように信号源側の抵抗R_iを特性インピーダンスZ_0に合わせ、負荷のインピーダンスをZ_0に合わせることになります。

(2) 同軸ケーブルの特性インピーダンスは何によって決まるか

同軸ケーブルには程度の差はあるが、高周波の信号の伝送にきわめて適しています。

同軸ケーブルは高周波における伝送の損失が少なく、かなり高い周波数（たとえば、5GHz）まで特性インピーダンスの変化が少ない（VSWRが小さい、反射係数が小さい）。

ここでは同軸ケーブルの特性インピーダンスZ_0が何によって決まるのか考えてみます。

同軸ケーブルは図5－13に示すような構造になっています。内径dの中心導体とそれを覆うポリエチレン等の絶縁物、この絶縁物を被覆している外形寸法Dの外部導体（金属で編組されている）とその外部導体を被覆している外皮とから構成されています。

この同軸ケーブルの特性インピーダンスZ_0〔Ω〕は内部導体の外形寸法をdとし、外部導体の外形寸法をD、絶縁物の比誘電率をε_rとすれば次の式によって求めることができます。

$$Z_0 = \frac{138}{\sqrt{\varepsilon_r}} \log\left(\frac{D}{d}\right) \ \text{〔Ω〕}$$

この式に基づいて同軸ケーブルの特性インピーダンスZ_0を絶縁物として空気$\varepsilon_r = 1$、ポリエチレン$\varepsilon_r = 2.3$と塩化ビニール（PVC）$\varepsilon_r = 5$の場合について計算してみると図5－14のようになります。この図から特性インピーダンスが50Ωと75Ωを比べると、75Ωのほうが太い同軸ケーブルとなることがわかります。またポリエチレンでは、特性インピーダンスが50ΩとなるのはD/dが約3.5のところです。

(3) 同軸ケーブルをインピーダンスマッチングさせて使用する

図5－15には特性インピーダンス50Ωの同軸ケーブルをインピーダンスマッチングさせて使用する方法を示しています。信号源P_iと信号源の出力インピーダンスZ_iを同軸ケーブルの特性インピーダンスZ_0と同じ値にすることにより信号源側での反射をなくしています。さらに受信側の負荷インピーダンスZ_Lも同軸ケーブルの特性インピーダンスZ_0と同じ値にすることにより受信側での反射をなくしています。このようにすることによって、入力信号P_iの電力を最大効率で受信側の負荷に供給することができます。

5.6 同軸ケーブルの特性インピーダンスとインピーダンスマッチングの方法

〔ポイント〕
- 同軸ケーブルの特性インピーダンスは絶縁物の比誘電率 ε_r に反比例します。
- 同軸ケーブルの特性インピーダンスは外形寸法 D と中心導体の寸法 d の比 D/d に比例します。
- 同軸ケーブルは図5－15（b）に示すように中心導体から外部導体への電界が閉じ込められる構造になっています－高周波信号の伝送に適しています。

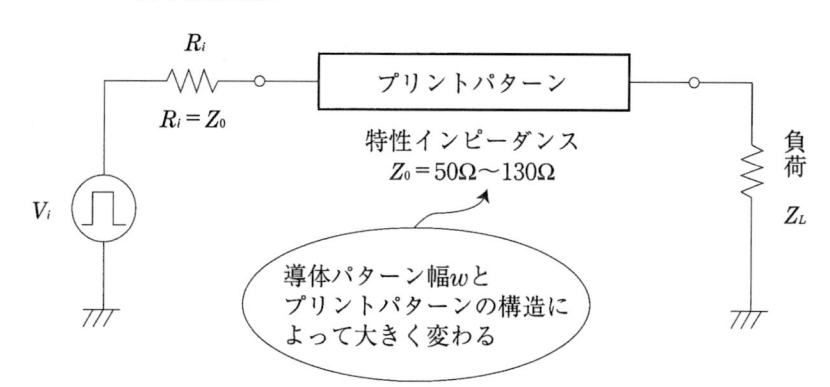

図5-12 プリントパターンとインピーダンスマッチングをとる

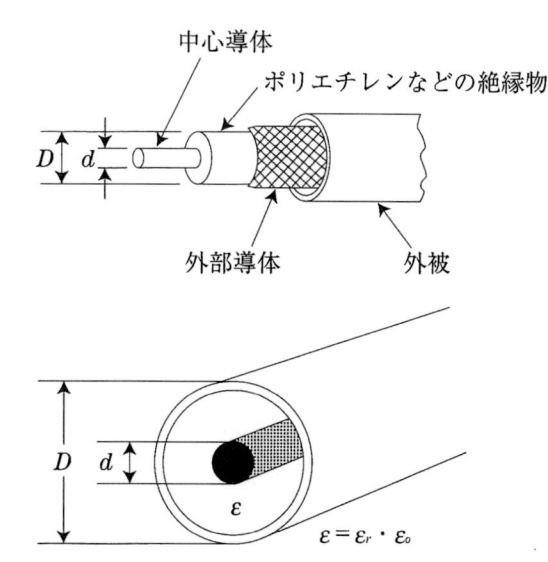

$$Z_0 = \frac{138}{\sqrt{\varepsilon_r}} \log\left(\frac{D}{d}\right) [\Omega]$$

$$= \frac{60}{\sqrt{\varepsilon_r}} \ln\left(\frac{D}{d}\right) [\Omega]$$

d ：内部導体の外形寸法
D ：外部導体の外形寸法
ε_r ：比誘電率

図5-13 同軸ケーブルの特性インピーダンス Z_0

5章 インピーダンスマッチングと特性インピーダンスの関係

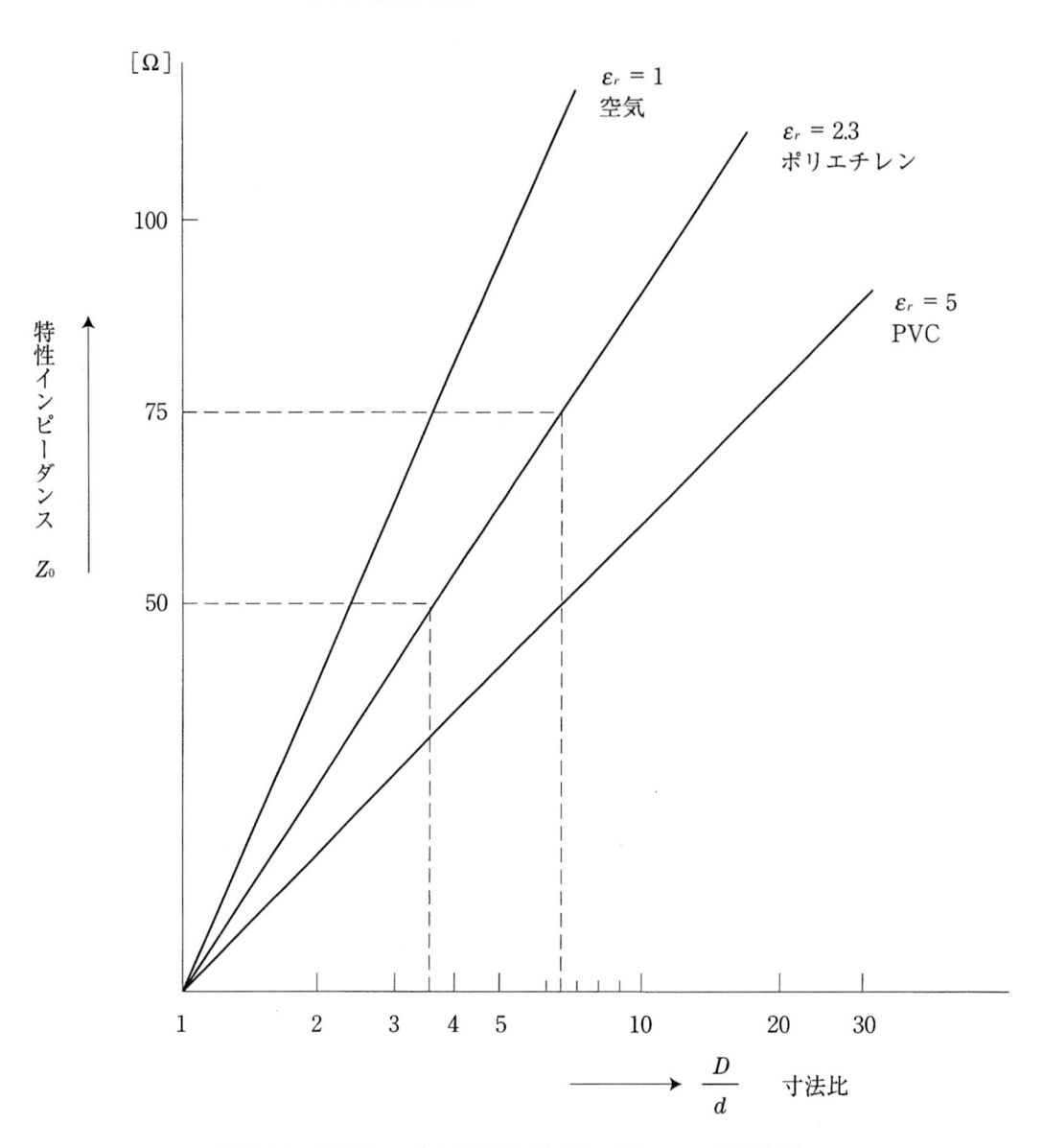

図5-14　同軸ケーブルの特性インピーダンス Z_0（計算値）

縦軸：特性インピーダンス Z_0 [Ω]
横軸：$\dfrac{D}{d}$　寸法比

- $\varepsilon_r = 1$　空気
- $\varepsilon_r = 2.3$　ポリエチレン
- $\varepsilon_r = 5$　PVC

5.6　同軸ケーブルの特性インピーダンスとインピーダンスマッチングの方法

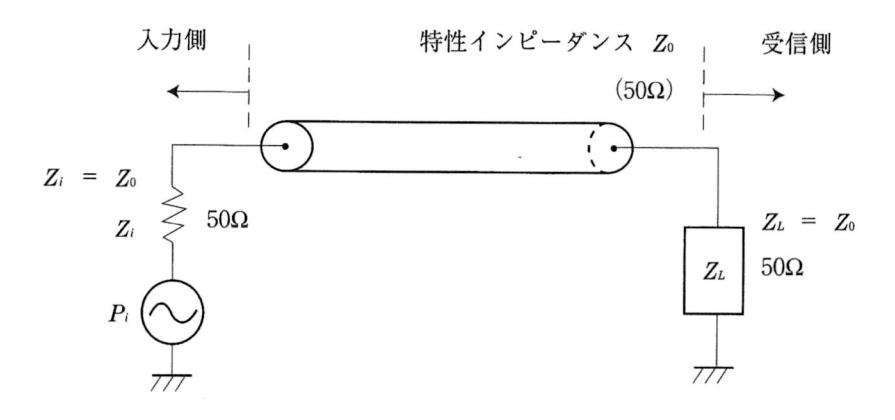

(a) 同軸ケーブルの特性インピーダンスにマッチングさせる

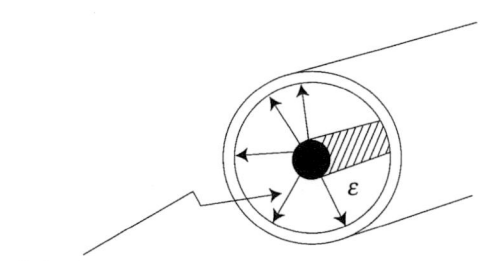

電界が閉じ込められている

(b) 電界が閉じ込められている

図5-15　同軸ケーブルによる伝送

5.7 差動伝送方式

（1）差動伝送方式とは

　デジタル回路が高速になってクロック周波数が高くなってくると、プリントパターンによる信号伝送やケーブルによる信号伝送には差動伝送方式が使われています。この差動伝送方式とは送信側では2本の信号線に極性の異なる信号（一方を＋とすればもう一方は－の信号：お互いに位相の差が180°）を送り、受信側ではこの2つの極性の異なる信号を差動アンプで受ける方式です。

　プリント基板で高速な信号を伝送する場合は、図5－16（a）（b）に示すような信号の送信側と受信側の両方でインピーダンスマッチングをとる方法では受信側で信号のレベルが半分になってしまい、次のICを動作させることができなくなります。このような欠点をカバーするためにも図5－17に示すような差動伝送方式が有効となります。

　すでにIEEE1394やUSBインターフェースでは図5－18に示す差動伝送方式が使用されています。

　この差動伝送方式は振幅レベルの低い信号の伝送に適しているほか、2つの伝送回路間では図5－17に示すようにお互いに極性が異なる信号を用いるために、伝送回路に発生する磁界がお互いに打ち消されて、プリント基板から外部に発生しにくくなります。

　さらに2つの伝送回路が平衡（バランス）しているために、理想的にはコモンモードノイズ（コモンモードノイズとは一方向に流れるノイズ電流のことを言う）が発生しにくく、また外部からこの2本の伝送回路に重畳したコモンモードノイズ（それぞれの伝送回路が同じように作られているため外部からのノイズは同じ大きさ、同じ位相で重畳する）は、受信側の差動アンプによってキャンセルされると言った利点があります。

　差動伝送方式には有利な点もたくさんありますが、次に示すようなことが発生すると伝送特性に問題が発生します。
・2つの差動伝送線路の特性インピーダンスに差が生じると平衡しなくなる
・極性の異なる信号に対するICの特性に差があるとき（ICの性能の差）
　（たとえば、ICの立上り、立下り特性、振幅の差、デューティに差が生じる）

〔ポイント〕
差動伝送方式の有利な点には、
　・外部に発生するノイズが少ない
　・外部からのコモンモードノイズに対して強くなる
　　一方、不平衡の原因として
　・差動伝送に使用するICの立上りと立下り特性の差
　・差動信号の振幅の差
　・差動信号のデューティ差など

5.7 差動伝送方式

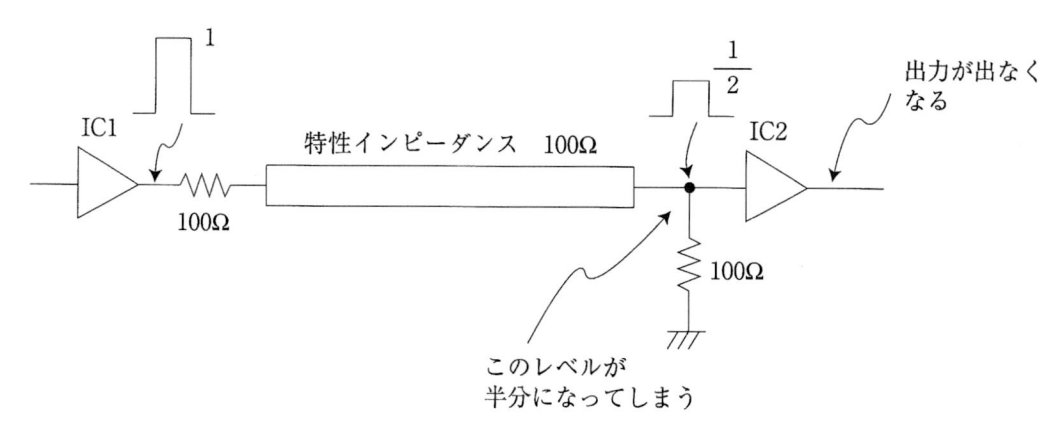

(a) プリント基板でインピーダンスマッチング
　　をとり信号を伝送させる

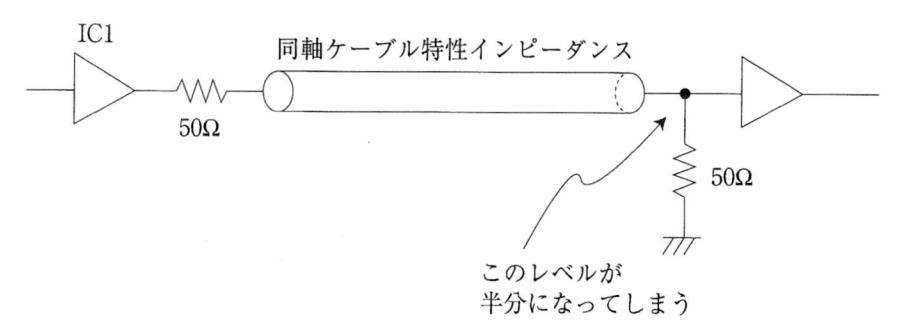

(b) 同軸ケーブルでインピーダンスマッチング
　　させ信号を伝送させる

図5-16　送信側と受信側ともに抵抗でインピーダンスマッチングをとる

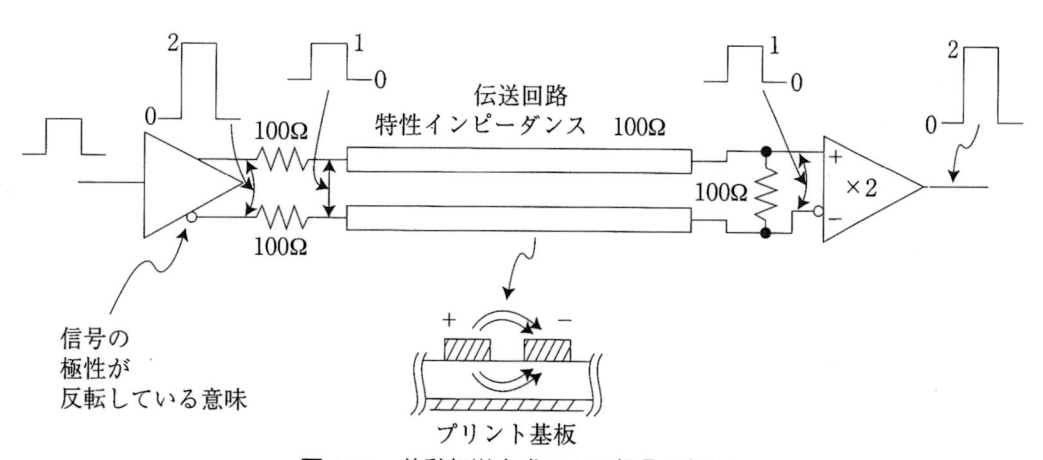

図5-17　差動伝送方式による信号の伝送

5章 インピーダンスマッチングと特性インピーダンスの関係

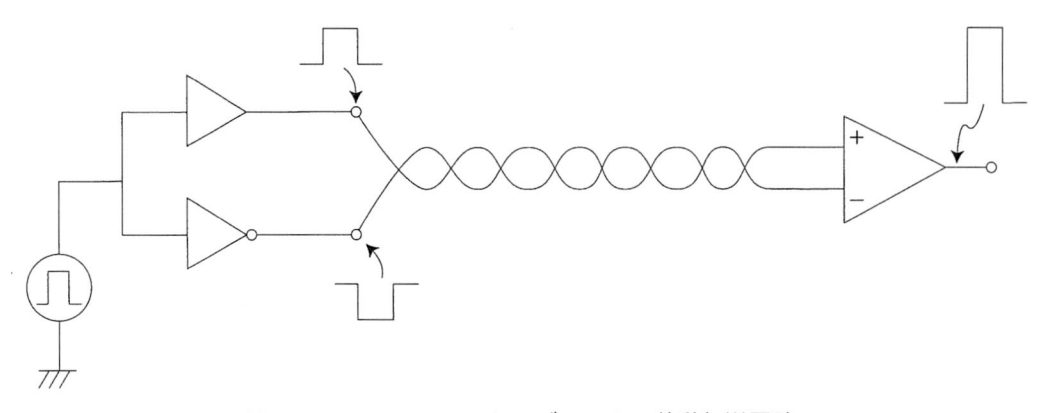

図5-18　ツイストペアケーブルによる差動伝送回路

6章
スミスチャートの使い方

　スミスチャートはどのようにして作ることができるのか、このスミスチャートを使って測定回路のインピーダンスがわかれば、反射係数を求めることができ、また逆に反射係数がわかれば測定回路のインピーダンスをチャートから読み取ることができることを理解します。また、所定のインピーダンス（例：50Ω）に合わせるときにスミスチャート上で必要な抵抗の値、インダクタの値、コンデンサの値を容易に求めることできることを理解します。

6章 スミスチャートの使い方

6.1 スミスチャートとは

(1) 反射係数とインピーダンスの関係をグラフに表したもの

スミスチャートとは、反射係数ρと負荷のインピーダンスZ_Lの関係をグラフに示したものです。この反射係数と負荷のインピーダンスは通常複素数となり、計算が複雑となります。図6-1には伝送回路(たとえば、プリントパターン)に接続されたICを考えてみると、ICの入力には入力容量Cがあり、入力部分の配線のインダクタンスLがあります。このときに伝送回路に接続されたICの負荷インピーダンスZ_LはLとCが直列につながっているために、

$$Z_L = j\omega L + \frac{1}{j\omega C}$$

となります。このときに反射係数ρを求めると次のようになります。

$$\rho = \frac{Z_L - Z_0}{Z_L + Z_0} = \frac{-Z_0 + j\omega L + \dfrac{1}{j\omega C}}{Z_0 + j\omega L + \dfrac{1}{j\omega C}}$$

$$= \frac{1 - \omega^2 LC - j\omega C Z_0}{1 - \omega^2 LC + j\omega C Z_0}$$

$$= \Gamma e^{j\phi}$$

つまり大きさΓと位相ϕをもつことになります。

このように負荷のインピーダンスが複素数となるために、反射係数を求めることが非常に複雑となります。

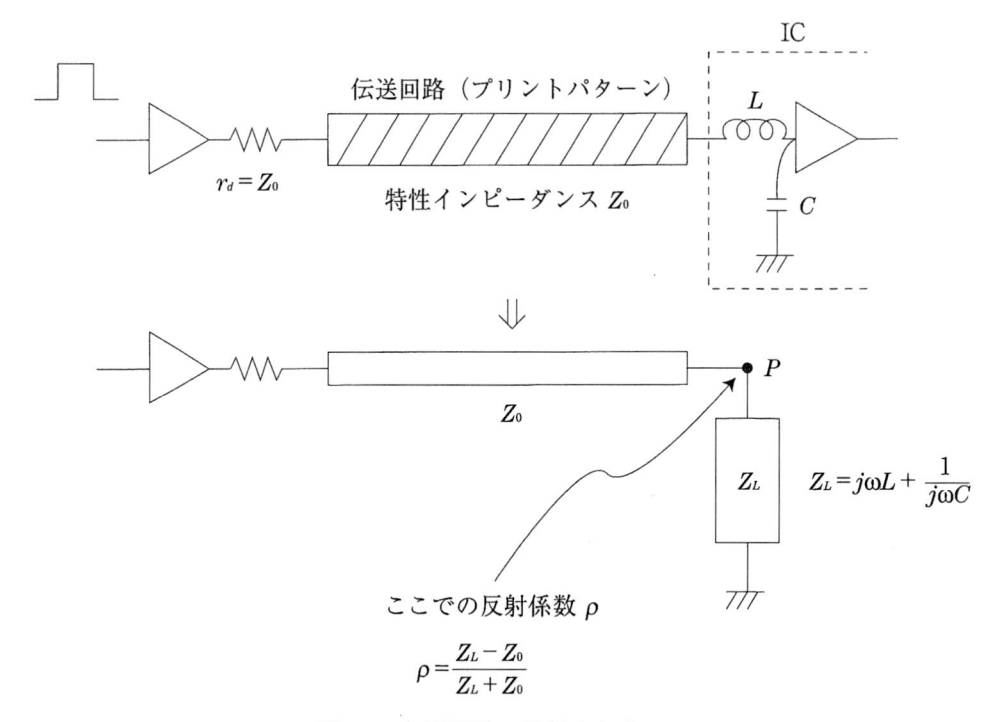

図6-1 伝送回路に接続されたIC

6.1 スミスチャートとは

(2) チャートから反射係数とインピーダンスを直接読み取ることができる

スミスチャートはチャート上で負荷のインピーダンス Z_L を表示すれば、チャート上から簡単に反射係数 ρ（大きさ Γ と位相 ϕ）を読み取ることができます。また逆に反射係数（複素数）が求まれば負荷のインピーダンス Z_L をチャートから直読することができます（後に例題で示します）。

さらに負荷のインピーダンス Z_L に対して、どのような回路を追加していけば目標とするインピーダンスのところに持っていくことができる（例えば、50Ωにインピーダンスマッチングさせる）かもチャート上から追跡できる便利なチャートです（**図6-2**）。

このスミスチャートは複雑な計算をすることなしに、反射係数 ρ や負荷インピーダンス Z_L などのパラメータを視覚的に求めることができるチャートです。使用する方法は6.3以降で述べます。

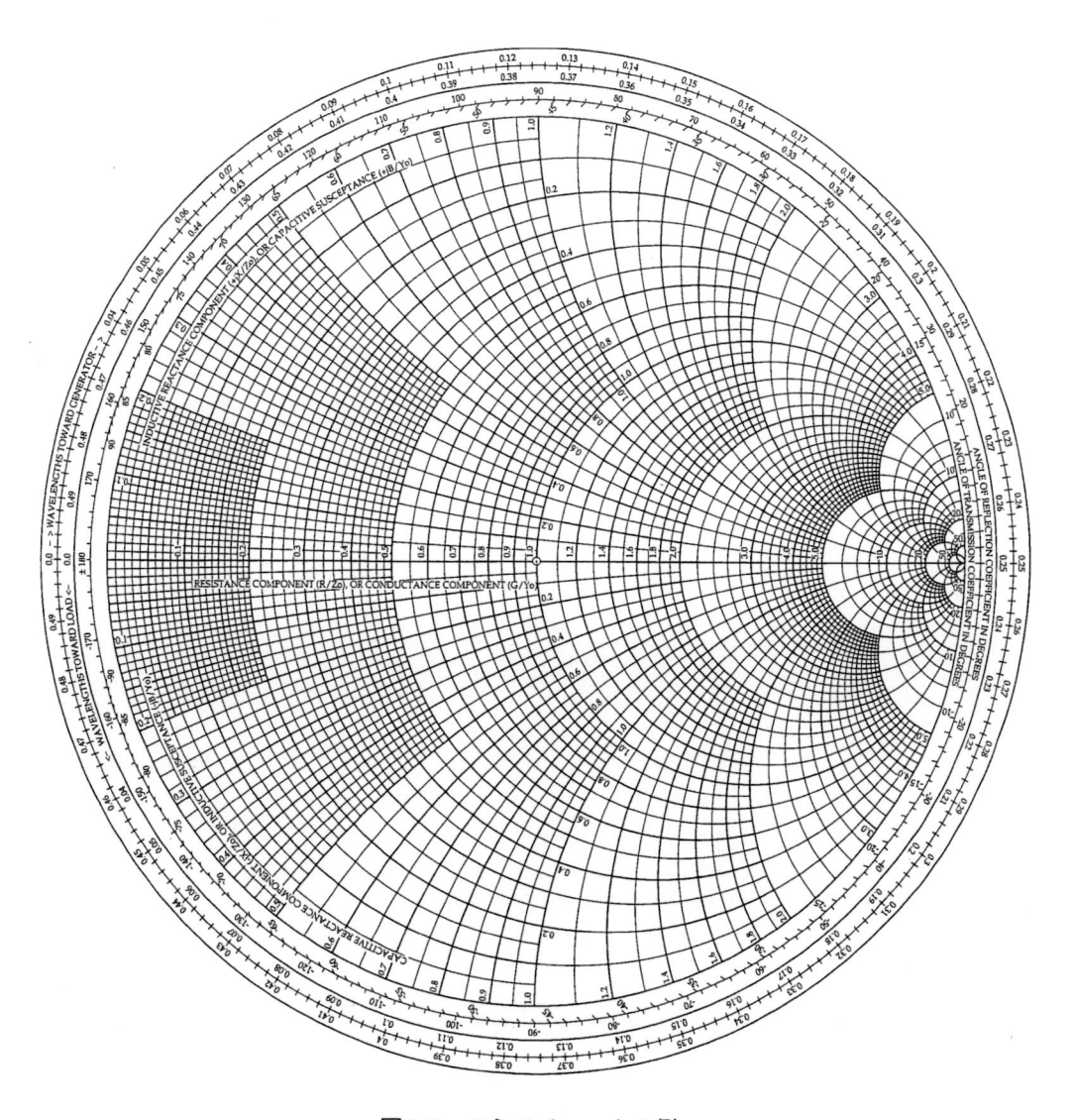

図6-2 スミスチャートの例

6章 スミスチャートの使い方

6.2 スミスチャートはどのようにして作成するか

(1) 反射係数 ρ とインピーダンス Z_L の関係を結びつける

　高周波領域におけるインピーダンスの測定は、一般的に反射係数 ρ を測定することにより求めます。ここではプリント基板を伝送するような信号電圧について考えると、すでに述べたように反射係数 ρ は入射電圧 V_1 に対する反射電圧 V_2 の比であるから、

$$\rho = \frac{V_2}{V_1} = \frac{Z_L - Z_0}{Z_L + Z_0}$$ で表わすことができます。

この式から負荷のインピーダンス Z_L を求めると、

$$Z_L = Z_0 \cdot \frac{1+\rho}{1-\rho}$$ となります。

　今、この負荷インピーダンス Z_L を Z_0 で正規化して $Z = \frac{Z_L}{Z_0}$ （高周波では一般的に $Z_0 = 50\Omega$ ）とすれば

$$Z = \frac{1+\rho}{1-\rho} \quad \text{式 (6.1)}$$

一般的にこの正規化したインピーダンス Z と反射係数 ρ は複素数なので

$Z = r + jx$ （r は抵抗、x はリアクタンス）、$\rho = u + jv$ （u は反射係数の実数部、v は反射係数の虚数部）とおきます。　　　　　　式 (6.2)

インピーダンスと反射係数の関係を求めます。

　式 (6.1) に式 (6.2) を代入して

$$r + jx = \frac{1+(u+jv)}{1-(u+jv)}$$

$$= \frac{1+u+jv}{1-u-jv}$$

$$= \frac{1-u^2-v^2+2jv}{(1-u)^2+v^2}$$

$$= -1 + \frac{2(1-u)}{(1-u)^2+v^2} + \frac{j2v}{(1-u)^2+v^2}$$

$$(r+1) + jx = \frac{2(1-u)}{(1-u)^2+v^2} + \frac{j2v}{(1-u)^2+v^2}$$

この式から実数部がそれぞれ等しいとおいてまとめると、

　$r + 1 = 2(1-u) / [(1-u)^2 + v^2]$

この式から反射係数 u、v と抵抗成分 r との関係を求めると次のようになります。

$$\left(u - \frac{r}{r+1}\right)^2 + v^2 = \left(\frac{1}{r+1}\right)^2 \quad \text{式 (6.3)}$$

この式は反射係数 ρ に関する u、v 軸を基準として、負荷インピーダンス Z の実数部である r との関係を表しています。つまり中心の座標が $\left(\frac{r}{r+1}, 0\right)$ で、半径 $\frac{1}{r+1}$ の円を表わしています。

また虚数部が等しいとおいてまとめると、反射係数u、vとインピーダンスZのリアクタンス成分xとの関係を求めると次のようになります。

$$(u-1)^2 + (v-\frac{1}{x})^2 = (\frac{1}{x})^2 \quad \text{式 (6.4)}$$

この式は反射係数ρに関するu、v軸を基準として、負荷インピーダンスZの虚数部であるリアクタンスxとの関係を表しています。つまり中心の座標が$(1, \frac{1}{x})$で、半径$\frac{1}{x}$の円を表しています。

この式（6.3）と式（6.4）からu、v軸を中心として、負荷のインピーダンスであるrとxを変化させてグラフを書くと**図6−3**のようになります。rとxを細かくしていくと、図6−2に示したようなスミスチャートとなります。

〔ポイント〕
・負荷のインピーダンスがわかれば、u軸、v軸から反射の大きさと位相を求めることができます
・v軸の正の部分（$+j$）がリアクタンスが正、つまり誘導性（インダクタンス成分：$j\omega L = jx$）を表し、負の部分（$-j$）がリアクタンスが負、つまり容量性（コンデンサ成分：$1/j\omega C = -jx$）を表しています

6章 スミスチャートの使い方

6.3 スミスチャートはどのようにして使うか

図6-3のスミスチャート上にプロットされたA点は、$r=1$の抵抗円と$x=2$のリアクタンス円で交わっています。つまりこのA点のインピーダンスZは$Z = r + jx = 1 + j2$となります。

このZは50Ωで正規化されているので、求めるインピーダンス$Z_L = 50Z_0 = 50 + j100$となります。一方反射係数は$u、v$座標によって示されるので、A点と$u、v$座標の原点Oからの距離が反射の大きさΓになり、u軸とのなす角度が位相ϕを示すことになります。このスミスチャートから反射係数ρ($\Gamma e^{j\phi}$)がわかれば負荷のインピーダンスZ_Lを求めることができ、また逆に負荷のインピーダンスZ_Lがわかれば反射係数ρを求めることができます。

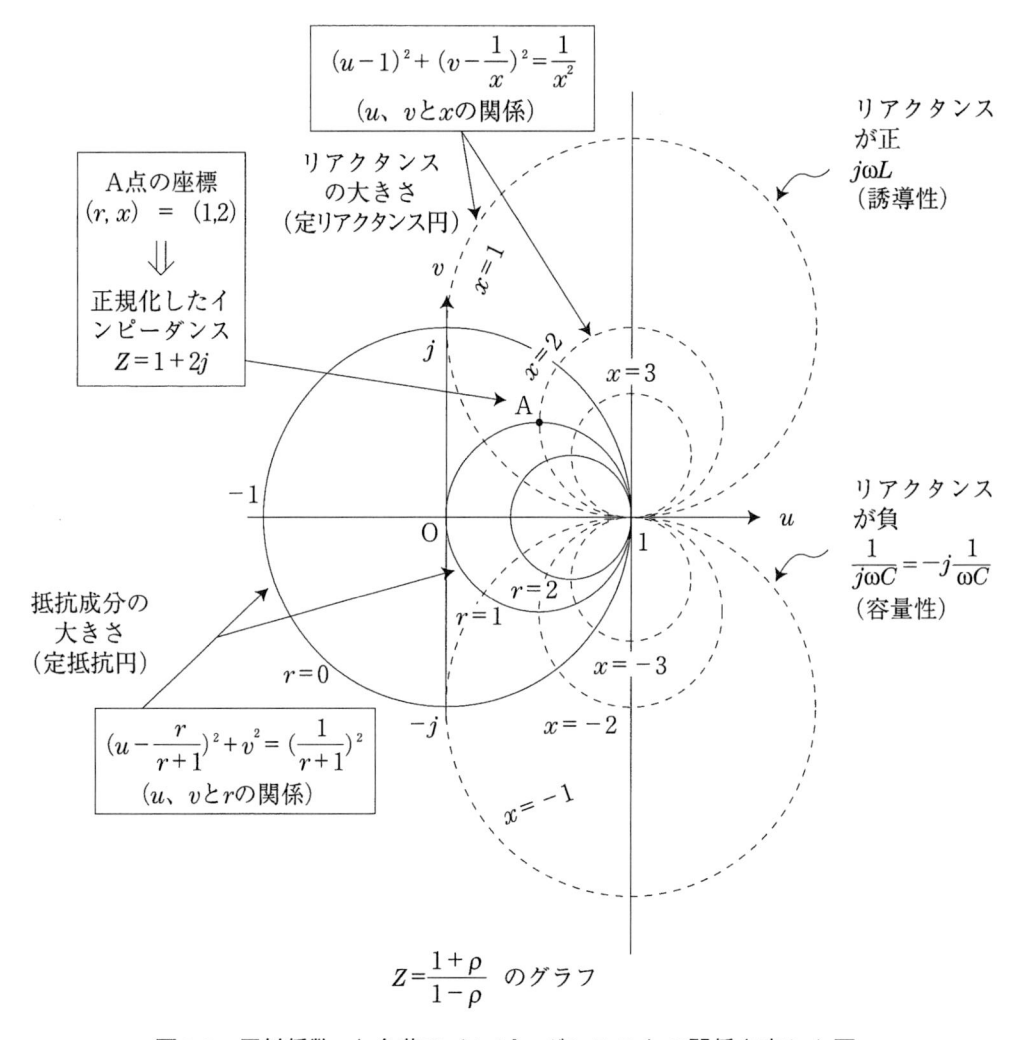

図6-3 反射係数ρと負荷のインピーダンスZ_Lとの関係を表した図

6.3 スミスチャートはどのようにして使うか

(1) 反射係数 ρ ($\Gamma e^{j\phi}$) から負荷のインピーダンス Z_L を求める

(ⅰ) 計算により負荷インピーダンス Z_L を求める

今、負荷の反射係数 ρ の大きさが0.7で位相角が45度であるとすれば、

$$\rho = \Gamma e^{j\phi} = 0.7 e^{j\frac{\pi}{4}} = 0.7 \left(\cos\frac{\pi}{4} + j\sin\frac{\pi}{4} \right) \fallingdotseq 0.5 + j0.5$$

と表わすことができます。伝送回路のインピーダンス Z_0 を50Ωとすれば、求める負荷インピーダンス Z_L は、

$$\begin{aligned}
Z_L &= Z_0 \cdot \frac{1+\rho}{1-\rho} \\
&= 50 \cdot \frac{1.5+0.5j}{0.5-0.5j} \\
&= 50\,(1+2j) \\
&= 50+j100\;[\Omega]
\end{aligned}$$

つまり、求める負荷のインピーダンス Z_L は $50+j100$ [Ω] となります。

(ⅱ) スミスチャートを使って求める

図6-4に示すスミスチャート上で反射係数 $\rho = 0.7e^{j\pi/4}$ (u, v 軸上半径0.7、位相 $\phi = \frac{\pi}{4}$) を表示すると図中のA点となります。このA点がインピーダンス Z ($=r+jx$) を示す曲線と交わる点を読み取ると、r に関する円（負荷インピーダンス Z_L の実数部）では $r=1$ と交わり、x に関する円（負荷インピーダンス Z_L の虚数部）では $x=1$ と交わります。
この交点の値を読むと $r=1$、$x=2$ となり、これより正規化された負荷インピーダンス
$$Z_L = r + jx = 1 + 2j$$
と読み取ることができます。このスミスチャート上ではインピーダンス Z は50Ωで正規化されているから読み取った値に対して50Ωをかけると、
$$Z_L = (1+2j) \times 50 = 50 + 100j\;[\Omega]$$
となり計算値に一致することがわかります。
このように反射係数 ρ がわかれば、複雑な計算をしなくてもスミスチャートから簡単に負荷インピーダンス Z_L を読み取ることができます。

(2) 負荷インピーダンス Z_L がわかっているとき反射係数 ρ を求める

(ⅰ) 計算により反射係数 ρ を求める

負荷のインピーダンスを $Z_L = 25 + j25$ [Ω]、測定系のインピーダンス $Z_0 = 50\Omega$ とすれば、反射係数 ρ は次のようになります。
反射係数 $\rho = \dfrac{Z_L - Z_0}{Z_L + Z_0} = \dfrac{-25 + j25}{75 + j25}$ となり、これより反射係数 ρ を計算すると、

6章 スミスチャートの使い方

$$\rho = u + jv = \frac{-1+j}{3+j} = -\frac{1}{5} + j\frac{2}{5} = -0.2 + j0.4$$

となります。これより $u = -0.2$、$v = 0.4$ であるから、反射係数の大きさ $\Gamma = \sqrt{0.2^2 + 0.4^2}$ ≒ 0.45、反射の位相角 $\theta = 116.5°$ と求めることができます。

(ⅱ) スミスチャートを使って反射係数 ρ を求める

図6-5に示すように負荷のインピーダンス $Z_L = 25 + j25$ [Ω] を50Ωで正規化すると $Z = 0.5 + j0.5$ となります。つまり $r = 0.5$、$x = 0.5$ なので、$r = 0.5$ の曲線と $x = 0.5$ の曲線が交わったB点のところが、負荷のインピーダンス Z_L を示しています。
この点Bの u、v 座標の値を読むと $u = -0.2$、$v = 0.4$ となります。
反射の大きさ Γ はOBの長さとなり、OBが u 軸となす角度 ϕ が反射係数の位相角を表わします。これらの値を読むと反射の大きさ $\Gamma = 0.45$、位相角 $\phi ≒ 117$ となり計算値に一致することがわかります。
このように負荷のインピーダンス Z_L がわかれば反射係数 ρ を簡単にチャートから読み取ることができます。

〔ポイント〕
・図6-4のA点には4つのパラメータが同時に表示されています。
 (反射係数 ρ のベクトル－大きさ Γ と位相角 ϕ)
 (負荷のインピーダンス Z_L －抵抗成分 r (実部) とリアクタンス x (虚部))
・u と v がわかることにより原点からA点までの距離が負荷 Z_L の反射係数の大きさ Γ を、また u 軸とA点がなす角が反射係数の位相角 ϕ を表しています。

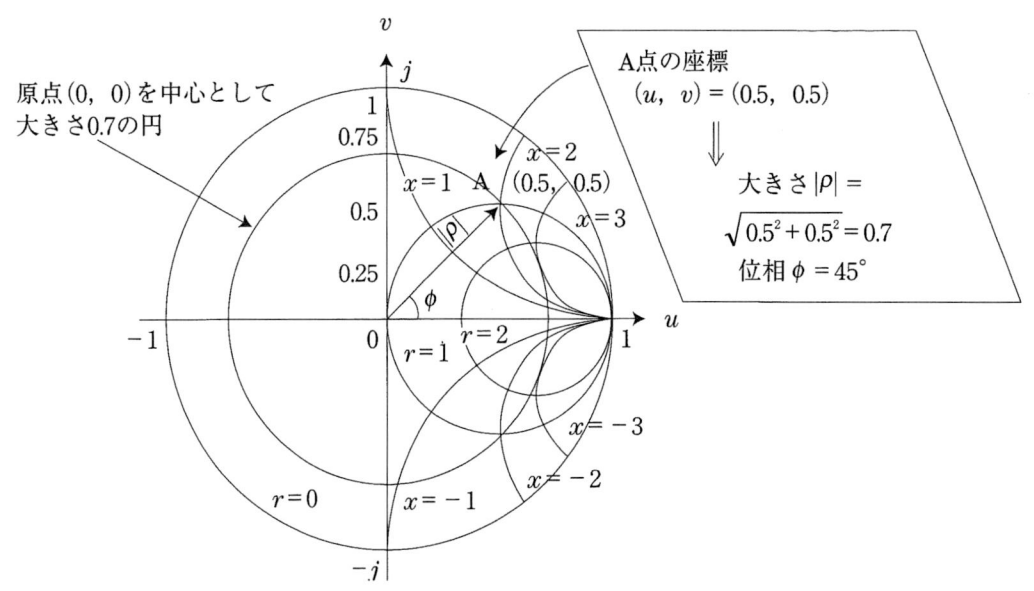

図6-4 反射係数 ρ の大きさ $|\rho|$ と位相

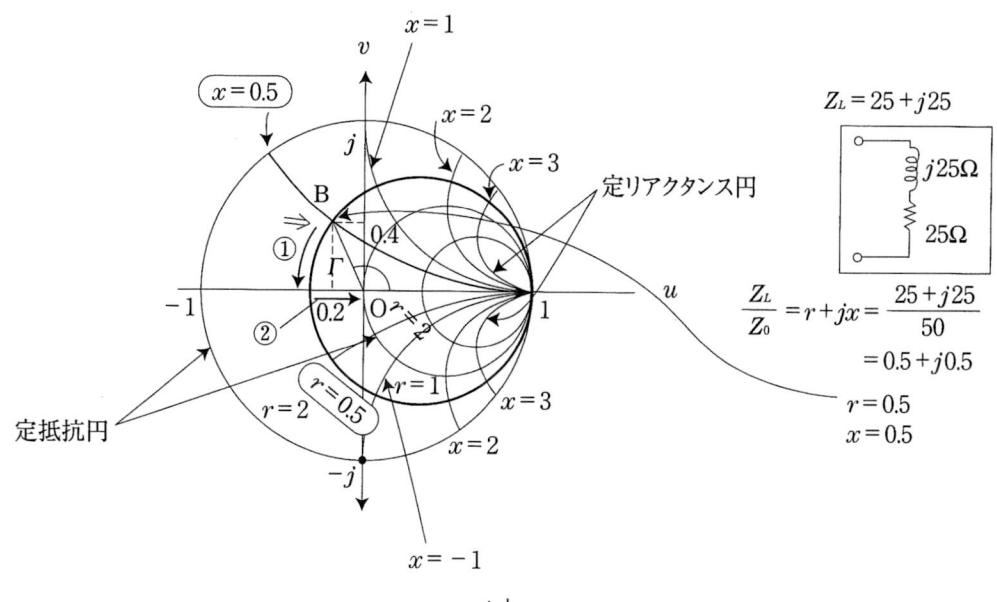

6.3 スミスチャートはどのようにして使うか

図6-5　$Z = \dfrac{1+\rho}{1-\rho}$ のグラフ

$Z_L = 25 + j25$

$\dfrac{Z_L}{Z_0} = r + jx = \dfrac{25 + j25}{50}$

$\qquad = 0.5 + j0.5$

$r = 0.5$
$x = 0.5$

6章 スミスチャートの使い方

6.4 スミスチャートを使ってインピーダンスマッチングをとる

(1) スミスチャート使って所定のインピーダンスに合わせる

今、負荷のインピーダンスを50Ωに調整する考え方を図6-6に示します。ある周波数で回路1のインピーダンスZ_Lが$25+j25$[Ω]であるとします。

この回路のインピーダンスを50Ωにするにはどのようにしたらよいでしょうか。

始めに回路1に直列に$-j25$[Ω]のコンデンサ($x=\dfrac{1}{\omega C}$)を追加すると、回路2のようにj成分(リアクタンス成分)は打ち消されて抵抗成分25Ωのみになります。次に回路2に直列に25Ωの抵抗を追加すると50Ωになります。これで回路3のようにインピーダンスを50Ωにすることができます。このことは図6-5のスミスチャート上では定リアクタンスの円に沿って点Bを反時計方向に0.5だけ($-j25/50=-j0.5$)移動し(①)、次にu軸上で右方向に0.5だけ($25/50=0.5$)移動(②)すれば50Ω(u軸上の$r=1$の円に到達)になります。

次の例題によって確認します。

例1 1GHzにおいて図6-7の回路1(枠で囲んである抵抗25Ωとインダクタンス10nHの直列回路)にインダクタとして5nHを追加するとスミスチャート上でどのように動くか。

1GHzにおける図6-7の回路1のインピーダンスZ_Lは、
$$Z_L = r + j2\pi fL$$
$$= 25 + j2\pi \times 1 \times 10^9 \times 10 \times 10^{-9} \text{ [Hz]}$$
$$= 25 + j20\pi$$

これを50Ωで正規化すると$Z=0.5+j0.4\pi \fallingdotseq 0.5+j1.25$となり、$r=0.5$と$x=1.25$と交わる点(図6-7上の点$P_1$)になります。

この回路にインダクタ5nHを追加すると1GHzにおけるリアクタンスの増加分は、
$$j2\pi fL = j2\pi \times 1 \times 10^9 \times 5 \times 10^{-9} = j10\pi$$

50Ωで正規化すると、$jx = j0.2\pi \fallingdotseq j0.6$となります。つまりスミスチャート上で$x$が0.6だけ増加する点($1.25+0.6=1.85$)$P_2$に移動します。

例2 図6-7の回路1を50Ωに合わせる。

1GHzにおいて図6-7の回路1を50Ωにするためには、P_1の位置$x=1.25$からP_3の$x=0$まで持っていかなければなりません。そのために追加するリアクタンスxは、$x=0-1.25=-j1.25$が必要となります。この値は正規化した値なので1GHzで追加するコンデンサCの容量は50Ωを掛けて$-j62.5$となります。

したがって1GHzで62.5ΩのインピーダンスになるコンデンサCの値は次のようになります。
$$62.5 = \dfrac{1}{2\pi fC} = \dfrac{1}{2\pi \times 1 \times 10^9 \times C}$$

これより$C \fallingdotseq 2.5$pFとなります(点P_3)。次にこのP_3($r=0.5$、$x=0$)を50Ω($r=1$)にするためには抵抗rを$1-0.5=0.5$、つまり$0.5\times 50=25$Ωを直列に追加してやれば、1GHzにおいて回路1は50Ωとなります。

6.4 スミスチャートを使ってインピーダンスマッチングをとる

回路1
$Z_L = 25 + j25 \ [\Omega]$

Z_L　　　25Ω　　　$Z_L = 25 + j25 \ [\Omega]$
　　　　　$j25 \ [\Omega]$

⇓ $-j25 \ [\Omega]$ のコンデンサを直列に追加する

回路2
$Z_L = 25\Omega$

25Ω
$j25 \ [\Omega]$
$-j25 \ [\Omega]$

⇓ 25Ωの抵抗を直列に追加する

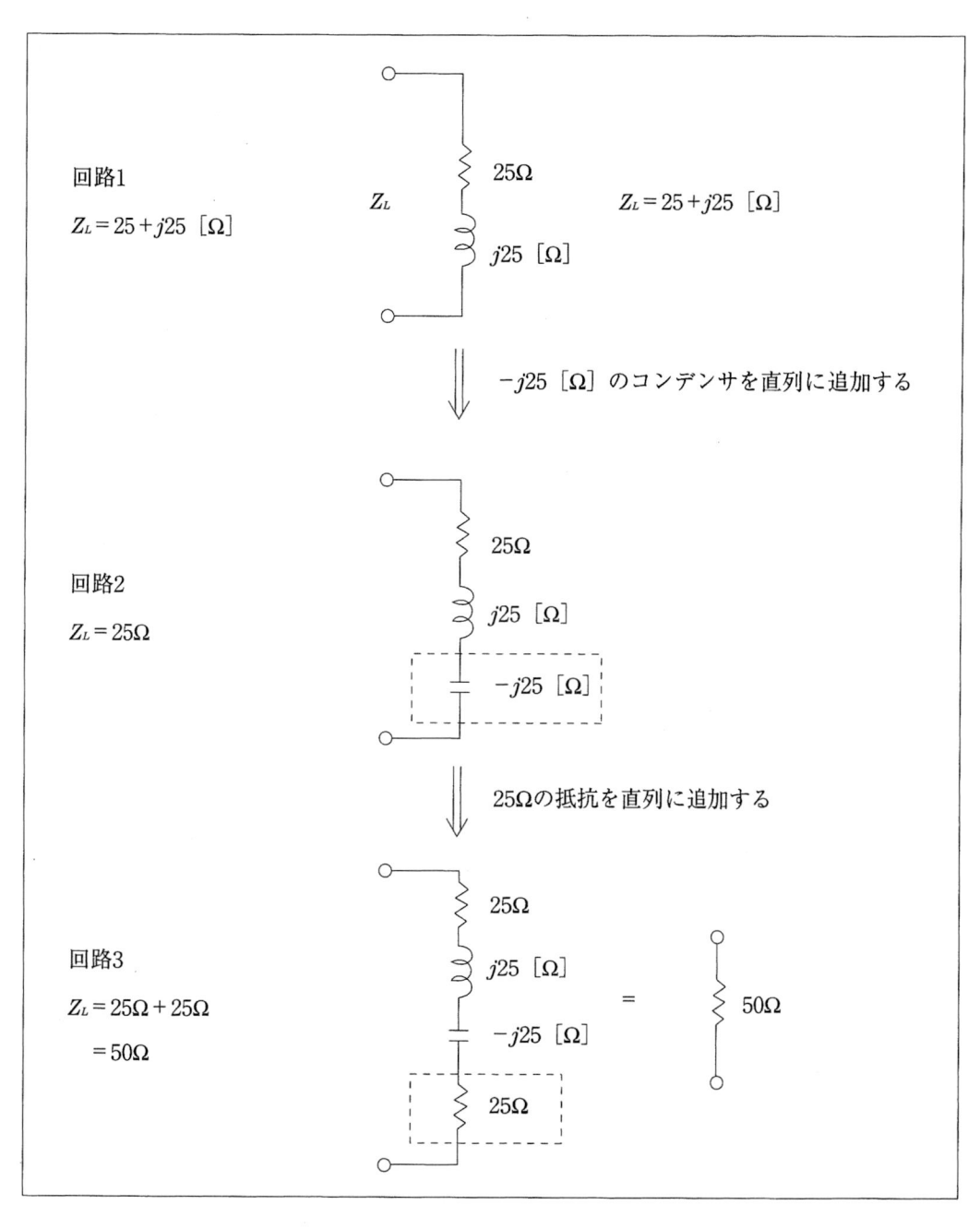

回路3
$Z_L = 25\Omega + 25\Omega$
　　　$= 50\Omega$

25Ω
$j25 \ [\Omega]$
$-j25 \ [\Omega]$
25Ω
= 50Ω

図6-6　50Ωに調整する方法

6章 スミスチャートの使い方

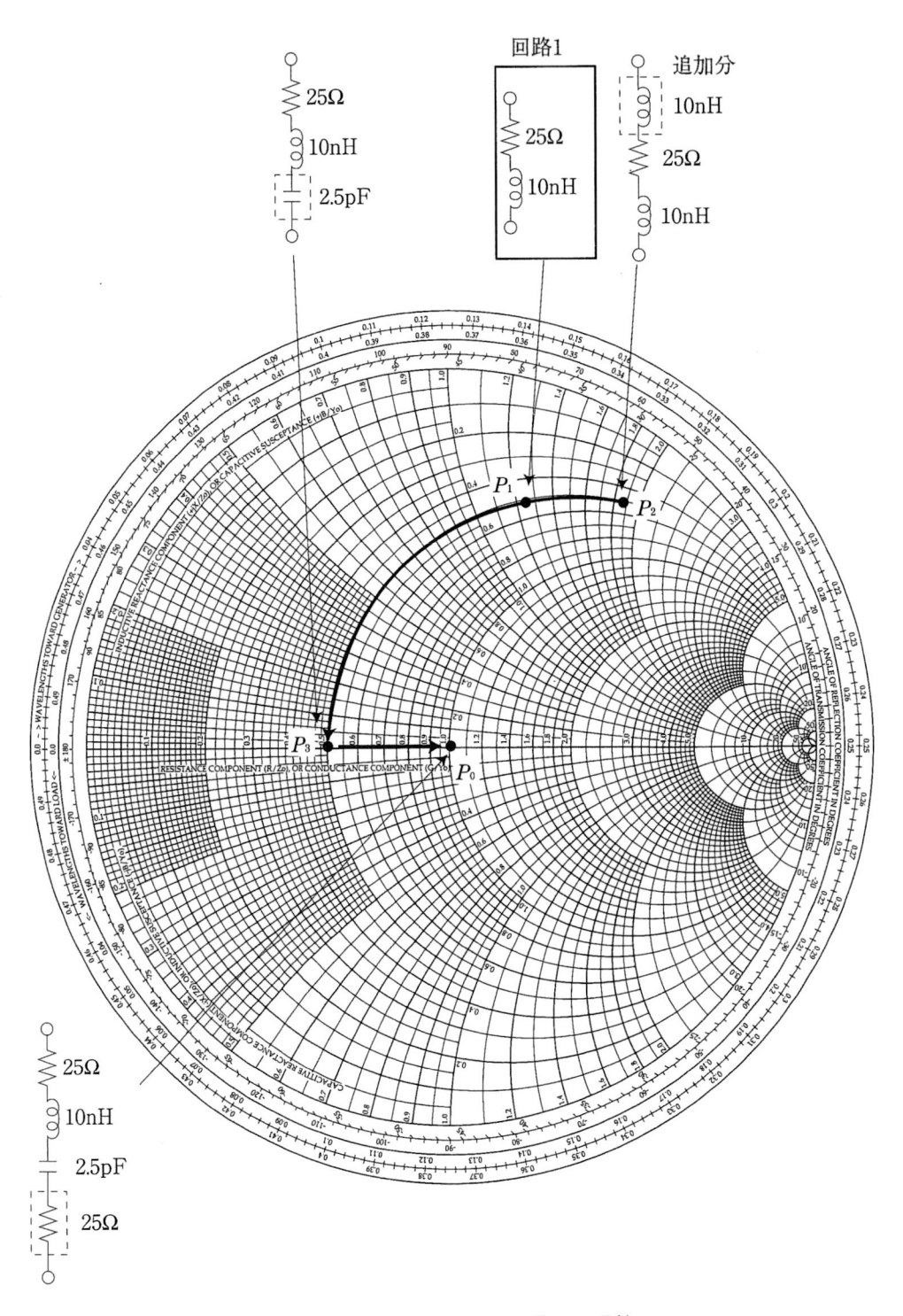

図6-7 スミスチャートを用いた調整

6.5 アドミッタンスチャートの使い方とイミッタンスチャート

　今までスミスチャートについてチャートの作成方法、スミスチャートを用いたインピーダンスの合わせ方の方法について解説しました。ところがあるインピーダンスの回路があったときに、この回路に並列に素子（抵抗、インダクタまたはコンデンサ）を加えるときには使いにくくなります。そこでスミスチャートと同じように並列に素子を加えていくとき、便利に使用できるものにアドミッタンスチャートがあります。このチャートはアドミッタンス Y（$Y = \dfrac{1}{Z} = G + jB$）と反射係数 ρ との関係を表したものです。

　このアドミッタンスチャートはスミスチャートが定抵抗円（抵抗が一定の円で抵抗を直列に接続していくときに利用）と定リアクタンス円（リアクタンスが等しい円でインダクタンスを直列に追加していくときにはリアクタンスが増える時計方向に、またコンデンサを直列に追加していくときにはリアクタンスが減る反時計方向に移動）から構成されていましたが、アドミッタンスチャートは、図6-8に示すように所定のインピーダンスの値に抵抗を並列に接続するときに移動するための定コンダクタンス円とインダクタンス L やコンデンサ C を、並列に接続するときに使用する定サセプタンス円から構成されています（$Y = G + jB$、G はコンダクタンス、B はサセプタンス）。スミスチャートの場合は特性インピーダンス Z_0 で規格化して取り扱いましたが、アドミッタンスチャートではアドミッタンス $Y_0 = \dfrac{1}{Z_0}$ で規格化してチャート上に表示します。したがってスミスチャートと比べて左右、上下とも反転したものとなります。回路に並列に抵抗を加えるときには図6-8に示すように定コンダクタンスの円が小さくなる左方向に移動し、回路に並列にインダクタ L（$B = \dfrac{1}{j\omega L} = -j\dfrac{1}{\omega L}$）を加えるときにはサセプタンスが減少する反時計方向に移動し、回路に並列にコンデンサ C（$B = j\omega C$）を加えるときにはサセプタンスが増加する時計方向に移動します。

　また、スミスチャートとアドミッタンスチャートを同時に表示した図6-9に示すようなイミッタンスチャートがあります。このイミッタンスチャートは、回路に素子を直列に接続していくときと並列に接続していくときの両方に使用することができ、さらに便利となります。

　今、50Ωの伝送路と負荷 Z_L との間にインピーダンスマッチングを取るためのインピーダンスマッチング回路を挿入したものを図6-10に示します。例として、負荷 Z_L が $Z_L = 10 + j50$（Ω）（$z = 0.2 + j1.0$、チャート上ではA点）としてイミッタンスチャートを使ってインピーダンスマッチングをとる方法は次のようになります。

①負荷A点からB点に移動しP点までのルート
・負荷の位置A点からB点まで移動し（直列にコンデンサーC）、B点から50ΩのP点まで移動して（並列にコンデンサーC）インピーダンスマッチングを取る方法。

②負荷A点からC点に移動しP点までのルート
・負荷の位置A点からC点まで移動し（並列にコンデンサーC）、C点から50ΩのP点まで移動して（直列にコンデンサーC）インピーダンスマッチングを取る方法。

　負荷の位置A点からスタートしてP点まで移動するルートはこの他にもルートが長くなりますがあります。ルートが長くなることは部品の定数としては大きな値となります。また逆にルートが短くなると小さな値となります。

6章 スミスチャートの使い方

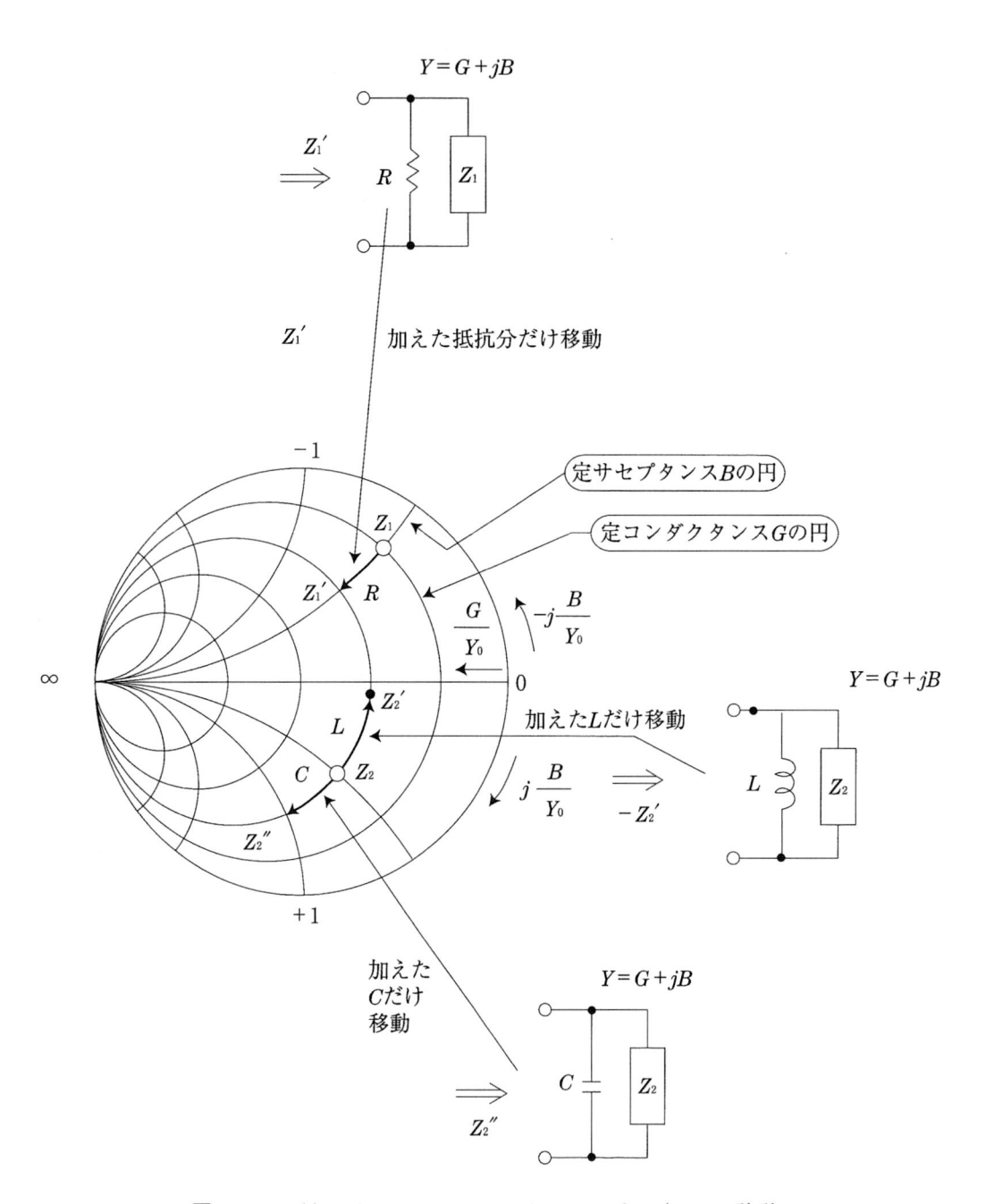

図6-8 アドミッタンスチャートによるインピーダンスの移動

6.5 アドミッタンスチャートの使い方とイミッタンスチャート

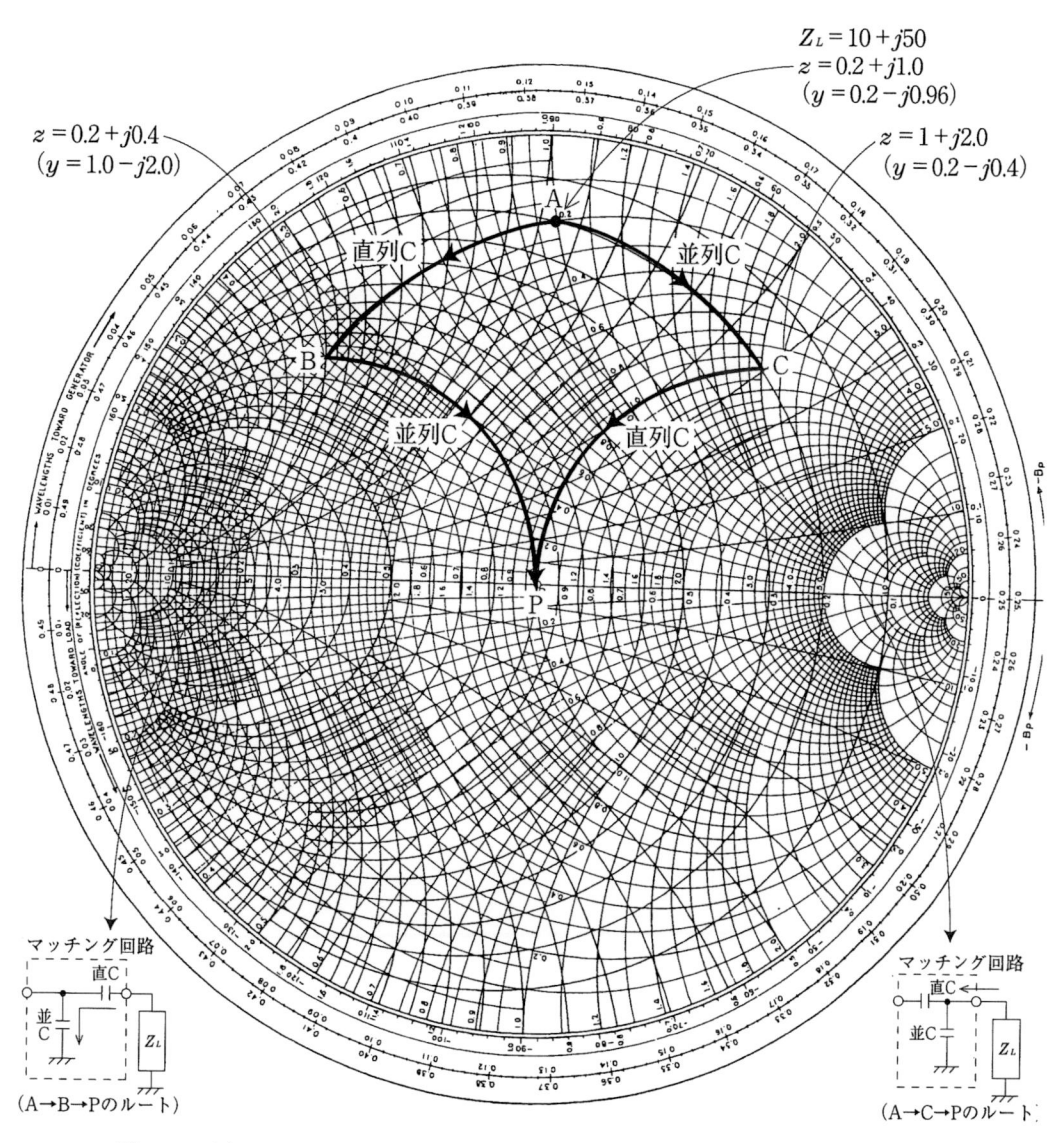

$z = 0.2 + j0.4$
($y = 1.0 - j2.0$)

$Z_L = 10 + j50$
$z = 0.2 + j1.0$
($y = 0.2 - j0.96$)

$z = 1 + j2.0$
($y = 0.2 - j0.4$)

直列C　並列C
並列C　直列C

マッチング回路
直C
並C
Z_L
(A→B→Pのルート)

マッチング回路
直C
並C
Z_L
(A→C→Pのルート)

図6-9　イミッタンスチャート（スミスチャート＋アドミッタンスチャート）

50Ω伝送路　インピーダンスマッチング回路

Z_L　負荷　$Z_L = 10 + j50$（Ω）

10
$j50$

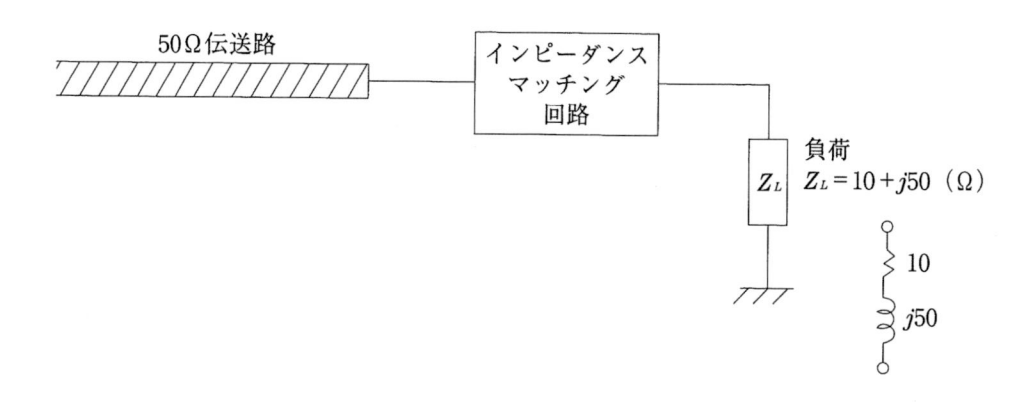

図6-10　負荷Z_Lとインピーダンスマッチング回路

7章
高周波のパラメータ

　高周波特性を表すパラメータには入力に対する出力を表す伝送特性、回路網の入力側の反射特性や出力側の反射特性、反射の大きさをdBで表したリターンロス、定在波比、高周波用用途のトランジスタなど特性を示すSパラメータについて、またこれらが関連していることを理解します。

7章 高周波のパラメータ

7.1 高周波のパラメータが読めるようになろう

　ここでは高周波に必要な特性やパラメータ、測定した特性が何を意味しているかを理解することが必要となります。
　高周波の主要なパラメータには次のようなものがあります。

【伝送特性】
　回路網の周波数特性や位相特性がどのようになっているのかを表しています。回路網としてたとえば、増幅器、SAWフィルター、水晶フィルターなどの周波数特性や位相特性を測定することにより、どのくらいの周波数まで使用することができるか判断することができます（**図7-1**）。測定の方法は回路網に周波数を変化させて信号を入力したときに、出力の信号の大きさと入力信号に対して位相がどれだけ変化したかを測定して求めます。

【反射特性】
　回路網に信号を入力した場合に回路網からどれくらい信号が反射されるかを表します。この反射特性よって信号のロスやインピーダンスがどれくらい合っているか、インピーダンスマッチ

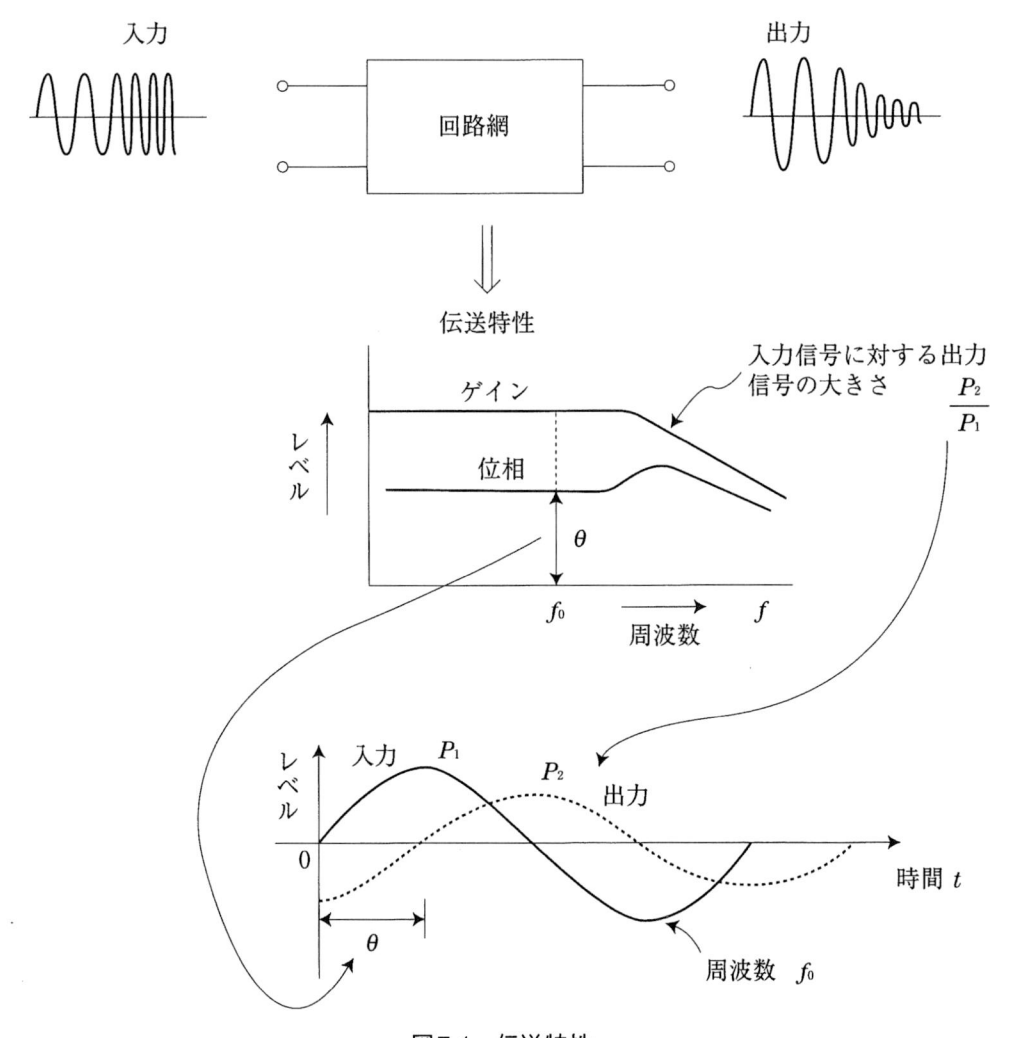

図7-1　伝送特性

7.1 高周波のパラメータが読めるようになろう

ングの程度がわかります。反射の大きさは通常反射係数 ρ で表します（図7-2）。

【リターンロス】

$R \cdot L$（Return Loss：反射の損失）は反射係数 ρ の大きさ $\varGamma$ を対数dBで表したものです。

つまり $R \cdot L = -20\log\varGamma$ [dB]

高周波の測定では反射の大きさをリターンロスで表すことが多いです。

反射が非常に少ない場合と反射が非常に多い場合は、たとえば、反射係数0.01と1のようなケースでは、これをリニアースケールで表そうとすると表示がしにくくなります。このように対数で表すと反射係数を広い範囲で表現することができます。

【定在波】

定在波とは伝送回路の受信側が伝送回路の特性インピーダンス Z_0 で終端されていない場合（インピーダンスマッチングされていない）は、伝送回路上には進行する波（進行波）と反射する波（反射波）が同時に存在します。このとき進行波と反射波が干渉して伝送回路上で見かけ上進行しない波が生じます。この波のことを定在波と言います。

【S パラメータ】

低周波領域ではトランジスタの特性を表すのに h パラメータがあります。

波の反射や伝送等の現象を取り扱うのにパラメータとして S パラメータがよく使用されます。また高周波トランジスタの特性表示にもこの S パラメータが多く使用されます。つまり S パラメータは入力端子と出力端子を特性インピーダンス Z_0 で終端したときのパラメータであり、上記 h パラメータのように入力端子や出力端子をショートしたりオープンにしたりすることがありません。高周波では通常50Ωで扱うのが一般的です。

この S パラメータには回路網の入力側の反射係数である S_{11}、伝送特性を表す S_{21}、出力側から入力側への漏れ（アイソレーション特性）を表す S_{12}、回路網の出力側から見たときの反射係数（出力反射係数）を表す S_{22} の4つのパラメータがあります（図7-8）。

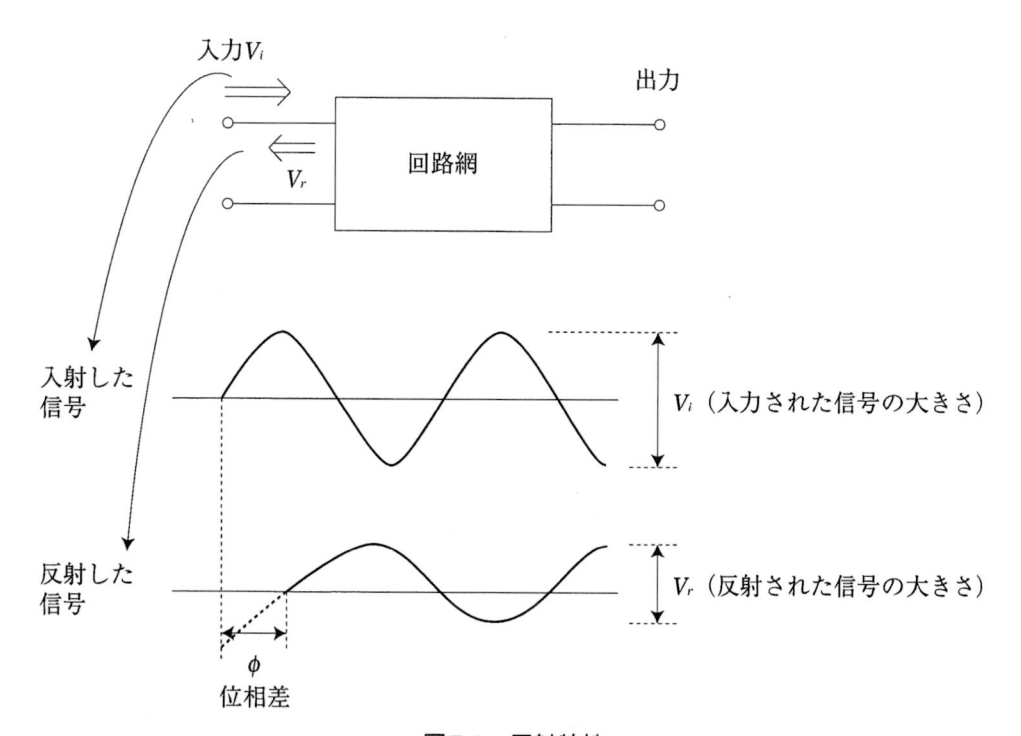

図7-2 反射特性

7章 高周波のパラメータ

7.2 反射係数とは、反射係数とインピーダンスの関係

　反射係数とは入射される波に対する反射される波の比のことをいい、通常は入射波に対する反射波の大きさΓと、入射波に対する反射波は位相差ϕを持っています（図7−2）。反射の大きさは反射係数によって決まります。
　電圧反射係数 ρ_v ＝反射電圧V_2／入射電圧V_1で表します。
　電流反射係数 ρ_i ＝反射電流I_2／入射電流I_1で表します。
　すでに第4章で述べたように電圧反射係数と電流反射係数は、符号が異なることから位相が異なることがわかります。**図7−3**には電圧の反射の様子と電流の反射の様子を示しています。ここで反射係数ρは次のように表すことができます。

$$\text{反射係数 } \rho = \frac{V_2}{V_1} = \frac{Z_L - Z_0}{Z_L + Z_0} = \Gamma e^{j\phi}$$

　このことは図7−3において、特性インピーダンスZ_0として50Ωの高周波ケーブルに負荷のインピーダンスZ_Lが既知の回路やデバイスなどを接続すると、反射係数ρ（大きさΓと位相ϕ）を求めることができることです。また逆に50Ωの高周波ケーブルに負荷インピーダンスZ_Lが未知の回路やデバイスなどを接続して、反射係数ρ（大きさΓと位相ϕ）を測定すると負荷のインピーダンスZ_Lを求めることができます。

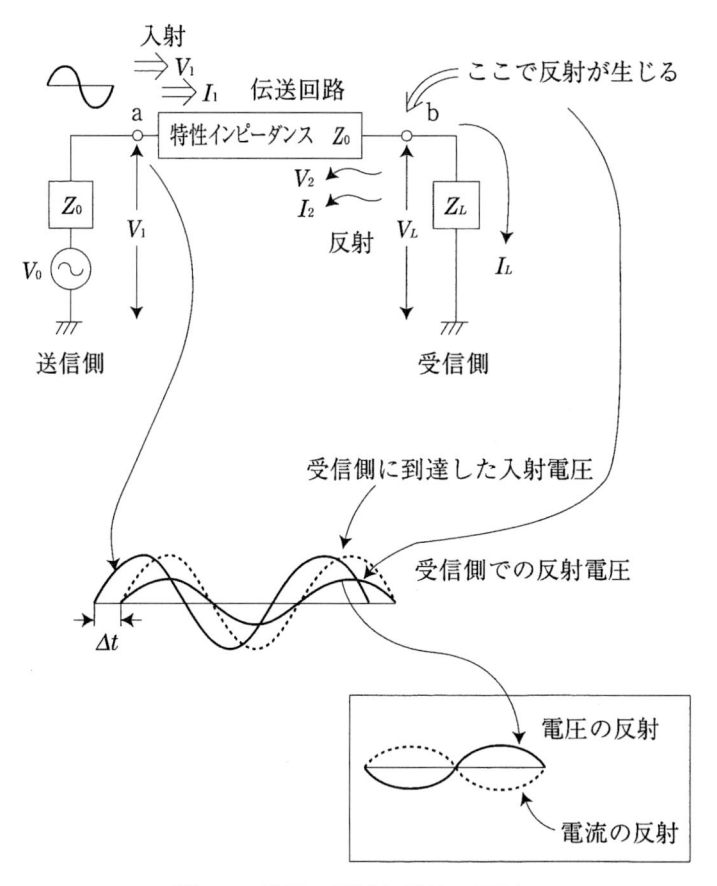

図7-3　電圧の反射と電流の反射

7.2 反射係数とは、反射係数とインピーダンスの関係

例1 特性インピーダンス Z_0 = 50Ωに接続される負荷 Z_L（実抵抗）を変えたときの反射係数。

信号を伝送するガラスエポキシ基板のプリントパターンの特性インピーダンスが Z_0 = 100Ω であるように設計されていたとする。この伝送された信号を以下に示すインピーダンス Z_L（この場合は純抵抗）で終端したときの反射係数 ρ の大きさ Γ と位相差 ϕ を求めてみる。

1) Z_L = 100Ωで終端すれば、反射係数 ρ は0となり、反射は生じません。

2) Z_L = 50Ωで終端すれば、反射係数 $\rho = -\dfrac{1}{3} e^{j2\pi}$ となり、反射電圧の大きさは入射電圧の $\dfrac{1}{3}$ となり、かつ反射電圧の位相が180°（－符号のために逆相）となります。

3) Z_L = 200Ωで終端すれば、反射係数 $\rho = \dfrac{1}{3} e^{j0}$ となり、反射電圧の大きさは入射電圧の $\dfrac{1}{3}$ となり、かつ反射電圧の位相が0°（＋符号のため同相）となります。

反射係数が大きいということは、入射電圧に対して反射される電圧の大きさが大きいということです。このことは入射電圧に大きな影響を与え、入射電圧の波形が変化することになります。

例2 特性インピーダンス Z_0 = 100Ωに接続される負荷 Z_L（複素数）のときの反射係数。

信号を伝送するガラスエポキシ基板のプリントパターンの特性インピーダンスが Z_0 = 100Ωに設計されていたときに、この伝送された信号を負荷インピーダンス Z_L = 100 + j50 [Ω]（複素数）で終端したときの反射係数 ρ の大きさ Γ と位相差 ϕ を求めると次のようになります。

$$\text{反射係数} \rho = \frac{V_2}{V_1} = \frac{Z_L - Z_0}{Z_L + Z_0} = \frac{j50}{200 + j50} = \frac{j}{4+j} = \frac{1+4j}{17}$$

これを座標軸に表すと**図7－4**のようになります。

つまり反射の大きさ Γ は $\Gamma = \sqrt{\left(\dfrac{1}{17}\right)^2 + \left(\dfrac{4}{17}\right)^2} \fallingdotseq 0.24$ となり、入射される信号に対して反射される信号の位相 ϕ は $\phi = \tan(-4) \fallingdotseq 76°$ となります。

7章 高周波のパラメータ

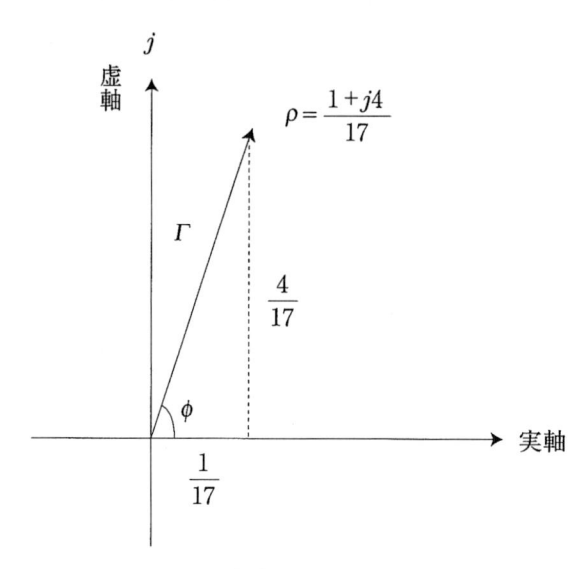

図7-4　反射係数 ρ のベクトル図

7.3 リターンロスとは

(1) 反射係数の大きさΓを対数［dB］で表わしたものです

　反射係数はすでに述べたように、反射の大きさΓと入射波と反射波との位相差ϕを持っています。リターンロス$R・L$（Return Loss：反射の損失）とは反射係数ρの大きさΓ（絶対値）を対数［dB］で表したもので次のようになります。

$$R・L = -20\log\Gamma \text{ [dB]}$$

　高周波の測定では、このリターンロス$R・L$で多く表示します。このように対数で表すと反射係数が小さい値の差、小さい値から大きい値までを適度な範囲で表現することができます。アンプで言えば、広い範囲の増幅度（増幅度1から10000倍：広いダイナミックレンジ）を圧縮して表現していることと同じになります。

　たとえば、反射係数が非常に小さい場合、
　$\Gamma = 0.01$と0.02の差
　$\Gamma = 0.01$のとき
　　　　$R・L = -20\log 0.01 = 40\text{dB}$
　$\Gamma = 0.02$のとき
　　　　$R・L = -20\log 0.02 = 46\text{dB}$
　$\Gamma = 1$のとき
　　　　$R・L = -20\log 1 = 0$

　このように反射係数の差が非常に小さい場合でも、6dBの差として表現することができます。またΓが0.01と1を比較した場合には100倍のレベル差がありますが、これを40dBの差に圧縮して表示することができます。

例 反射係数の大きさからリターンロス$R・L$を計算する。

リターンロスの計算例：
・反射係数ρの大きさ$\Gamma = 1$のとき
　　　$R・L = 0\text{dB}$
・反射係数ρの大きさ$\Gamma = \dfrac{1}{3}$のとき
　　　$R・L = -20\log\dfrac{1}{3} = 9.54\text{dB}$
・反射係数ρの大きさ$\Gamma = \dfrac{1}{5}$のとき
　　　$R・L = -20\log\dfrac{1}{5} = 13.9\text{dB}$
・反射係数ρの大きさ$\Gamma = \dfrac{1}{10}$のとき
　　　$R・L = -20\log\dfrac{1}{10} = 20\text{dB}$

この関係をグラフに表わすと図7−5のようになります。

7章 高周波のパラメータ

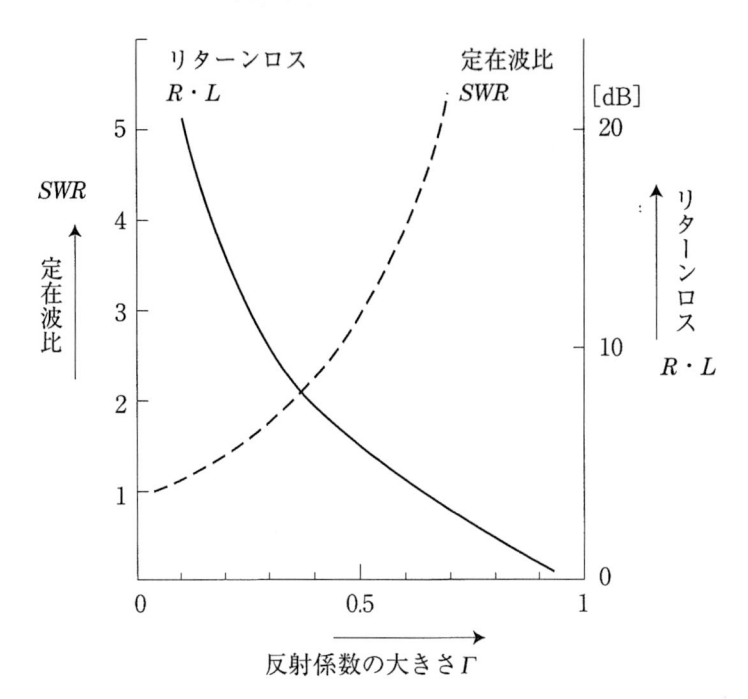

図7-5 定在波SWRと反射係数の大きさΓおよび反射係数の大きさΓとリターンロスR・Lとの関係

測定条件	Sパラメータ、$Z_0=50\Omega$、$T_a=25℃$ $V_{CE}=6V$、$I_C=3mA$							
周波数 [MHz]	S_{11}		S_{21}		S_{12}		S_{22}	
	Mag.	Ang.	Mag.	Ang.	Mag.	Ang.	Mag.	Ang.
⋮	⋮	⋮	⋮	⋮	⋮	⋮	⋮	⋮
1000	0.297	−83.7	3.592	95.6	0.124	53.2	0.500	−39.9
1200	0.226	−92.7	3.140	88.5	0.137	53.6	0.465	−41.1
1400	0.175	−101.9	2.808	82.3	0.152	54.1	0.442	−42.2
⋮	⋮	⋮	⋮	⋮	⋮	⋮	⋮	⋮

Mag.とは大きさを表す
Ang.とは位相を表す

表7-2 トランジスタのSパラメータ（2SC5096）

7.3 リターンロスとは

表7-1は反射係数の大きさΓを変化させた場合に、リターンロス$R \cdot L$と定在波比SWRの値を表にしたものです。

> 〔ポイント〕
> ・リターンロス$R \cdot L$は反射係数の大きさを対数で表したものです。
> ・対数で表すと反射係数の広い範囲を圧縮して表現できます。
> ・反射係数が小さいほどリターンロスの値は大きくなります。

反射係数ρの大きさΓ	リターンロス$R \cdot L$ [dB]	定在波比SWR	反射係数ρの大きさΓ	リターンロス$R \cdot L$ [dB]	定在波比SWR
0.01	40	1.02	0.5	6	3
0.02	33.9	1.04	0.525	5.6	3.21
0.04	27.9	1.08	0.55	5.2	3.44
0.06	24.4	1.12	0.575	4.8	3.7
0.08	21.9	1.17	0.6	4.4	4
0.1	20	1.22	0.625	4.1	4.33
0.125	18	1.28	0.65	3.7	4.71
0.15	16.4	1.35	0.675	3.4	5.15
0.175	15.1	1.42	0.7	3.1	5.66
0.2	13.9	1.5	0.725	2.8	6.27
0.225	12.9	1.58	0.75	2.5	7
0.25	12	1.66	0.775	2.2	7.9
0.275	11.2	1.76	0.8	1.9	9
0.3	10.4	1.85	0.825	1.7	10.4
0.325	9.76	1.96	0.85	1.4	12.3
0.35	9.1	2.07	0.875	1.1	15
0.375	8.5	2.2	0.9	0.9	19
0.4	7.9	2.33	0.925	0.7	25.7
0.425	7.4	2.48	0.95	0.4	39
0.45	6.9	2.63	0.975	0.22	79
0.475	6.4	2.36	1	0	∞

表7-1 反射係数・リターンロス・定在波比の関係

7章 高周波のパラメータ

7.4 定在波比（SWR：Standing Wave Ratio）とは

　伝送回路に接続される負荷インピーダンスZ_Lが、伝送回路の特性インピーダンスZ_0で終端されていない場合（インピーダンスマッチングされていない）は、入射される信号に対して反射される信号が存在するために、伝送回路上で見かけ上進行しない定在波が発生し、負荷が$Z_L = Z_0$でインピーダンスマッチングがされているときには反射波が生じないので定在波は発生しません。この定在波は反射波のレベルが大きいほどそのレベルは大きくなります。この現象はすでに述べたような波動現象と同じで、進行する波と反射する波があれば必ずこの定在波が発生します。

(1) 定在波比（SWR：Standing Wave Ratio）とは

　定在波比は入射する波と反射する波が強め合ったときの定在波の電圧の大きさV_{max}と、弱めあったときの定在波の電圧の大きさV_{min}の比をとって定在波比または電圧定在波比$VSWR$（Voltage Standing Wave Ratio）と呼びます。
　電流の定在波比も同様に電流の最大値I_{max}と電流の最小値I_{min}の比をとります。
　電流の定在波比と電圧の定在波比は等しくなります。

$$SWR = V_{max} / V_{min} = - I_{max} / I_{min}$$

電圧定在波比について求めてみると次のようになります。

$$電圧定在波比\ VSWR =（入射波＋反射波）/（入射波－反射波）$$
$$=（1＋\varGamma）/（1－\varGamma） \cdots\cdots 式（7.1）$$

　この式から電圧定在波比SWRは、反射係数の大きさ$\varGamma$がわかれば求めることができます。
　このように、定在波比とは反射の大きさに関係することがわかります。

例　反射係数の大きさから電圧定在波比（$VSWR$）を計算する。

- 反射係数の大きさ$\varGamma = 0$の場合は$VSWR = 1$
- 反射係数の大きさ$\varGamma = \dfrac{1}{5}$の場合は$VSWR = 1.5$
- 反射係数の大きさ$\varGamma = \dfrac{1}{3}$の場合は$VSWR = 2$
- 反射係数の大きさ$\varGamma = 1$の場合は$VSWR = \infty$
　反射係数の大きさ$\varGamma$と$VSWR$の関係をグラフに表わすと図7−5のようになります

　実際の高周波の測定では、入射される電力と反射される電力の大きさから反射係数を測定し、定在波比SWRを求めています。また、式（7.1）から反射の大きさ$\varGamma$について求めると、定在波比SWRとの関係は次のようになります。

$$\varGamma = \dfrac{SWR-1}{SWR+1} \quad \cdots\cdots 式（7.2）$$

7.4 定在波比 (SWR : Standing Wave Ratio) とは

(2) 電圧定在波と電流定在波の発生する様子

今、図7-6に示すように信号源 V_i が特性インピーダンス Z_0 の伝送回路を通して負荷 Z_L（特性インピーダンス Z_0 の2倍）に信号を供給している場合を考えると電圧反射係数は

$\rho = \dfrac{Z_L - Z_0}{Z_L + Z_0}$ より計算すると反射係数 $\rho = \dfrac{1}{3} = 0.33$ となります。

一方反射がない場合は、$\rho = 0$ となります。このとき式 (7.1) から反射がないとき（$\Gamma = 0$）の電圧定在波比は $VSWR = 1$ となります。反射係数の大きさ $\Gamma = 0.33$ のときには、$V_{max} = 1 + \Gamma = 1.33$、$V_{min} = 1 - \Gamma = 1 - 0.33 = 0.67$ となり、図7-6 (a) のようになります。すでに述べたように、電圧反射係数と電流反射係数は位相が逆なので、電流の定在波も同様に図7-6 (b) のようになります。

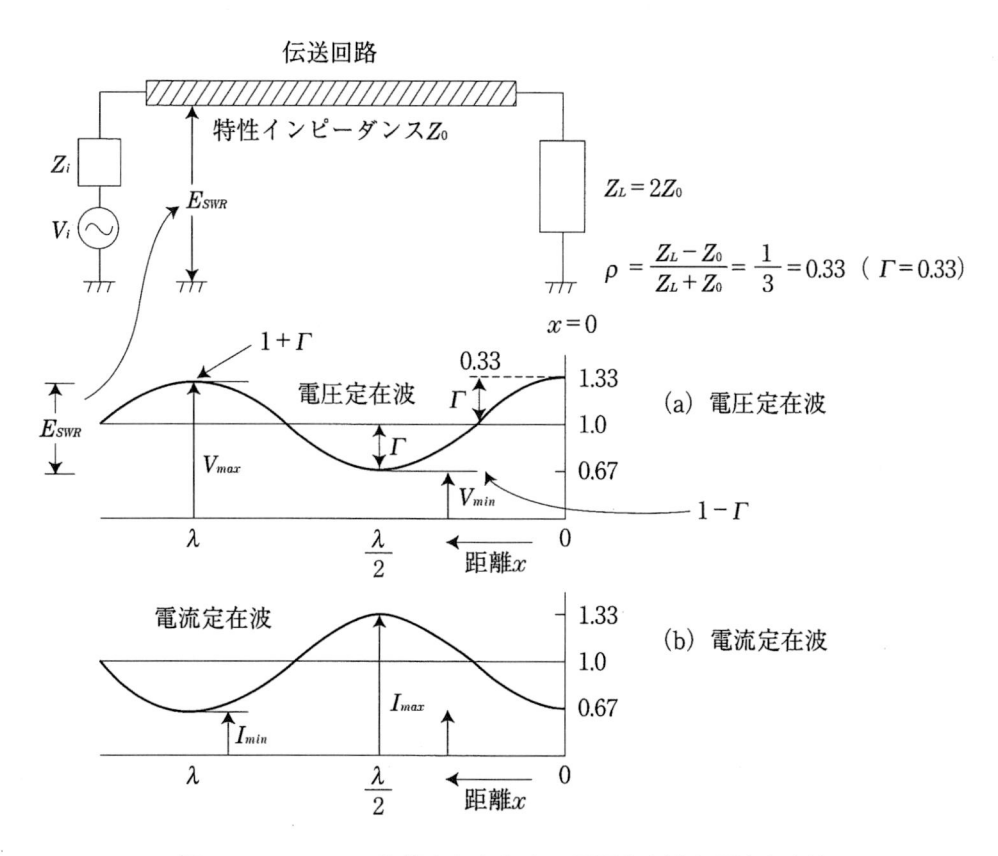

図7-6 $Z_L = 2Z_0$ で終端されたときの電圧定在波と電流定在波

7章 高周波のパラメータ

7.5 Sパラメータ（S行列、Scattering Parameter）

　図7-7に示すような4端子の高周波回路や高周波素子の入力側に入射波としてa_1を入力した場合に入力側に反射する（戻ってくる）波をb_1、出力側に透過していく波をb_2とします。また出力側から入射波a_2を入力したときに出力側に反射する（戻ってくる）波をb_2とし、入力側に透過する波をb_1とすれば、Sパラメータについて次の式が成り立ちます。

$$\begin{pmatrix} b_1 \\ b_2 \end{pmatrix} = \begin{pmatrix} S_{11} & S_{12} \\ S_{21} & S_{22} \end{pmatrix} = \begin{pmatrix} a_1 \\ a_2 \end{pmatrix} \qquad \begin{array}{l} b_1 = S_{11} \cdot a_1 + S_{12} \cdot a_2 \quad \text{式（7.3）} \\ b_2 = S_{21} \cdot a_1 + S_{22} \cdot a_2 \quad \text{式（7.4）} \end{array}$$

　これより、hパラメータで求めた方法と同じようにして、式（7.3）と式（7.4）を用いて各パラメータを求めると次のようになります。これらのSパラメータを求めるときに終端する特性インピーダンスは50Ωです。

S_{11}：出力端を特性インピーダンスZ_0で、終端したときの入力側の入射波a_1に対する反射波b_1の割合です。これは入力反射係数と呼ばれています。
　$S_{11} = b_1 / a_1$（入力側の反射係数である）…入力反射係数ρ

S_{21}：出力側を特性インピーダンスZ_0で、終端したときの入射波a_1に対して出力側への透過波b_2の割合です。このことは入力に対する出力側への伝送特性を表しています。
　$S_{21} = b_2 / a_1$（回路網の伝送特性を表している）…伝送特性（透過係数）

S_{12}：入力側を特性インピーダンスZ_0で、終端したときに出力側から入射波a_2を入れたときの入力側へ透過する透過波b_1の割合で、出力側から入力側への漏れを表しておりアイソレーション特性を表します。
　$S_{12} = b_1 / a_2$（回路網の逆方向の伝送特性を表している）…アイソレーション特性（逆方向透過係数）

S_{22}：入力側を特性インピーダンスZ_0で、終端したときの出力側から入射波a_2を入れたときの反射波b_2の割合であり、出力側から見たときの反射係数で出力側の反射係数を表します。
　$S_{22} = b_2 / a_2$（回路網を出力側から見たときの入力に対する反射係数である）…出力側反射係数ρ

　これらをまとめてわかりやすくすると、図7-8のようになります。

〔ポイント〕
・Sパラメータでは特性インピーダンスZ_0で終端するので発振現象等がなくなり、高周波測定での問題がなくなります。
・Sパラメータを測定することで高周波に対するいろいろな特性がわかります。
　（反射係数、高周波伝送特性、高周波アイソレーション特性）

7.5　Sパラメータ（S行列、Scattering Parameter）

入力側 ←　　　→ 出力側

回路網

フィルター
増幅器
電子部品など

a_1 → S_{11}　S_{12} ← a_2

b_1 ← S_{21}　S_{22} → b_2

入射波　a_1 →　Sパラメータ　→ b_2　透過波

b_1 ← 反射波　（入力側から）

入射に対する反射
$$S_{11} = \frac{b_1}{a_1}$$

入射に対する透過
$$S_{21} = \frac{b_2}{a_1}$$

透過波 b_1 ← Sパラメータ ← a_2 入射波

（出力側から）　b_2 → 反射波

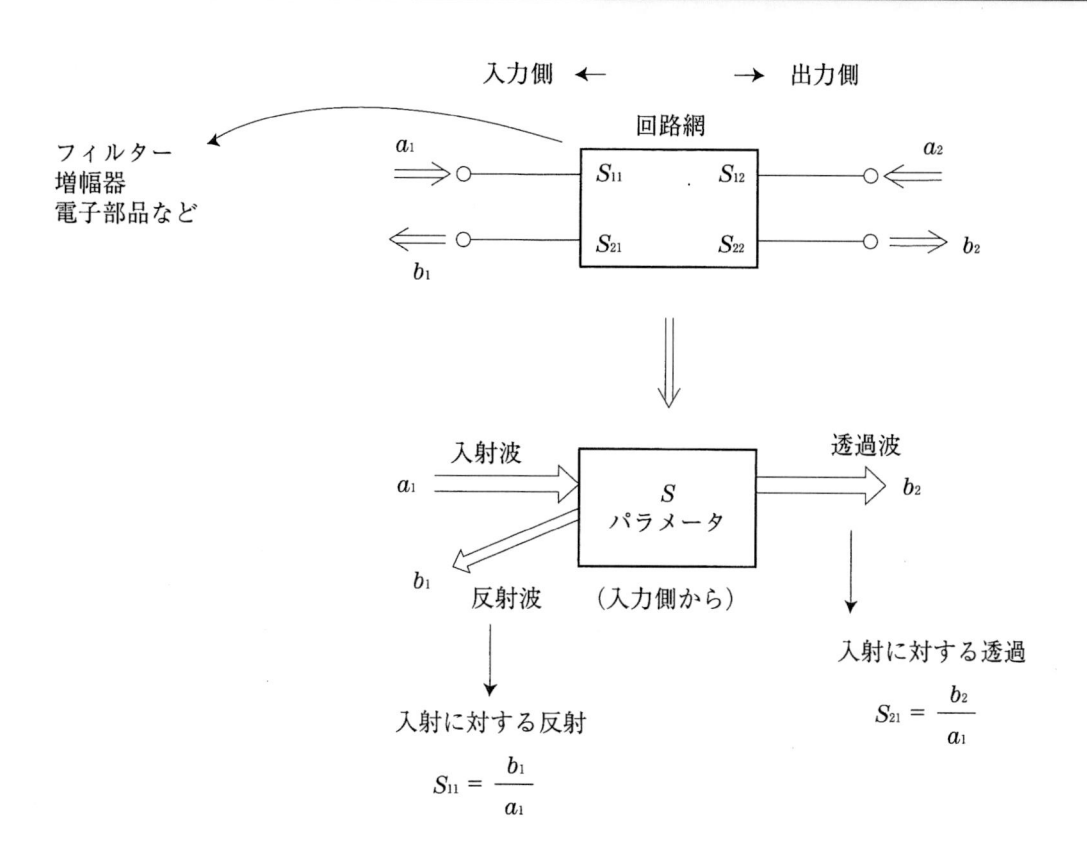

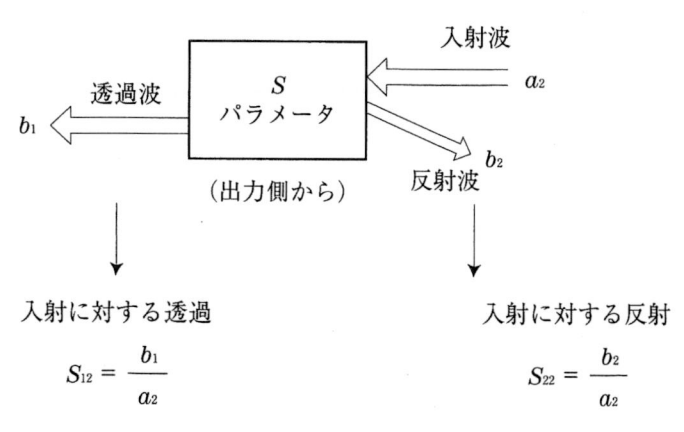

入射に対する透過
$$S_{12} = \frac{b_1}{a_2}$$

入射に対する反射
$$S_{22} = \frac{b_2}{a_2}$$

図7-7　Sパラメータの表示

7章 高周波のパラメータ

$$\begin{pmatrix} b_1 \\ b_2 \end{pmatrix} = \begin{pmatrix} S_{11} & S_{12} \\ S_{21} & S_{22} \end{pmatrix} \begin{pmatrix} a_1 \\ a_2 \end{pmatrix}$$

$S_{11} = \dfrac{b_1}{a_1}$

入力反射係数

$S_{21} = \dfrac{b_2}{a_1}$

伝送特性
(透過係数)

$S_{12} = \dfrac{b_1}{a_2}$

入力側への漏れ
(アイソレーション特性)

$S_{22} = \dfrac{b_2}{a_2}$

出力側から見た
ときの反射係数
(出力反射係数)

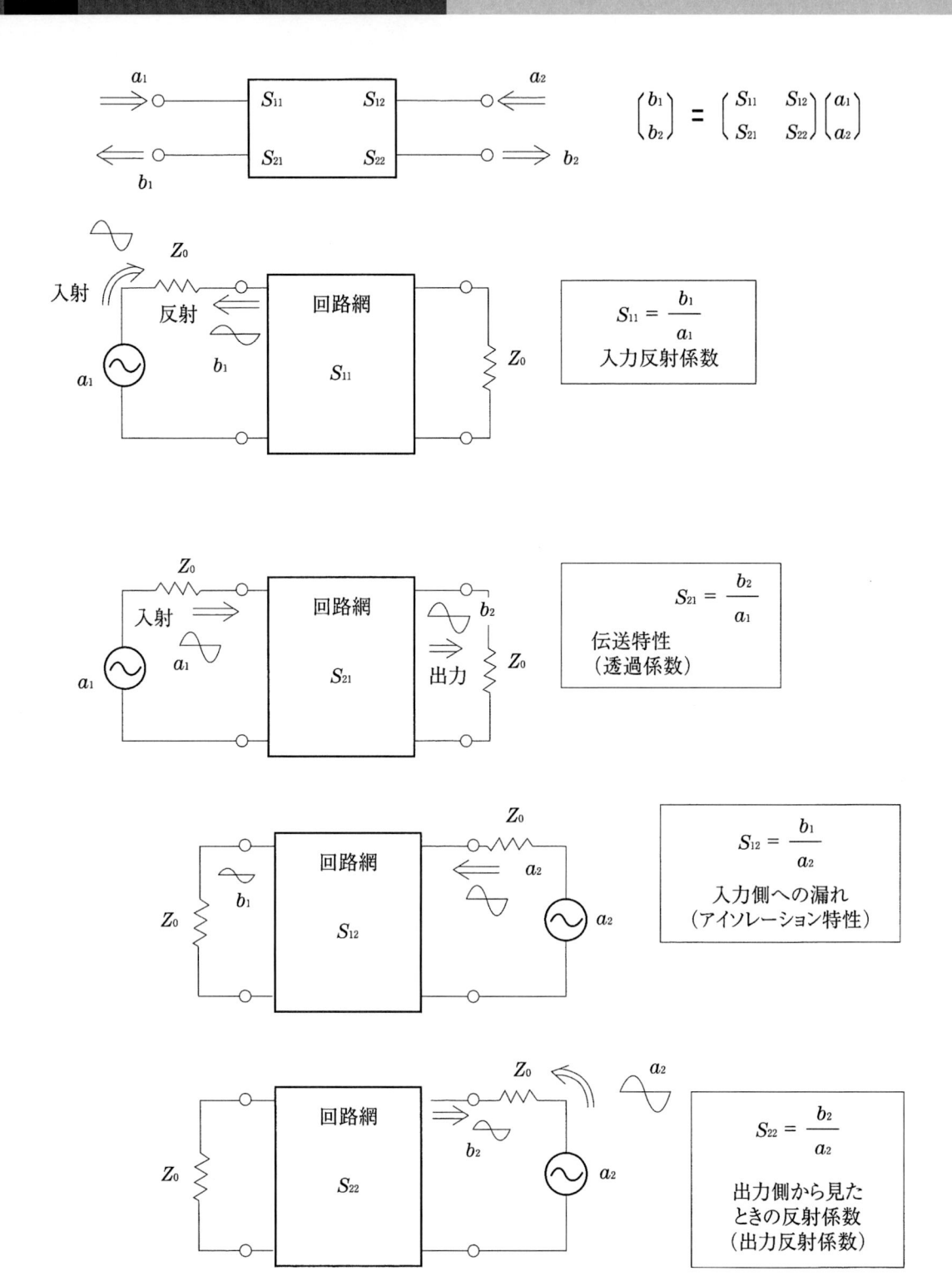

図7-8 各Sパラメータの求め方

7.6 Sパラメータの活用の方法

Sパラメータの応用としてトランジスタを例にあげてみます。

トランジスタのSパラメータの測定値には特性インピーダンスZ_0、温度T_a、コレクターとエミッタ間の電圧V_{CE}、コレクター電流I_Cが少なくとも決めれれた条件で測定された値が表示されています。

ここではNPNタイプのトランジスタ2SC5096のSパラメータの一部を**表7-2**に示しています。この表から周波数1000MHz（1GHz）におけるトランジスタのSパラメータの意味について考えてみます。

(1) Sパラメータの意味

① S_{11}（入力側反射係数）

1000MHzにおけるS_{11}の大きさは0.297、位相は$-83.7°$となっています。

このままの状態で使用すると入力された信号電力は$(0.297)^2 = 0.088$、つまり8.8％の電力が入力に戻ってきてしまいます。このため入力された電力を100％有効に伝達するためには、入力側に整合回路（インピーダンスマッチング回路）を挿入する必要があります。

このことは反射係数

$$\rho = \Gamma e^{j\phi} = 0.297 e^{-j83.7} = 0.297 \{\cos(-83.7) + j\sin(-83.7)\}$$
$$= 0.03 - j0.295$$

これより反射係数$\rho = \dfrac{Z_L - Z_0}{Z_L + Z_0}$ （$Z_0 = 50\Omega$）からZ_Lを求めると$Z_L = \dfrac{1+\rho}{1-\rho} Z_0$となるので、この式に代入すると、

$$\frac{1.03 - j0.295}{0.97 + j0.295} \times 50 \fallingdotseq 48 - j28.7 \ [\Omega]$$

となります。したがってS_{11}に対するトランジスタの入力部分のインピーダンスマッチング回路は**図7-9**のようになります。

② S_{21}（入力から出力への伝送特性）

1000MHzにおけるS_{21}の大きさは3.592、位相は95.6°となっています。このことはトランジスタに入力された信号電力は$(3.592)^2 \fallingdotseq 13$倍に増幅されて出力されることを意味しています。電力増幅度$= 10\log 3.592^2 \fallingdotseq 11$dBとなります。

③ S_{12}（出力側から入力への漏れ）

1000MHzにおけるS_{12}の大きさは0.124、位相は53.2°となっています。このことは出力側から信号を入れたとき、入力側に$(0.124)^2 \fallingdotseq 0.015$、つまり1.5％だけ戻ってくることがわかります。入力側への漏れ量$= 10\log(0.124)^2 \fallingdotseq -18$dBとなります。

④ S_{22}（出力側反射係数）

1000MHzにおけるS_{22}の大きさは0.5、位相は$-39.9°$となっています。

S_{11}と同じように反射係数$\rho = 0.5 e^{-j39.9}$と表すことができます。このことは出力側から信号を入力したときには、出力側から信号電力の$(0.5)^2 = 0.25$、つまり25％の電力が出力側で反射してしまうことになります。したがって、トランジスタから100％有効に電力を取り出すためには、

7章 高周波のパラメータ

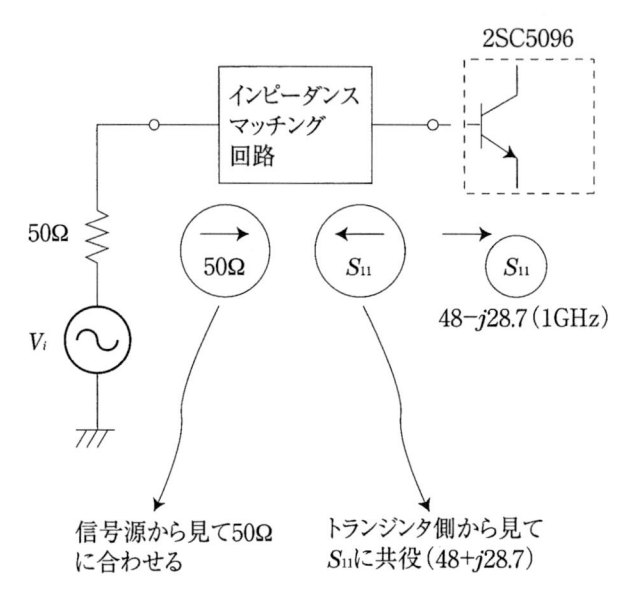

図7-9 S_{11}を用いたインピーダンスマッチングの考え方

出力側にS_{11}に対する整合回路と同じようにS_{22}に対する整合回路（インピーダンスマッチング回路）が必要となります。

(2) トランジスタのマッチング回路

　トランジスタのデータブックには、反射特性を表すSパラメータであるS_{11}とS_{22}がスミスチャート上に周波数を変化した場合のインピーダンス $\left(Z_L = Z_0 \cdot \dfrac{1+\rho}{1-\rho} = Z_0 \cdot \dfrac{1+S_{11}}{1-S_{11}}、Z_0 = 50\Omega\right)$ の軌跡がプロットされています。またSパラメータのS_{21}とS_{12}は極座標上に周波数を変化した場合の軌跡がプロットされます。**図7－10**（a）には一例として2SC5096のSパラメータS_{11}がスミスチャート上に表現されています。S_{22}も同じようにスミスチャート上に示されます。また図7－10（b）にはS_{21}を極座標表示したものを示しています。S_{12}も同じように極座標上に表示されます。

　図7－11には、トランジスタの入力側の反射係数S_{11}にマッチングするためのマッチング回路1を、また出力側の反射係数S_{22}に対するマッチング回路2を挿入した例を示しています。一般的にこれらのマッチング回路には、抵抗を使用すると電力の損失が発生するためにインダクタLとコンデンサCで回路が形成されます。

7.6 Sパラメータの活用の方法

スミスチャートへの表示 / 極座標への表示

- インダクタンス jx
- $-jx$ 容量C
- $48-j28.7\,[\Omega]$ at 1000MHz
- 周波数ごとのインピーダンス $Z_L = r + jx$
- 位相
- 大きさを表す円
- $f = 0.2\,\text{GHz}$

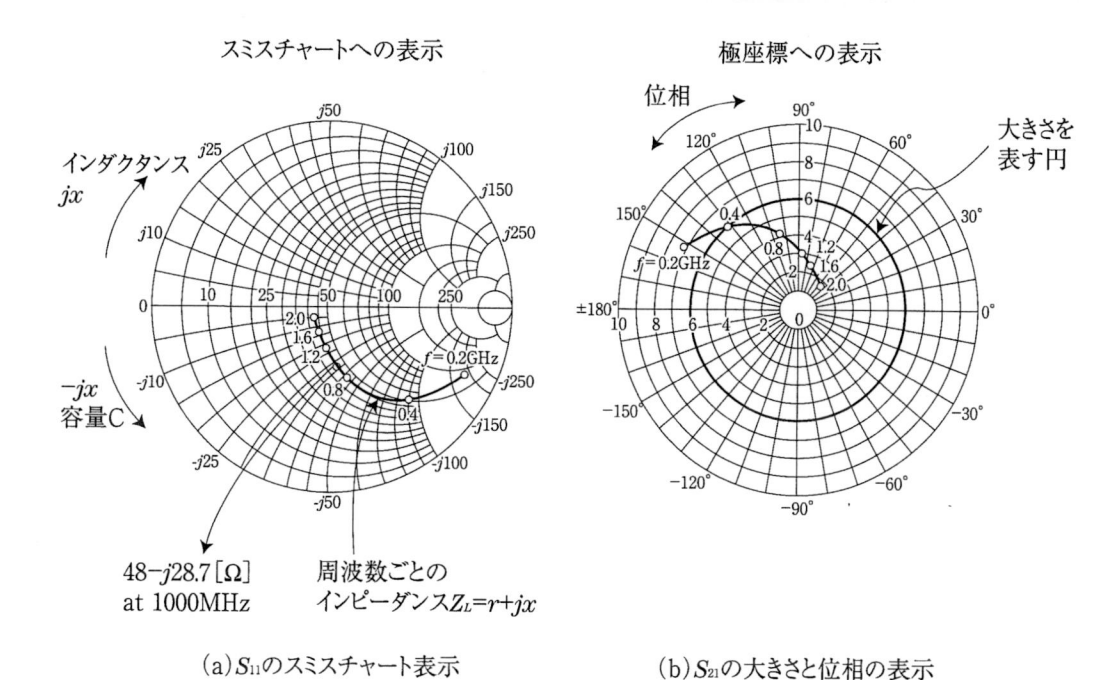

(a) S_{11} のスミスチャート表示　　(b) S_{21} の大きさと位相の表示

図7-10　S_{11} のスミスチャート表示と S_{21} の極座標表示

S_{11} に対する／S_{22} に対する

マッチング回路1／マッチング回路2

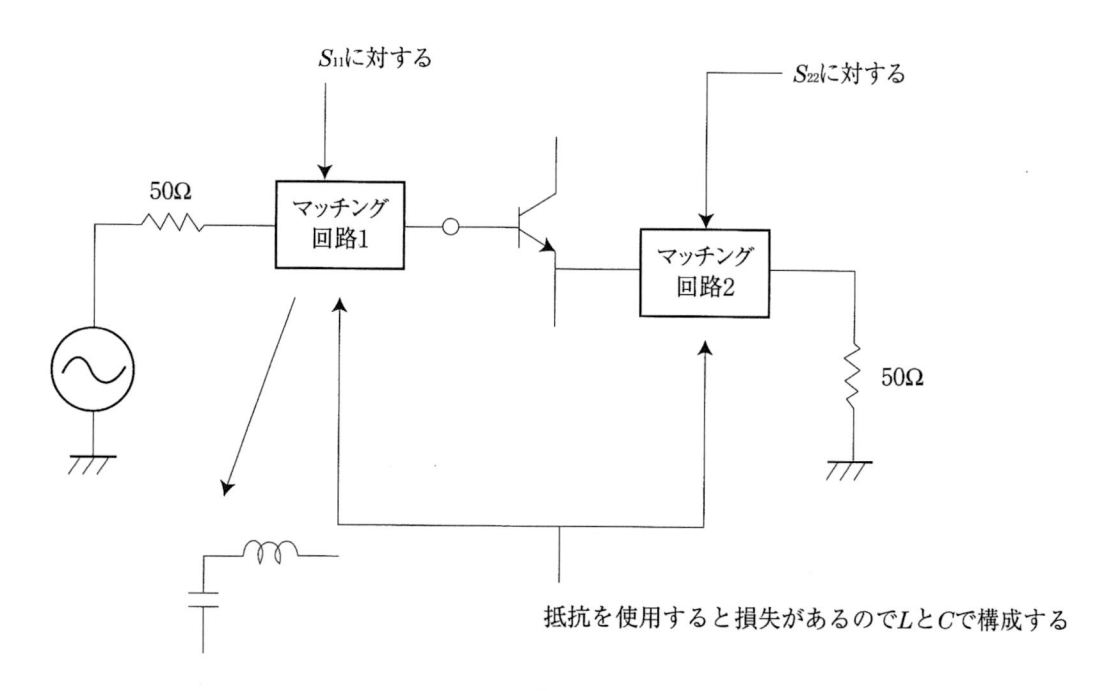

50Ω／50Ω

抵抗を使用すると損失があるので L と C で構成する

図7-11　マッチング回路（入力側と出力側）

8章
高周波測定の実際

　高周波の測定が今までの電圧・電流方法による方法ではどのような問題があるか、高周波の測定に関する基本単位。高周波特性の測定に必要な測定器であるネットワークアナライザの原理、測定法、何が測定できるのか、測定誤差について理解することをねらいとしています。

8章 高周波測定の実際

8.1 高周波の測定はなぜ電圧・電流で測定できないか

(1) 回路をショートしたり、オープンによる誤差が発生

　回路網の特性を論じるときに、回路網のいろいろなパラメータを測定すれば、回路網が持っている特性を定量的に把握することができます（たとえば、回路網の伝送特性、回路網の反射特性、Sパラメータなど）。従来、増幅器、フィルタ、トランジスタのような回路網の特性を把握するためにhパラメータやYパラメータなどがよく用いられています。このようなパラメータを求める場合には、回路網の入力や出力をショートしたりオープンにしたりして電圧や電流を測定します。いわゆる電圧電流による測定方法でありました。hパラメータを測定する方法を図8－1に示します。

(2) 回路網をショートすることによる誤差の発生

　hパラメータであるh_{11}を求めるために、図8－1（b）に示すように出力側をショートした場合には、ショートした材料と長さによってインダクタンスが発生します。
　今、1cmで5nHのインダクタンスを持つ材料とすれば、周波数1GHzにおけるインピーダンスは、$Z = 2\pi \cdot f \cdot L = 2 \times 3.14 \times 1 \times 10^9 \times 5 \times 10^{-9} ≒ 31Ω$となります。
　本来は1GHzにおいて0Ωでなければならないが31Ωのインピーダンスが発生してしまいます。

(3) 回路網をオープンにすることによる誤差の発生

　hパラメータであるh_{22}を求めるために入力側をオープンにします（図8－1（e））がオープンにすることによってストレーキャパシティC_Sが生じてしまいます（入力端子間で電気力線が発生することです）。今、このストレーキャパシティC_Sを0.5pFとすれば、1GHzにおけるインピーダンス$Z_C = 1/2\pi f C_S = 1/2 \times 3.14 \times 10^9 \times 0.5 \times 10^{-12} ≒ 318Ω$となり、オープン状態（無限大の抵抗［数MΩ］）から大きく低下してしまいます。

(4) プローブによる測定誤差の発生

　図8－1（c）においてhパラメータのh_{12}を求める場合には、測定用のプローブを使用しますが、このプローブの入力容量により影響を受けてしまい、測定された信号は正確なものではなくなります。
　またオシロスコープのプローブで測定するような場合には、インピーダンスマッチングをとることができず、プローブの長さが分布定数回路（そのままでは信号の反射が発生）となってしまい、正確な高周波信号として測定することができなくなってしまいます（図8－2）。

8.1 高周波の測定はなぜ電圧・電流で測定できないか

(a) 四端子回路による h パラメータ

(b) h_{11}を求める

$h_{11} = \dfrac{V_1}{I_1}$ （入力インピーダンス）

浮遊インダクタンスが生じる（1cmで5Hとし1GHzでは$2\pi fL ≒ 31\Omega$）

(c) h_{12}を求める

プローブの長さ

測定回路の影響を受ける $\dfrac{1}{2\pi fCs}$

$h_{12} = \dfrac{V_{1o}}{V_{2i}}$

（アイソレーション特性）

(d) h_{21}を求める

$h_{21} = \dfrac{I_2}{I_1}$ （電流増幅率）

浮遊インダクタンスが生じる

(e) h_{22}を求める

$Cs = 0.5\text{pF}$ 1GHzにおいて $\dfrac{1}{2\pi fCs} ≒ 318\Omega$

Cs 浮遊容量が生じる

$h_{22} = \dfrac{I_2}{V_{2i}}$

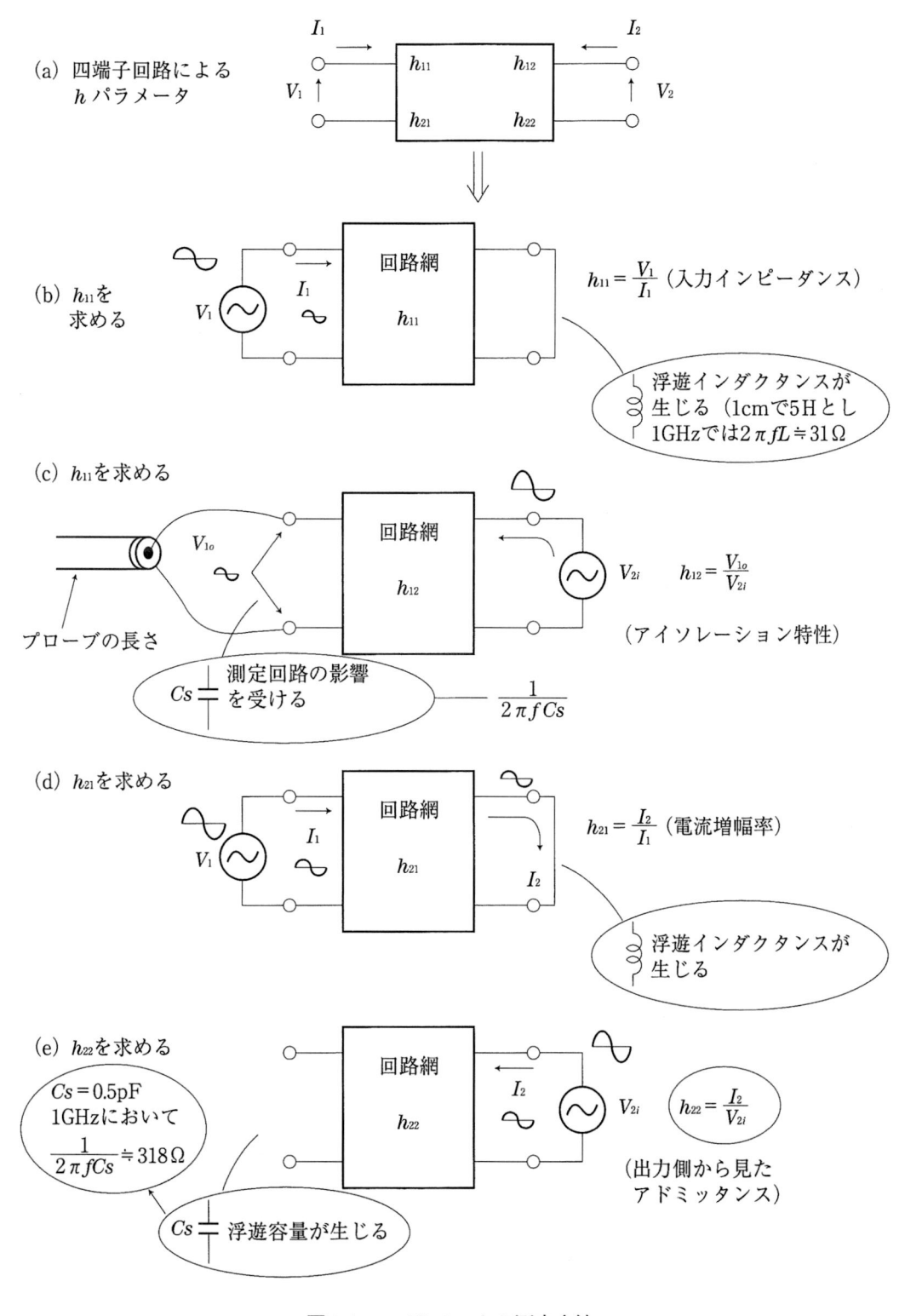

（出力側から見たアドミッタンス）

図8-1　hパラメータの測定方法

8章 高周波測定の実際

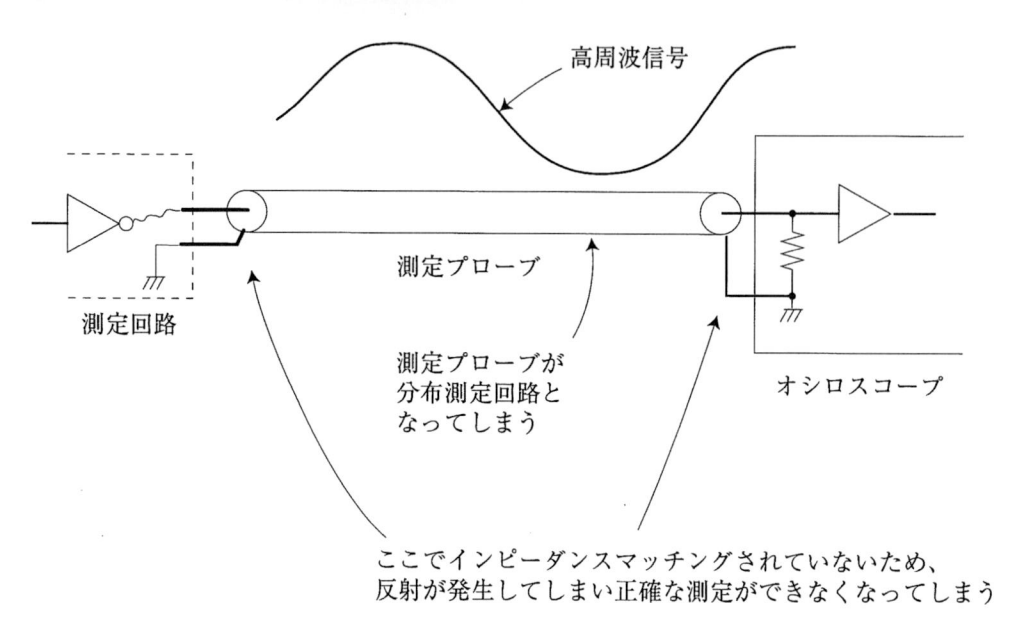

図8-2　オシロスコープの長さが高周波信号の波長に対して分布定数回路となる

8.2 高周波信号の測定で使用する単位

(1) dB について

高周波の測定で使用する単位には［dB］、［dBμV］、［dBm］などがあります。

［dB］は電力や電圧、電流に関して、たとえば、**図8-3**に示す回路網において入力された電力の大きさP_1に対する出力された電力の大きさP_2の伝送量Pは、$P = 10 \log \dfrac{P_2}{P_1}$ ［dB］で表すことができます（Sパラメータで言えばS_{21}）。

また電力に関しては**図8-3**の回路網の入力インピーダンスをZ_1とすれば、入力側の電力P_1は $P_1 = \dfrac{V_1^2}{Z_1}$ となります。

これより入力側の電圧V_1は

$$V_1 = \sqrt{P_1 \cdot Z_1}$$

また回路網の出力インピーダンスをZ_2とすれば、出力側の電力P_2は $P_2 = \dfrac{V_2^2}{Z_2}$ となります。

これより出力側の電圧V_2は

$$V_2 = \sqrt{P_2 \cdot P_2}$$

伝送される電力Pは次のようになります。

$$P = 10 \log \dfrac{P_2}{P_1} = 10 \log \left[(V_2^2 / Z_2) / (V_1^2 / Z_1) \right]$$

$$= 20 \log \dfrac{V_2}{V_1} + 10 \log \dfrac{Z_1}{Z_2}$$

ここで入力インピーダンスZ_1と出力インピーダンスZ_2が等しいならば、電圧の大きさV_1に対

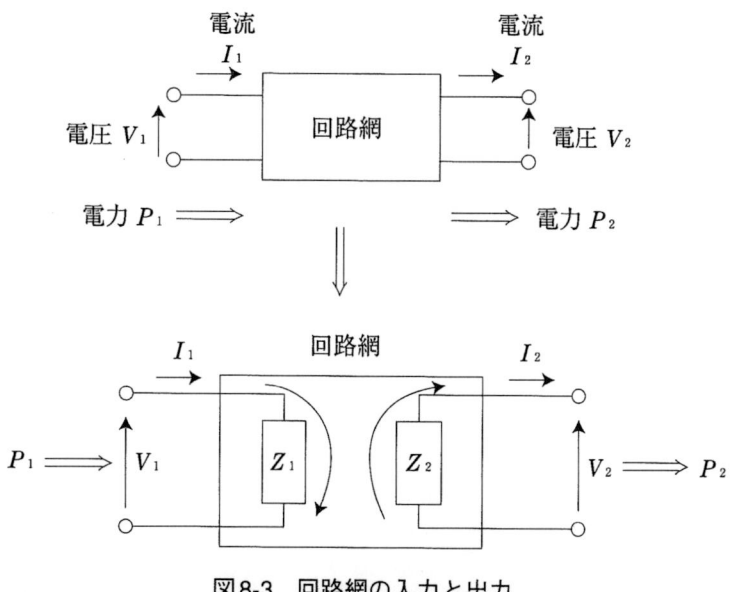

図8-3 回路網の入力と出力

8章 高周波測定の実際

する出力される電圧の大きさV_2から伝送される電圧量Vは、

$$V = 20 \log \frac{V_2}{V_1} \quad [\text{dB}]$$

となります。

同じようにして、入力される電流の大きさをI_1とし、出力される電流の大きさをI_2とすれば、伝送される電流の量Iは、

$$I = 20 \log \frac{I_2}{I_1} \quad [\text{dB}]$$

となります。

(2) dBmの単位について

［dBm］の単位は1mWの電力を基準としてこれを0dBmで表します。

たとえば、測定された電力が10mWであったとすれば、

P = 10 log（10mW／1mW）
　= 10dBmとなります。

また図8−4に示すような50Ωの入力抵抗をもったスペクトラムアナライザで測定された電力（50Ωの両端）が、10dBm（10mW）と表示されたならば、50Ωの両端に発生する電圧vは、

$$P = \frac{v^2}{Z} \text{から}$$

$$10 \times 10^{-3} = \frac{v^2}{50}$$

$$v^2 = 0.5$$

$$v = 0.707 \; [\text{V}]$$

となります。

また電流iは$i = \dfrac{0.707}{50} = 14.1\text{mA}$となります。このことは50Ωの抵抗に14.1mAの電流が流れ、電圧が0.707V発生し、電力が10mW発生したことを意味しています。

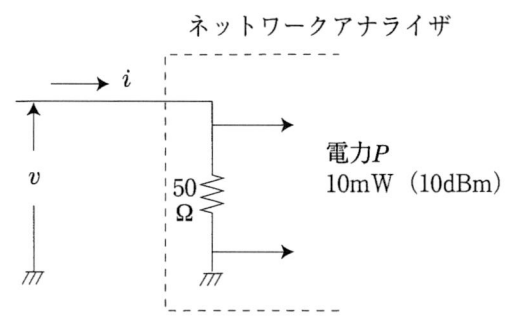

図8-4 受信した電力と電圧、電流

8.2 高周波信号の測定で使用する単位

(3) dBμVの単位について

このdB_μの単位については1μVの電圧を基準として、これを0dBμVとして表示します。

$$10\mu V \text{ は } 20\log\frac{10\mu V}{1\mu V} = 20\text{dB}\mu V$$

$$100\mu V \text{ は } 20\log\frac{100\mu V}{1\mu V} = 40\text{dB}\mu V \text{ となります。}$$

(4) dB表示の有利性

今、図8－5に示すような1000倍の増幅器A_1、$\frac{1}{100}$の減衰器R、10000倍の増幅器A_2からなる伝送回路に信号を入力したときに出力される信号は、それぞれの増幅度と減衰率を掛けて次のようになります。

$$A_1 \times R \times A_2 = 1000 \times \frac{1}{100} \times 10000 = 100000 \text{ 倍}$$

この100,000倍はdBで表示すると $20\log 10^5 = 100\text{dB}$ となります。
また全体の入力に対する出力のレベルは

$$20\log(A_1 \times R \times A_2) = 60\text{dB} + (-40\text{dB}) + 80\text{dB} = 100\text{dB}$$

このようにdBで表すと表示の幅を小さく、しかも大きな桁の掛け算や割り算を足し算や引き算で計算することができ、非常に便利となります。

入力信号 → [増幅器 A_1] → [減衰器 R] → [増幅器 A_2] → 出力信号

増幅器A_1　　減衰率R　　増幅器A_1
1000倍　　　$\frac{1}{100}$倍　　10000倍

$$\frac{\text{出力}}{\text{入力}} = 1000 \times \frac{1}{100} \times 10000 = 100000\text{倍} \quad (20\log 10^5 = 100\text{dB})$$

$$\frac{\text{出力}}{\text{入力}} = 60\text{dB} - 40\text{dB} + 80\text{dB} = 100\text{dB}$$

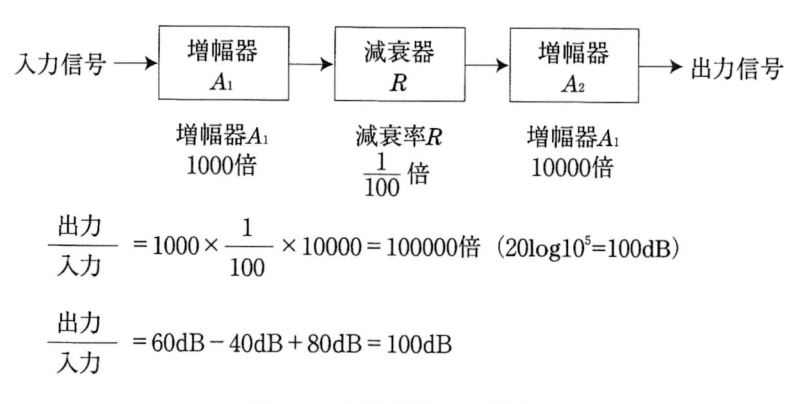

図8-5　dBの表示の有利性

8.3 ネットワークアナライザとは

　ネットワークアナライザの構成は、図8－6に示すように基本的には4つの部分からなっています。

【標準信号発生源】
　ネットワークを解析するためのもので、基本的には標準信号を発生する部分でスイーパやシンセサイザー部分からなる信号発生源があります。
　測定する周波数に対応した安定した信号を発生します（例：100MHz～5GHz）。信号発生器では周波数帯域、出力レベル、周波数の正確さ、周波数の安定度、残留FMなどが重要な特性となります。

【信号分離器】
　測定用デバイスに印加する信号を2つまたはそれ以上に分離する信号分離器、これにはパワースプリッター、方向性結合器などがあります。

【取り出した信号を測定する受信部】
　測定用デバイスから取り出した信号を測定するための受信機からなる受信部。
　この受信部に入力される信号は、基準信号となる標準信号を分離した信号、測定デバイスから反射した信号（この反射した信号を取り出すために一方向性結合器を使用します）や測定デバイスを伝送した信号を入力します。

【表示部分】
　測定した信号を液晶やCRT画面上に表示するための表示部分からなっております。
　この表示部分ではスミスチャート表示、極座標表示、伝送特性（振幅と位相）などを表示することができます。

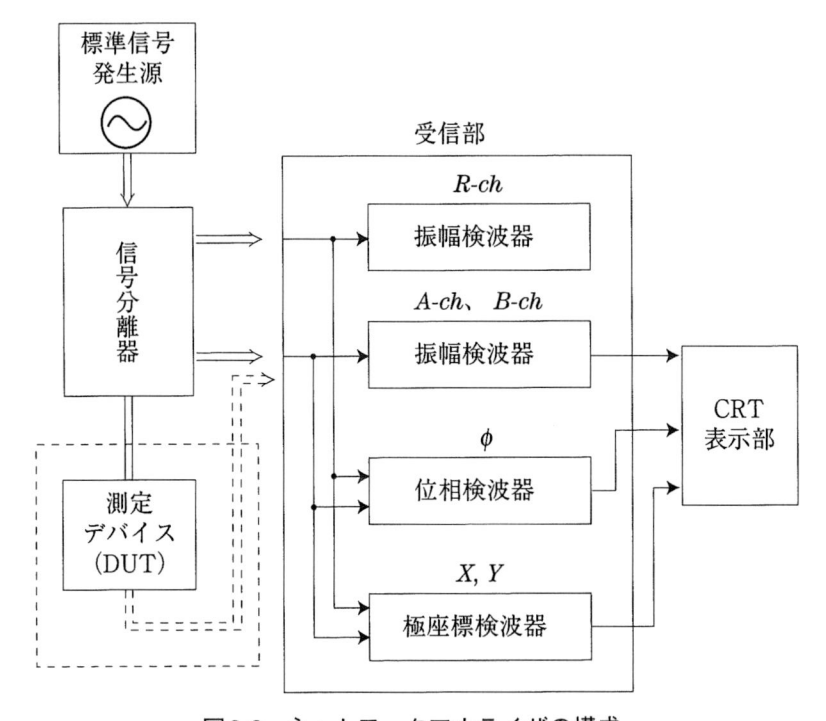

図8-6　ネットワークアナライザの構成

8.4 ネットワークアナライザによって高周波特性をどのように測定するか

(1) 測定方法

図8-7には信号発生源であるトラッキングジェネレータとネットワークアナライザを用いて、測定対象（DUT：Device Under Test）の反射係数を測定する方法を示しています。

この方法では信号発生源であるトラッキングジェネレータからの信号Sは測定対象に供給されるとともに方向性結合Rポートを介して入力信号はネットワークアナライザへ基準信号V_Rとして入力されます。一方、測定対象から反射してきた反射信号V_Aは方向性結合器Aポートを介してネットワークアナライザに入力されます。ここで方向性結合器とは、理想的には一方向のみの信号を伝送させ逆方向からの信号は伝送させない役目をします。

このため方向性結合器と呼ばれています。ネットワークアナライザではこの基準信号V_Rと反射信号V_Aの大きさの比と位相の差を受信部で計算し、デイスプレー上（チャート上に）に測定対象の反射係数ρやインピーダンスZ_Lなどを表示します。この表示された値を直読することにより反射係数ρや負荷インピーダンスZ_Lを求めることができます。

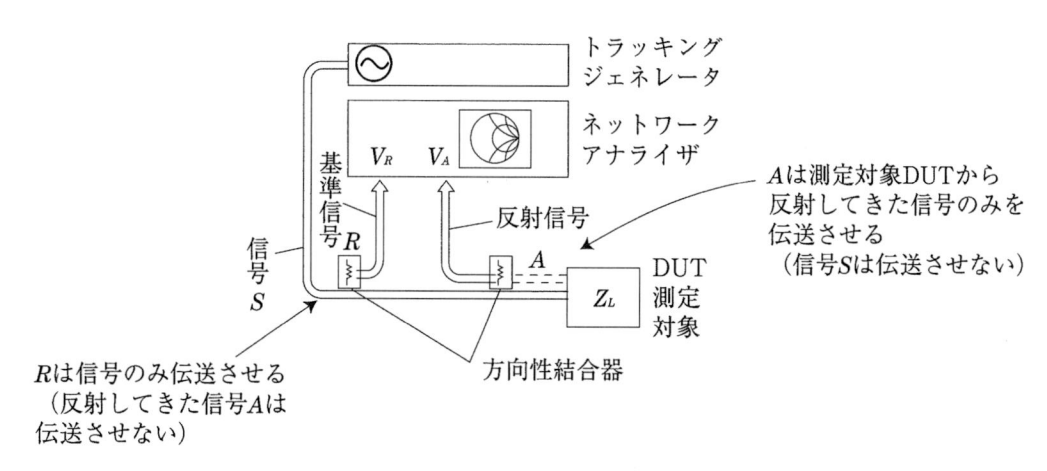

図8-7 ネットワークアナライザを用いた反射係数の測定

(1) 反射係数や透過係数を測定することによってたくさんの高周波パラメータを求めることができる

一般的にネットワークアナライザを用いて測定できる項目を図8-8に示します。

ネットワークアナライザでは、測定対象である回路網に入射信号を入力したときの反射信号と回路網を透過したときの信号の関係を求めることによって、多くの項目を測定することができます。

図8-8では信号源から回路網に入射波e_iを送り、回路網から反射してくる反射波e_rを測定して反射係数ρを求める方法を示しています。反射係数が測定できると次に示すような回路網のインピーダンスZ_L、リターン・ロス$R・L$、定在波比（SWR）、さらにSパラメータ（S_{11}、S_{22}）を一挙に求めることができます。

・負荷のインピーダンス $Z_L = Z_0 \cdot \dfrac{1+\rho}{1-\rho}$ （$Z_0 = 50\Omega$）

8章 高周波測定の実際

- リターンロス $R \cdot L = -20 \log |\rho|$
- SWR（定在波比）$= \dfrac{1+|\rho|}{1-|\rho|}$
- Sパラメータ（入力側の反射係数S_{11}、出力側から見たときの反射係数S_{22}）

さらに入射信号に対する透過信号の大きさと位相を測定することによって、以下に示すような項目を求めることができます。

- 周波数－振幅特性（伝送特性）$= \dfrac{e_t}{e_i} = A e^{j\phi}$

- 周波数－位相特性（群遅延特性）$= \dfrac{d\theta}{df}$

- Sパラメータ（アイソレーション特性S_{12}、伝送特性S_{21}）

信号源から ⟹ 入射波e_i → 測定対象 回路網 ⟹ 透過波e_t
反射波e_r

入射波に対する反射波 ↓

反射係数 $\rho = \dfrac{反射波 e_r}{入射波 e_i} = \Gamma e^{j\phi}$

⇓

回路網のインピーダンス

$Z_L = Z_0 \dfrac{1+\rho}{1-\rho}$

リターンロス $R \cdot L$

$R \cdot L = -20 \log |\rho|$

定在波比（SWR）

$SWR = \dfrac{1+|\rho|}{1-|\rho|}$

Sパラメータ

$S_{11} = \dfrac{e_r}{e_i}$（入力側）

$S_{22} = \dfrac{e_r}{e_i}$（出力側）

入射波に対する透過波 ↓

伝送特性 $= \dfrac{透過波 e_t}{入射波 e_i} = A e^{j\theta}$

⇓

ゲイン特性

$A(\theta) = A e^{j\theta}$

位相特性

$f(\theta) = \dfrac{d\theta}{df}$

Sパラメータ

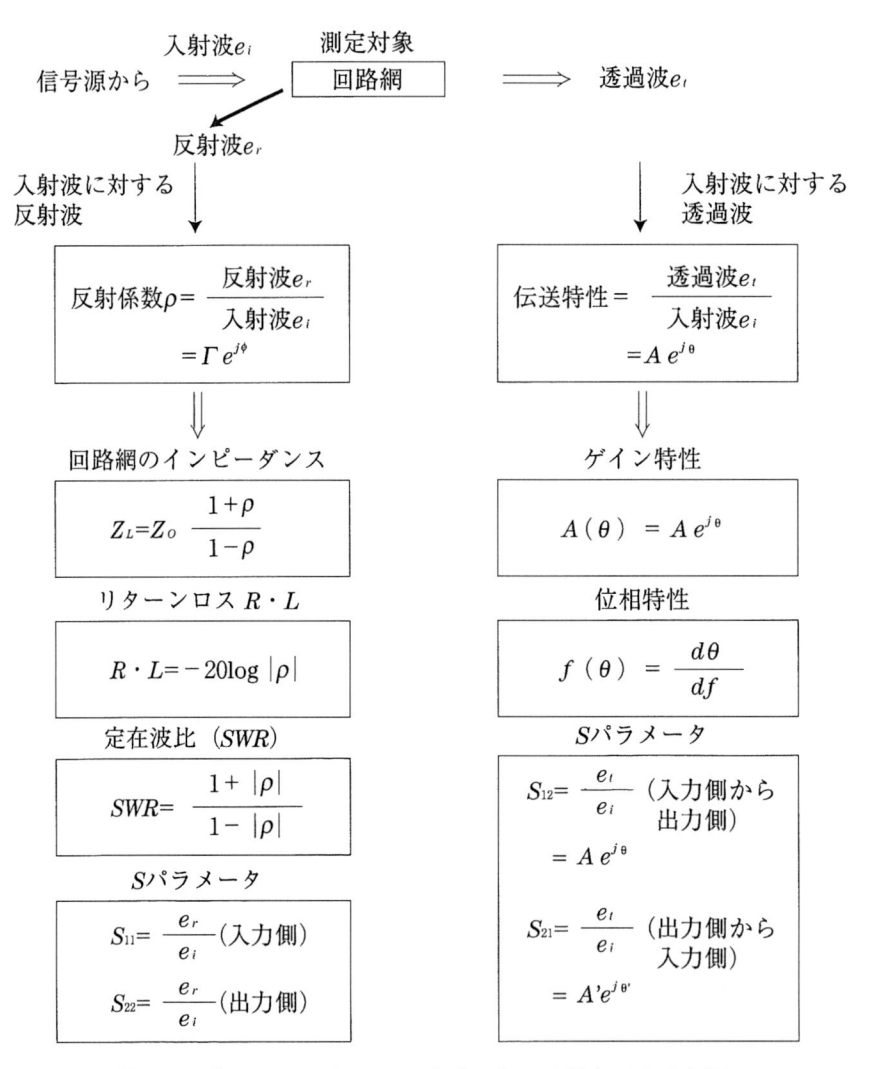

$S_{12} = \dfrac{e_t}{e_i}$（入力側から出力側）
$= A e^{j\theta}$

$S_{21} = \dfrac{e_t}{e_i}$（出力側から入力側）
$= A' e^{j\theta'}$

図8-8　ネットワークアナライザによって測定できる項目

8.5 ネットワークアナライザにおける測定誤差の発生

電気計測においては大なり、小なり必ず測定に伴って誤差は発生し、また発生する要因があります。ネットワークアナライザを用いた高周波測定において発生する誤差には次のようなものがあります。
・信号源を含めた送信部分のインピーダンスミスマッチングによる誤差
・入力信号と反射信号を分離する方向性結合器の方向性の誤差
・測定対象と方向性結合器とのインターフェースからの反射による誤差

(1) ネットワークアナライザ測定システムにおける誤差要因

図8-9にはネットワークアナライザを用いて測定対象DUTの反射特性を測定する様子を示しています。この反射特性を測定するときに発生する誤差には、図示するような信号源と一方向性結合器とのインピーダンスマッチングによる誤差1、方向性結合器が持つ方向性の誤差2、測定対象DUTと方向性結合器の間にあるインターフェース（たとえば、ケーブルやコネクター等の接続部）によるインピーダンスマッチングの誤差3があります。

このインピーダンスマッチングの誤差（媒質が異なる）があると、接続部分で必ず反射が発生します。これらの誤差について説明します。

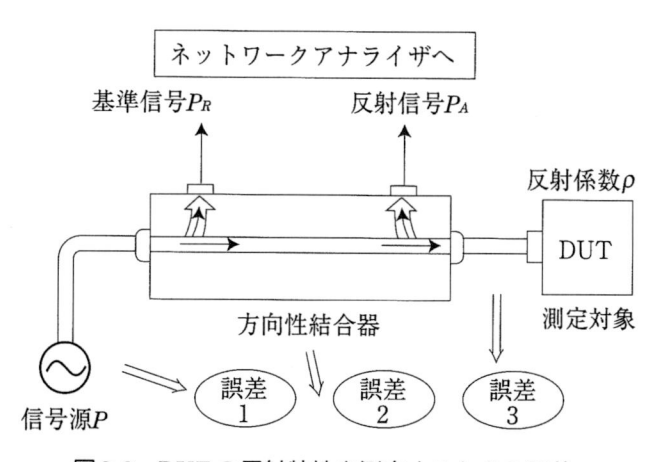

図8-9　DUTの反射特性を測定するときの誤差

(2) 方向性結合器による方向性の誤差（誤差2）

方向性結合器は、信号を入力したときに一方向からの信号のみ通過させることが理想的です。この誤差は方向性結合器に逆方向から信号を入れたときに、どれだけ漏れてくるかを示しています。

図8-10（a）には入力信号Pを一方向性結合器に入力したときに、入射ポートP_Rからは順方向の信号P_Rが出力され、逆方向である反射ポートP_Aからは漏れた信号P_Xが現れます（ゼロであることが理想的です）。

一方、入力信号Pを反射ポート側から一方向性結合器に入力したときには反射ポートP_Aからは順方向の信号P_Rが出力され、この信号Pに対して逆方向となる入射ポートP_Rからは漏れた

8章 高周波測定の実際

信号P_xが出力されます(ゼロであることが理想的です)。

この漏れた信号は方向性のある信号に対して測定誤差となります。誤差信号は測定すべき真の信号に対して大きさと位相を持つために、図8-10(c)のように表すことができます。

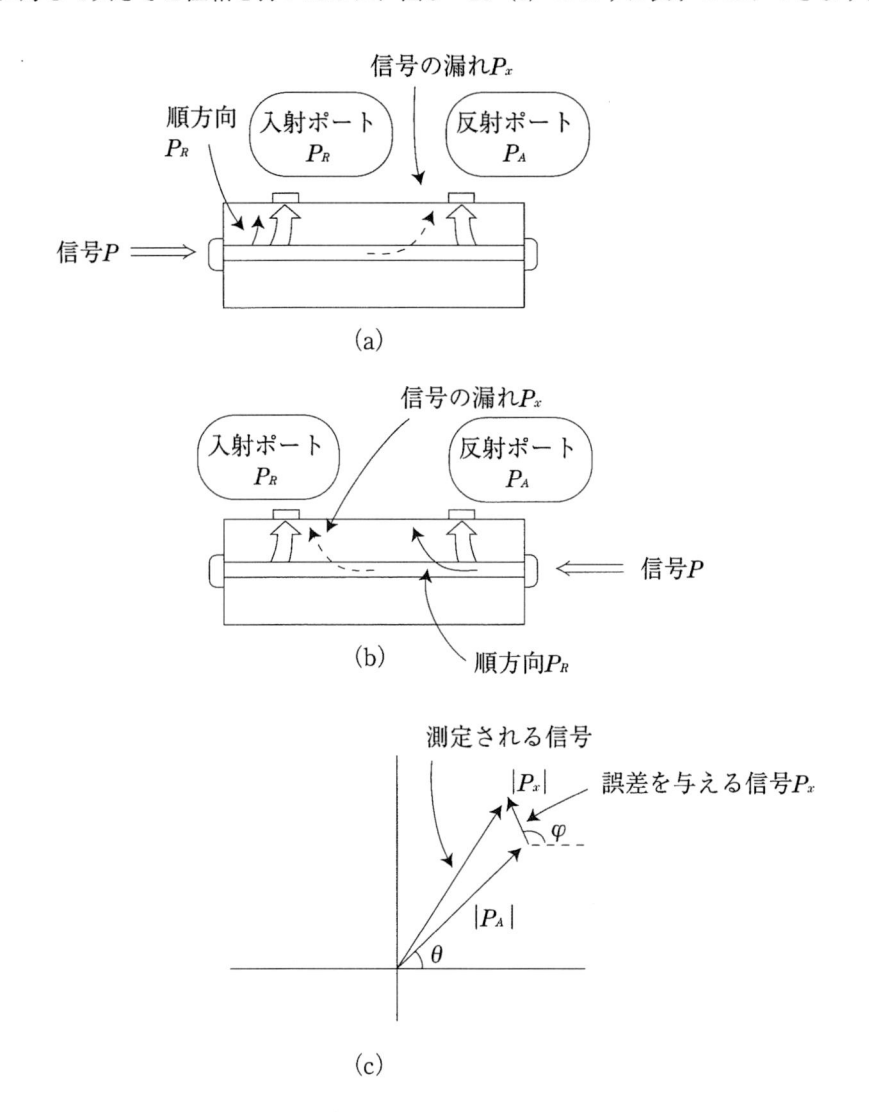

図8-10 方向性結合器による方向性の誤差

(3) インターフェースによって生じる測定誤差(誤差3)

図8-11には、方向性結合器と測定対象DUTの間に接続するためのインターフェース(測定するために必要なケーブルやコネクター)がある場合は、これらのケーブルの特性インピーダンスやコネクターの特性インピーダンスによってインピーダンスのミスマッチングが生じて、aの部分では入射信号Pに対する反射係数ρ_1の関係から反射信号$P \cdot \rho_1$が生じます。測定対象から反射された真の反射信号P_Aにこの誤差による反射信号が加わることになります。反射信号が小さいDUTを測定する場合は、ケーブルの特性インピーダンスを測定系のインピーダンスに合わせることやコネクターの特性インピーダンスの精度がよく(VSWRの値が小さく、周波数特性が良いもの、どこまでのVSWRを求めるかは電子機器のシステムで必要な周波数や信号の反射や電力

の損失などを考慮して決める必要がある)、特性インピーダンスが管理されているものを使用することが必要となります。

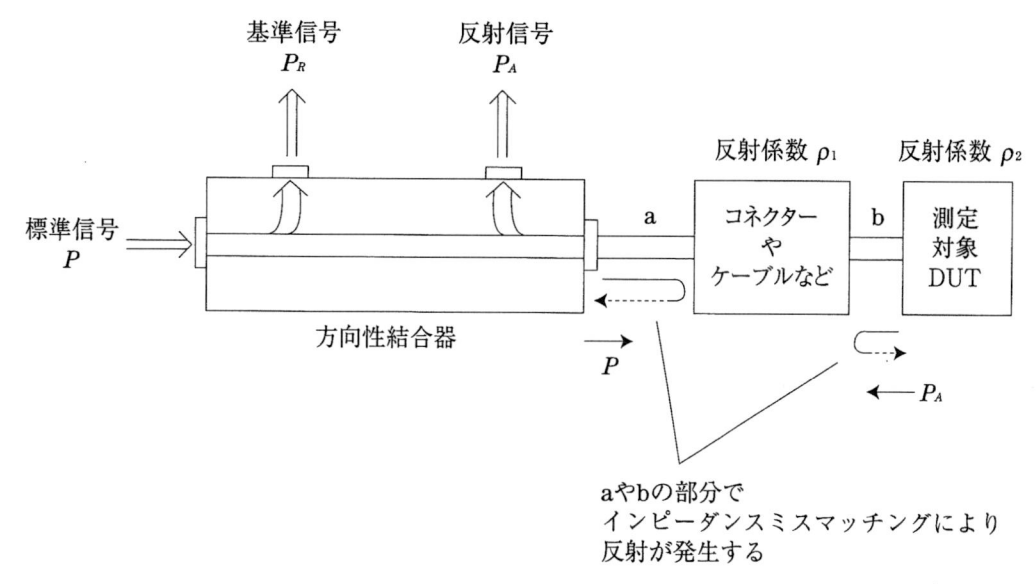

図8-11 測定系のインターフェースによって発生する反射

9章
高周波を理解するための数学

　高周波技術を理解するときに必要な数学について解説します。当然ながら数学は広い範囲の学問であるが、ここではかなり限定して複素数の取り扱い、三角関数の基本、回路網の伝送特性を理解するための交流信号の大きさと位相の表現、分布定数回路を理解するための2次微分方程式、周期的なひずみ波に含まれている周波数成分を解析するためのフーリエ級数について理解します。

9章 高周波を理解するための数学

9.1 複素数と三角関数

(1) 複素数を導入すると便利

$x^2 = 5$ を満たす x の値は $\pm\sqrt{5}$ となって存在します。これを実数と言いますが、$x^2 = -5$ となる x の値は存在しないので虚数 i を導入して $i^2 = -1$ を定義すると $x^2 = 5i^2$ となり、これを解くと $x = \pm\sqrt{5}\,i$ として求めることができます。

図9-1には点 $P(1, 2)$ の座標を横軸が実数軸で縦軸が虚数軸で表しています。

ここで虚数軸は i 軸と呼ばれています。P 点の位置は虚数 i を用いて $1 + 2i$ となります。この $1 + 2i$ には、原点0からの距離と実軸とのなす角を含むベクトルとなります。電気関係では電流にこの i を用いるために一般的には j で表します（$j^2 = -1$）。

原点0と P 点の距離は $\sqrt{3}$ になり、P 点が実数軸と角度は、$\tan\theta = 2$ を満たす $\theta = \tan^{-1}2 = 63.4°$ が角度となります。

図9-2において点 P の大きさを A とし、実数軸 R とのなす角度を θ とおけば、P 点の座標は、$(A\cos\theta, A\sin\theta)$ となります。P 点の位置はベクトルで表すと $A\cos\theta + jA\sin\theta = A(\cos\theta + j\sin\theta) = Ae^{j\theta}$ と表すことができます。

ここで $\cos\theta + j\sin\theta = e^{j\theta}$ となることは次に証明します。

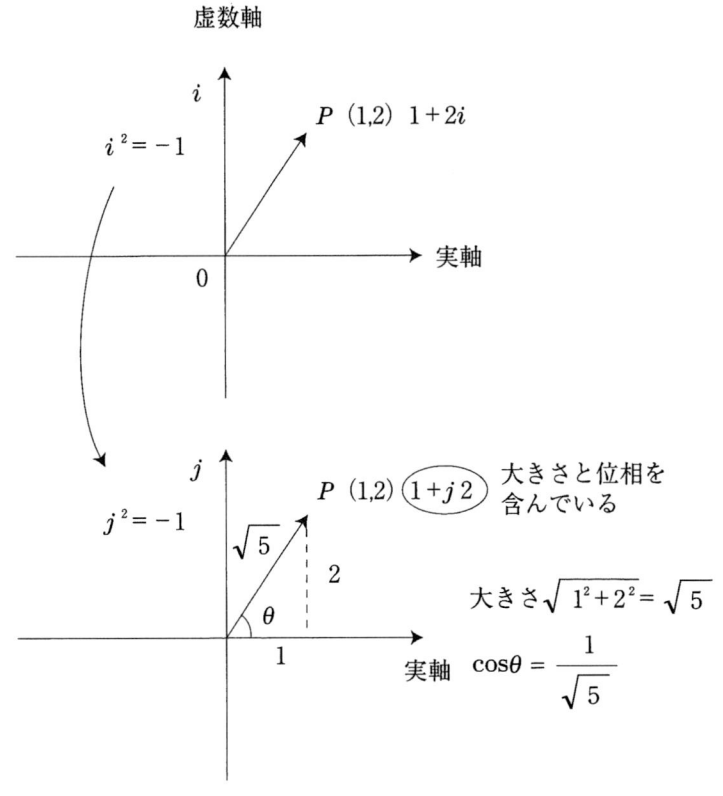

図9-1 点 P の位置を実軸と虚軸で表す

9.1 複素数と三角関数

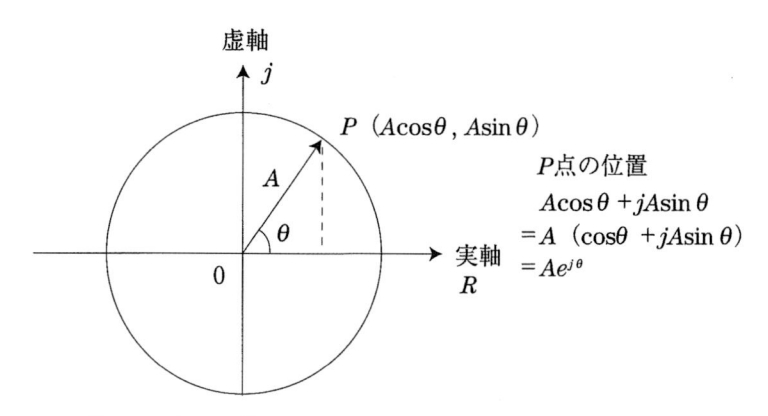

図9-2 点Pの位置は大きさAと位相θで表すことができる

(2) $\cos\theta + j\sin\theta = e^{j\theta}$ と表すことができることの証明

今、右辺について$y = e^{j\theta}$とおいてθについて微分すると、
$\dfrac{dy}{d\theta} = je^{j\theta}$となります。（指数関数$y = e^{ax}$を微分すると$\dfrac{dy}{dx} = \left(\dfrac{d}{dx}(ax)\right) \cdot e^{ax} = ae^{ax}$）
また左辺を$x = \cos\theta + j\sin\theta$とおいて$\theta$について微分すると、

$$\begin{aligned}\dfrac{dx}{d\theta} &= -\sin\theta + j\cos\theta \\ &= j^2\sin\theta + j\cos\theta \quad (-1 = j^2) \\ &= j(j\sin\theta + \cos\theta) \\ &= je^{j\theta} \\ &= \dfrac{dy}{d\theta}\end{aligned}$$

これより上の式が成立することがわかります。この式はオイラーの式と呼ばれています。
ここでθを$-\theta$とおくと次のようになります。

$$\cos(-\theta) + j\sin(-\theta) = \cos\theta - j\sin\theta$$
$$\therefore \cos\theta - j\sin\theta = e^{-j\theta}$$

これらの式を用いる次のような三角関数の公式を容易に証明することができます。

(3) $\sin^2\theta + \cos^2\theta = 1$ の証明

この式を導き出すのにピタゴラスの定理を用いて証明することできますが、複素数で表現したオイラーの式を用いて考えることにします。

証明） $\sin^2\theta + \cos^2\theta = \cos^2\theta - j^2\sin^2\theta \quad (j^2 = -1)$ 　　　j^2を用いて変形
$\qquad\qquad\qquad\quad = (\cos\theta + j\sin\theta)(\cos\theta - j\sin\theta)$ 　　　因数分解
$\qquad\qquad\qquad\quad = e^{j\theta} \times e^{-j\theta}$
$\qquad\qquad\qquad\quad = e^{j\theta - j\theta} = e^0 = 1$

9章 高周波を理解するための数学

(4) 2倍角の公式　$\cos 2\theta = 2\cos^2\theta - 1 \ (1 - 2\sin^2\theta)$ の証明

証明）$e^{j\theta} = \cos\theta + j\sin\theta$
　　　$e^{-j\theta} = \cos\theta - j\sin\theta$
　　　この両式を加算して$\cos\theta$について解くと、
　　　$2\cos\theta = e^{j\theta} + e^{-j\theta}$ となります。
　　　これを2乗すると、
　　　$4\cos^2\theta = (e^{j\theta} + e^{-j\theta})^2$
　　　　　　　　$= e^{j2\theta} + 2e^{j\theta} \cdot e^{-j\theta} + e^{-j2\theta}$
　　　　　　　　$= \cos 2\theta + j\sin 2\theta + 2e^0 + \cos 2\theta - j\sin 2\theta$
　　　　　　　　$= 2\cos 2\theta + 2$
　　∴　$\cos 2\theta = 2\cos^2\theta - 1$
　　　　　　　　$= 2(1 - \sin^2\theta) - 1$
　　　　　　　　$= 1 - 2\sin^2\theta$

9.2 交流信号の大きさと位相（角度）の表し方

(1) 交流信号を大きさAと位相θで表すことの有利な点

図9-3(a)において点Pの大きさをA（OPの長さ）とし、実数軸Rとの角度をθとおけば、P点の座標は（$A\cos\theta$、$A\sin\theta$）となります。

P点の位置はベクトルで表すと$A\cos\theta + jA\sin\theta = A(\cos\theta + j\sin\theta) = Ae^{j\theta}$で表すことができます。

点Pが反時計方向に角度θが単位時間tに進む速さω（角度が進む速さ：角速度ω）は $\omega = \dfrac{d\theta}{dt}$ で表すことができます。この角度θに対する信号の変化を表すと図9-3(b)のような正弦波となります。これは縦軸つまり$A\sin\theta$の変化をθの角度変化とともに表したものです（$\theta = 0$では振幅$A\sin\theta = 0$）。

これを横軸の$A\cos\theta$の変化で表せば位相θが0°のところでは振幅がAとなります。

すなわち交流信号は大きさAと位相θできまるベクトル量（大きさと方向を持った量）なのでP点は$A\cos\theta + jA\sin\theta = Ae^{j\theta}$と表現することができます。

今、ある特定の周波数fで増幅度がB、位相がϕであるような回路網（回路網の伝達関数と呼び、$Be^{j\phi}$で表すことができます）に上記正弦波信号$Ae^{j\theta}$を加えた場合、回路網から出力される信号は図9-4に示すように2つの交流信号$Ae^{j\theta}$と$Be^{j\phi}$を掛け算して$Ae^{j\theta} \cdot Be^{j\phi} = A \cdot Be^{j(\theta+\phi)}$となります。

つまり交流信号の大きさは$A \cdot B$の掛け算となり、位相は足し算（$\theta + \phi$）で求めることができ非常に便利となります。

また割り算をする場合にも $\dfrac{A^{e^{j\theta}}}{B^{e^{j\phi}}} = \dfrac{A}{B}e^{j(\theta-\phi)}$ となって位相の計算が引き算となって非常に楽になります。

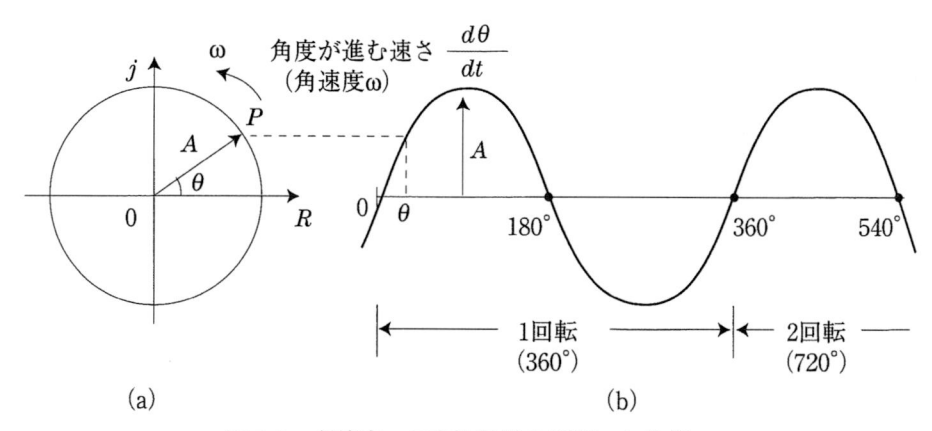

図9-3　角速度ωの交流信号の振幅Aと位相θ

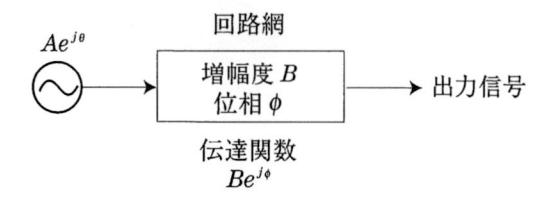

9章 高周波を理解するための数学

$$\text{出力信号} = Ae^{j\theta} \times Be^{j\phi}$$
$$= A \cdot Be^{j(\theta+\phi)}$$

図9-4　複素数と回路網

9.3 フーリエ級数

sinやcosで表される正弦波以外の波形をひずみ波といいます。このひずみ波が一定の周期T ($1/f = 2\pi/\omega$) で繰り返されているときには、このひずみ波は正弦波 (sin) の周波数の整数倍のものを加算したものとなります。このことをフーリエ級数に展開できるといいます。

たとえば、実際に使用されている10MHzの矩形波は10MHzの正弦波、20MHzの正弦波、30HMzの正弦波 ------ 10MHz×n倍の正弦波を加算したものです。

ひずみ波を$y(t)$とすれば、このひずみ波は直流成分a_0と大きさA_nと大きさA_nのときの位相成分θ_nを持ったn倍の周波数の正弦波に展開できるので、次のようになります。

$$y(\omega t) = a_0 + \sum_{n=1}^{\infty} A_n \sin(n\omega t + \theta_n)$$

$$= a_0 + A_1\sin(\omega t + \theta_1) \text{〔基本波〕} + A_2\sin(2\omega t + \theta_2) \text{〔2倍の高調波〕} + A_3\sin(3\omega t + \theta_3) \text{〔3倍の高調波〕} + \cdots\cdots$$

ここで $\sin(\alpha + \beta) = \sin\alpha\cos\beta + \cos\alpha\sin\beta$ の公式を利用して

$$y(\omega t) = a_0 + A_1(\sin\omega t\cos\theta_1 + \sin\theta_1\cos\omega t) + A_2(\sin 2\omega t\cos\theta_2 + \sin\theta_2\cos 2\omega t) + \cdots\cdots$$

$$= a_0 + A_1\cos\theta_1\sin\omega t + A_1\sin\theta_1\cos\omega t + A_2\cos\theta_2\sin 2\omega t + A_2\sin\theta_2\cos 2\omega t + \cdots\cdots$$

$A_1\cos\theta_1 = a_1$, $A_2\cos\theta_2 = a_2$, $A_1\sin\theta_1 = b_1$, $A_2\sin\theta_2 = b_2$, (角周波数ωに関係ない定数) ------ とおけば$y(\omega t)$は次のように基本波、2倍の高調波、3倍の高調波、------のsinとcosの和として展開(フーリ級数)できることがわかります。

$$y(\omega t) = a_0 + a_1\sin\omega t + b_1\cos\omega t + a_2\sin 2\omega t + b_2\cos 2\omega t + \cdots\cdots$$

$$= a_0 + \sum_{n=1}^{\infty}(a_n\sin n\omega t + b_n\cos n\omega t)$$

と表すことができます。

ここで簡単のために$\omega t = \phi$とおくと、次の式 (9.1) になります。

$$y(\phi) = a_0 + \sum_{n=1}^{\infty}(a_n\sin n\phi + b_n\cos n\phi) \quad\cdots\cdots\text{式 (9.1)}$$

ここで係数a_0、a_n、b_nについて次のように求めることができます。

(1) a_0を求める

式 (9.1) を0から2πまで (1周期T) 積分すると

$$\int_0^{2\pi} y(\phi)\, d\phi = \int_0^{2\pi} a_0 d\phi + \sum_{n=1}^{\infty}\int_0^{2\pi}(a_n\sin n\phi + b_n\cos n\phi)\, d\phi$$

$$\int_0^{2\pi} a_0 d\phi = 2\pi a_0$$

$\sin n\phi$, $\cos n\phi$ を0から2πまで積分すると0になる。

したがって $a_0 = \dfrac{1}{2\pi}\int_0^{2\pi} y(\phi)\, d\phi$

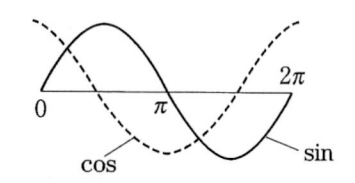

9章 高周波を理解するための数学

(2) 係数 a_n を求める

式 (9.1) の両辺に $\sin n\phi$ を掛けて、0から2πまで積分すると、

$$\int_0^{2\pi} y(\phi) \sin n\phi \, d\phi = \int_0^{2\pi} a_0 \sin n\phi \, d\phi + \sum_{n=1}^{\infty} \int_0^{2\pi} (a_n \sin^2 n\phi + b_n \sin n\phi \cos n\phi) \, d\phi$$

ここで $\cos 2n\phi = 1 - 2\sin^2 n\phi \ (=2\cos^2 n\phi - 1)$、$\sin 2n\phi = 2\sin n\phi \cos n\phi$ を用いて、

$$= 0 + \sum_{n=1}^{\infty} \int_0^{2\pi} \left\{ \frac{a_n}{2} \underbrace{(1 - \cos 2n\phi)}_{0} + \frac{b_n}{2} \underbrace{\sin 2n\phi}_{0} \right\} d\phi$$

$$= \pi a_n$$

$$\therefore a_n = \frac{1}{\pi} \int_0^{2\pi} y(\phi) \sin n\phi \, d\phi$$

(3) 係数 b_n を求める

式 (9.1) の両辺に $\cos n\phi$ を掛けて、0から2πまで積分すると、

$$\int_0^{2\pi} y(\phi) \cos n\phi \, d\phi = \int_0^{2\pi} a_0 \cos n\phi \, d\phi + \sum_{n=1}^{\infty} \int_0^{2\pi} (a_n \sin n\phi \cos n\phi + b_n \cos^2 n\phi) \, d\phi$$

$$= 0 + \sum_{n=1}^{\infty} \int_0^{2\pi} \left\{ \frac{a_n}{2} \underbrace{\sin 2n\phi}_{0} + \frac{b_n}{2} \underbrace{(1 - \cos 2n\phi)}_{0} \right\} d\phi$$

$$= \pi b_n$$

$$\therefore b_n = \frac{1}{\pi} \int_0^{2\pi} y(\phi) \cos n\phi \, d\phi$$

今 周期 $T = 2\pi$ とすれば、

$$a_0 = \frac{1}{T} \int_0^T y(\phi) \, d\phi$$

$$a_n = \frac{2}{T} \int_0^T y(\phi) \sin n\phi \, d\phi$$

$$b_n = \frac{2}{T} \int_0^T y(\phi) \cos n\phi \, d\phi$$

今、$y(\phi)$ が次に示すような大きさA、周期T、デューティー (duty) 50%のときの矩形波の周波数スペクトラムを求めます。

$0 \leq \phi \leq \dfrac{T}{2}$ のとき $y(\phi) = A$

$\dfrac{T}{2} \leq \phi \leq T$ のとき $y(\phi) = 0$

$a_0 = \dfrac{A}{2}$

はじめに、それぞれの係数である a_0、a_n、b_n を求めます。

$$a_0 = \frac{1}{T}\left(\int_0^{\frac{T}{2}} A d\phi + \int_{\frac{T}{2}}^{T} 0 d\phi\right) = \frac{A}{2} \quad \text{----------直流分}$$

$$a_n = \frac{2}{T}\left(\int_0^{\frac{T}{2}} A\sin n\phi d\phi + \int_{\frac{T}{2}}^{T} 0 d\phi\right) = \frac{2A}{nT}\left(1 - \cos\frac{n}{2}T\right) \quad (T = 2\pi)$$

$$= \frac{4A}{nT} \quad (n = 1、3、5、\cdots\cdots) \rightarrow \quad \text{奇数次のスペクトラムのみ}$$

$$= 0 \quad (n = 2、4、6、\cdots\cdots) \rightarrow \quad \text{偶数次のスペクトラムはない}$$

$$b_n = \frac{2}{T}\left(\int_0^{\frac{T}{2}} A\cos n\phi d\phi + \int_{\frac{T}{2}}^{T} 0 d\phi\right)$$

$$= \frac{2A}{nT}\sin\frac{n}{2}T \quad (T = 2\pi)$$

$$= 0$$

これより上記の矩形波 $y(\phi)$ は、

$$y(\phi) = \frac{A}{2} + \frac{4A}{T}\sum_{n=1}^{x}\frac{1}{n}\sin n\phi \quad (T = 2\pi)$$

$$= \frac{A}{2} + \frac{2A}{\underset{\sim}{\pi}}\left(\sin\phi + \frac{1}{3}\sin 3\phi + \frac{1}{5}\sin 5\phi + \cdots\cdots\right)$$

　　　　　　　　↓
　　　基本波の大きさは約 $0.64A$ である。

9章 高周波を理解するための数学

9.4 2次微分方程式の解き方

(1) 2次微分方程式を解く

第4章でも計算したように、単位区間に分布して伝送する方向とGNDの間に回路定数が入る場合は、2次の微分方程式の関係で表すことができます。この2次の微分方程式を解くと進行する波と反射する波が同時に存在し、距離dxの両端の電位差がない集中定数回路では反射波が発生しないことがわかります。

一般的に2次微分方程式は次のように表すことができます。

$$\frac{d^2y}{dx^2} = k^2 y \quad \text{------------------------------式 (9.2)}$$

この微分方程式を解くことを考えるときに、何度微分してもその形が変わらない関数には、指数関数$y = Ae^{Bx}$のようなものがあります。

この指数関数をxについて微分すると次のようになります。

$$\frac{dy}{dx} = \left(\frac{d}{dx}(Bx)\right) Ae^{Bx} = BAe^{Bx}$$

さらにもう一度微分すると、

$$\frac{d^2y}{dx^2} = \left(\frac{d}{dx}(Bx)\right) BAe^{Bx} = AB^2 e^{Bx} \text{となります。}$$

これを式 (9.2) に代入すると、

$$AB^2 e^{Bx} = k^2 y = k^2 Ae^{Bx}$$

これより$B^2 = k^2$となり、$B = \pm k$となります。

このことは式 (9.2) にはAe^{kx}とAe^{-kx}の2つの解があることがわかります。つまり次のように表すことができます。

$$y = Ae^{kx} + Ae^{-kx}$$

Ae^{kx}は図9-5に示したようにxが大きくなるとその値が大きくなります。

一方、Ae^{-kx}はxが小さくなるとその値が大きくなります。

つまりこの式 (9.2) の2次微分方程式にはAe^{kx}とAe^{-kx}が同時に存在することになります。

ここでAについて求めるには、$x = 0$のときの境界条件を決めることによって上式は求めることができます。たとえば、$x = 0$においてyの値がDであれば、$D = A + A = 2A$となり$A = \dfrac{D}{2}$と求めることができます。

このときの2次微分方程式の解は、$y = \dfrac{D}{2}(e^{kx} + e^{-kx})$ということになります。

9.4　2次微分方程式の解き方

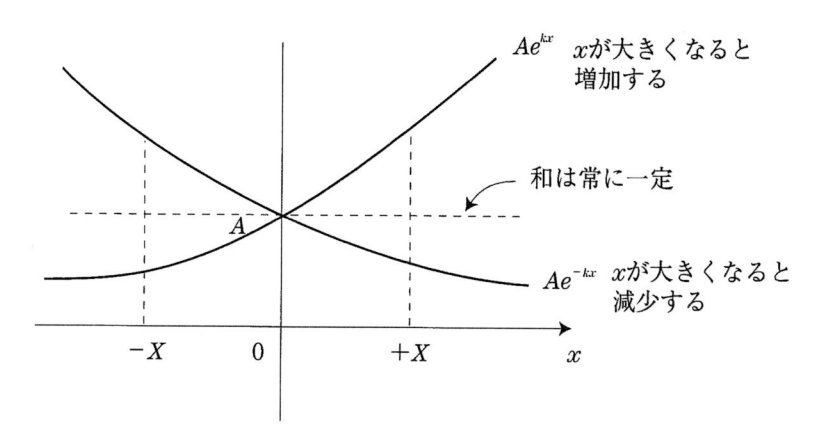

図9-5　2次微分方程式の解の関係

9章 高周波を理解するための数学

9.5 回路網の伝達関数を求める

(1) 伝達関数

図9-6 (a) に示すような簡単なRC積分回路の伝達関数を求めます。伝達関数とは入力に加える信号のレベルを一定にして、周波数を変化させたときに出力される信号の振幅がどのように変化するか（振幅特性）、また入力信号の位相に対して出力信号の位相がどのように変化するか（位相特性）を表したもので図9-6 (b) のようになります。

このRC積分回路の伝達関数を求めると次のようになります。

$$\frac{V_0}{V_i} = \frac{\frac{1}{j\omega C}}{R + \frac{1}{j\omega C}} = \frac{1}{1 + j\omega CR}$$

$\tan\theta = \omega CR$

ここで、

$$1 + j\omega CR = \sqrt{1 + (\omega CR)^2}\cos\theta + j\sqrt{1 + (\omega CR)^2}\sin\theta$$
$$= \sqrt{1 + (\omega CR)^2}(\cos\theta + j\sin\theta)$$
$$= \sqrt{1 + (\omega CR)^2}\, e^{j\theta} \quad (e^{j\theta} = \cos\theta + j\sin\theta \quad \text{オイラーの公式})$$

したがって、

$$\frac{V_0}{V_i} = \frac{1}{\sqrt{1 + (\omega CR)^2}\, e^{j\theta}} = \frac{1}{\sqrt{1 + (\omega CR)^2}}\, e^{-j\theta} \quad \cdots\cdots\cdots\cdots 式 (9.3)$$

位相 θ については $\tan\theta = \omega CR$、$\theta = \tan^{-1}\omega CR$ となります。

式 (9.3) から $\omega CR = 1$ ($2\pi f CR = 1$) のとき、つまり $f_c = \dfrac{1}{2\pi CR}$ (-3dB) で $\dfrac{V_0}{V_i} = \dfrac{1}{\sqrt{2}}\, e^{-j\frac{\pi}{4}}$

となります。

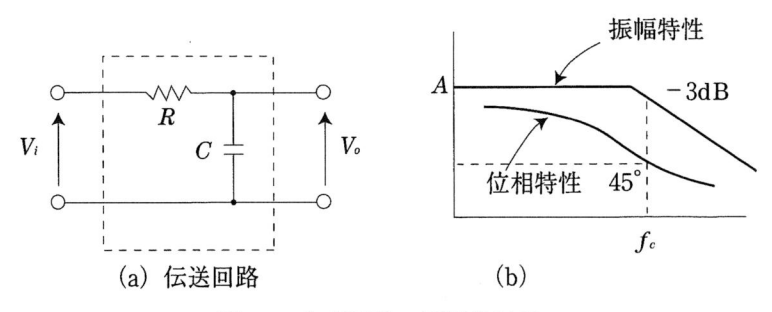

(a) 伝送回路　　(b)

図9-6　伝送回路の周波数特性

9.5 回路網の伝達関数を求める

このようして、伝達関数は大きさ（振幅）と位相の差 θ を一緒に表現すると非常に便利になります。

たとえば、**図9-7**（a）のように入力信号 V_i として大きさ A、位相 ϕ を持った信号 $V_i = Ae^{j\phi}$ を RC積分回路の入力すると出力信号 V_o は入力信号とRC積分回路の伝達関数の積となり、次のようになります。

$$V_o = Ae^{j\phi} \times \frac{1}{\sqrt{1+(\omega CR)^2}} e^{-j\theta}$$

$$= \frac{A}{\sqrt{1+(\omega CR)^2}} e^{j(\phi-\theta)} \quad (\theta \text{については} \tan\theta = \omega CR、\theta = \tan^{-1}(\omega CR))$$

これより振幅は $\dfrac{A}{\sqrt{1+(\omega CR)^2}}$、位相は $(\phi-\theta)$ となります。

このように簡単に算出することができます。これをグラフに表すと図9-7（b）のようになります。

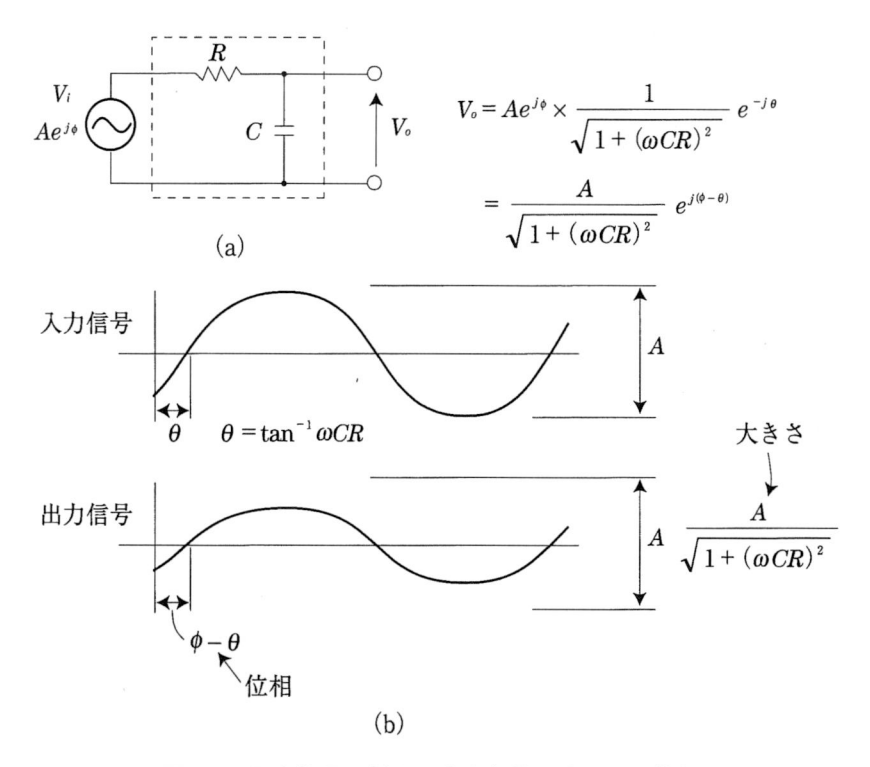

図9-7　入力信号に対する出力信号の大きさと位相

9章 高周波を理解するための数学

9.6 ラプラス変換について

　時間関数の領域、たとえば、周期的に繰り返されている信号を周波数の領域（周波数のスペクトラムで表す：どのような正弦波信号が含まれているか）に変換することがフーリエ変換です。一方、時間領域の関数 $f(t)$ に e^{-st}（$s>0$、s は複素数）を乗算して、0から∞まで積分すると s 領域（複素数の領域）に変換したものとなり、これをラプラス変換といい、次の式で表します。

$$F(s) = \int_0^\infty f(t)e^{-st}dt \qquad (s = \sigma + j\omega)$$

　このことは、$F(s) = \mathcal{L}f(t) = \int_0^\infty f(t)e^{-st}dt$ となります。

　また、$F(s)$ から $f(t)$ を求める変換を $f(t) = \mathcal{L}^{-1}\{F(s)\}$ と書いてラプラス逆変換と言います。

(1) ラプラス変換の計算例

① 定数 A

$$F(s) = \int_0^\infty Ae^{-st}dt = A\left[-\frac{e^{-st}}{s}\right]_0^\infty = \frac{A}{s}$$

② 指数関数 e^{-at}

$$F(s) = \int_0^\infty e^{-at}e^{-st}dt = \int_0^\infty e^{-(a+s)t}dt = \left[-\frac{e^{-(a+s)t}}{(a+s)}\right]_0^\infty = \frac{1}{s+\alpha}$$

指数関数 e^{at} のラプラス変換は $\dfrac{1}{s-\alpha}$ となります

③ 微分関数 $f'(t)$

$$F(s) = \int_0^\infty f'(t)e^{-st}dt = \left[f'(t)e^{-st}\right]_0^\infty - (-s)\int_0^\infty f(t)e^{-st}dt = sF(s) - f(0)$$

(2) ラプラス変換を用いて積分回路に単位ステップ信号を入力したときの出力信号

　図9−8に示すように、振幅 A の単位ステップ信号 A をRC積分回路に加えたときの応答（出力信号）について求めます。信号を印加する前にコンデンサ C には電荷が蓄積されていないものとします。

　単位ステップ信号を加えたときに、積分回路に流れる電流を i とすれば次の式が成立します。
（加えた電圧＝抵抗 R に発生する電圧＋コンデンサ C に発生する電圧）

$$A = R \cdot i + \frac{1}{C}\int i\,dt$$

　コンデンサに蓄積される電荷を q とすれば $q = \int i\,dt$ となるので電流 i は電荷 q を微分して $\dfrac{dq}{dt}$ となるため、上の式は次のようになります。

$$R\frac{dq}{dt} + \frac{1}{C}q = A \quad \text{-----------式 (9.4)}$$

これは電荷 q に関する微分方程式です。通常ならこの微分方程式を解くことによって電荷 q を求め、次に電荷を微分して電流 i を求めることができます。

ここではラプラス変換を用いてこの微分方程式を解くことにします。

式 (9.4) の両辺をラプラス変換すれば次のようになります。

$$R \cdot s \cdot q(s) + \frac{1}{C}q(s) = \frac{A}{s}$$

$$q(s)\left(s + \frac{1}{CR}\right) = \frac{A}{Rs}$$

これより、

$$q(s) = \frac{A}{Rs}\left(\frac{1}{s + \frac{1}{CR}}\right)$$

$$= CA\left(\frac{1}{s} - \frac{1}{s + \frac{1}{CR}}\right) \quad \text{-----------式 (9.5)}$$

この式 (9.5) を s 領域から時間領域に戻すことは、逆ラプラス変換すればよいことになります。前出のラプラス変換の計算例を基にすると、

$$q(t) = CA\left(1 - e^{-\frac{1}{CR}t}\right)$$

これより出力信号は、$V_o(t) = \dfrac{q(t)}{C} = A\left(1 - e^{-\frac{1}{CR}t}\right)$ と求めることができます。

このようにラプラス変換を利用することにより、簡単に回路のステップ応答を求めることができます。

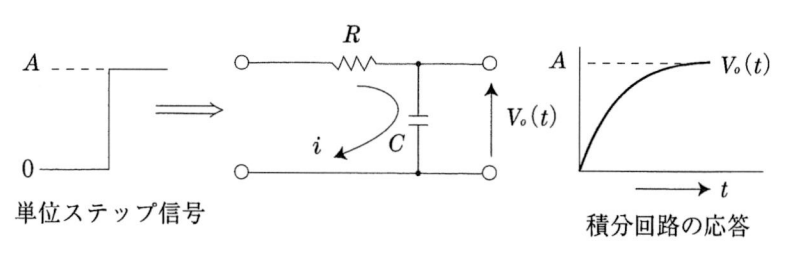

図9-8 積分回路へ単位ステップ信号を印加したときの応答

$$V_o(t) = A\left(1 - e^{-\frac{t}{CR}}\right)$$

(3) インダクタのインピーダンスとコンデンサのインピーダンス

今、微分することは s を掛けることになり、積分することは s で割ることになります。つまり、$\frac{d}{dt} = s$、$\int dt = \frac{1}{s}$ することができます。$s = j\omega$ とおけば

$\frac{d}{dt} = j\omega$、$\int dt = \frac{1}{j\omega}$ として（ヘビサイドの演算子法：証明略）

インダクタ L に電流 $\frac{di}{dt}$ が流れるとインダクタに発生する電圧 V は、$V = L\frac{di}{dt}$ となります。

ここで $\frac{d}{dt} = j\omega$ を代入すると、

$V = j\omega L \cdot i$ となり、インピーダンス $Z = \frac{V}{i} = j\omega L$ となります。

コンデンサについてはコンデンサ C に蓄積される電荷 Q と電圧 V の間には、$Q = CV$ の関係があります。また電流 i がコンデンサ C に流れるとコンデンサに蓄積される電荷 Q は、$Q = \int i\, dt$ となります。ここで $\int dt = \frac{1}{s} = \frac{1}{j\omega}$ を代入して、

$Q = CV = \frac{i}{j\omega}$ となります。

コンデンサのインピーダンス Z は $Z = \frac{V}{i} = \frac{1}{j\omega C}$ となります。

このようにしてもインダクタやコンデンサのインピーダンスを求めることができます。

参考文献

1．「電気系数学の基礎」春山　定雄著、(ダイゴ刊)
2．「高周波計測」森屋・関　共著、(東京電機大学出版局)
3．「伝送回路」中村　顕一著、(東明社)
4．「ノイズ対策の基礎と勘どころ」鈴木　茂夫著、(日刊工業新聞社)
5．「高周波設計の基礎と勘どころ」鈴木　茂夫著、(日刊工業新聞社)

● 著者紹介

鈴木　茂夫（すずき　しげお）

1976年　東京理科大学　工学部　電気工学科卒業
富士写真光機㈱を経て現在㈲イーエスティー　代表取締役、技術士（電気・電子／総合技術監理部門）

【業務】
・EMC技術等の支援、技術者教育（高度ポリテクセンター外部講師）
・上記技術の企業内セミナー

【著書】
EMCと基礎技術（工学図書）、主要EC指令とCEマーキング（工学図書）、実践Q&A　EMCと基礎技術（工学図書）、CCDと応用技術（工学図書）、技術士合格解答例（電気・電子・情報）（共著、テクノ）、環境影響評価と環境マネジメントシステムの構築（工学図書）、実践ISO14000審査登録のすすめ（共著、同友館）、技術者のためのISO14001─環境適合性設計システムの構築（工学図書）、実践Q&A環境マネジメントシステム困った時の120例（共著、アーバンプロデュース）、ISO統合マネジメントシステム構築の進め方─ISO9001/ISO14001/OHSAS18001（日刊工業新聞社）、電子技術者のための高周波設計の基礎と勘どころ（日刊工業新聞社）、電子技術者のためのノイズ対策の基礎と勘どころ（日刊工業新聞社、台湾全華科技図書翻訳出版）、わかりやすいリスクの見方・分析の実際（日刊工業新聞社）、わかりやすいCCD／CMOSカメラ信号処理技術入門（日刊工業新聞社）

わかりやすい高周波技術入門

NDC 549.38

2003年 9月30日　初版1刷発行
2025年 8月26日　初版26刷発行

定価はカバーに表示してあります

　　　　　Ⓒ著　者　鈴　木　茂　夫
　　　　　　発行者　神　阪　　拓
　　　　　　発行所　日　刊　工　業　新　聞　社

〒103-8548　東京都中央区日本橋小網町14-1
　　　　　電話　書籍編集部　03-5644-7490
　　　　　　　　販売・管理部　03-5644-7403
　　　　　F A X　　　　　　03-5644-7400
　　　　　振替口座　　00190-2-186076
　　　　　URL　https://pub.nikkan.co.jp/
　　　　　e-mail　info_shuppan@nikkan.tech

　　　　　印刷・製本　新日本印刷（POD3）

落丁・乱丁本はお取り替えいたします。　　2003 Printed in Japan
　　　　ISBN4-526-05177-2 C3054

本書の無断複写は、著作権法上の例外を除き、禁じられています。